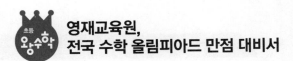

영재교육원,
전국 수학 올림피아드 만점 대비서

올림피아드
왕수학

왕수학연구소
소장 **박 명 전**

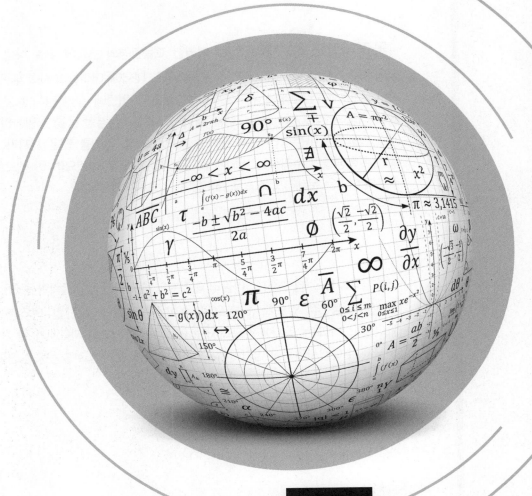

5학년

현대 사회는 창조적 사고 능력을 갖춘 인재를 요구합니다. 한 분야의 지식, 기술만 익혀 그것을 삶의 방편으로 삼아 왔던 기능주의 시대는 가고, 이제는 여러 분야에 걸친 통합적 지식과 창의적인 발상을 중시하는 차원 높은 과학 시대에 돌입한 것입니다. 더욱이 오늘날 세계 각국은 21세기를 맞이하여 영재의 조기 발견과 육성에 많은 노력을 기울이고 있습니다. 세계적인 수학 교육의 추세가 창의력과 사고력 중심으로 변하고 있는 것에 맞추어 우리나라의 수학 교육의 방향도 문제를 해결하면서 창의적 사고와 융합적 합리적 사고가 계발되도록 변하고 있습니다.

올림피아드 왕수학은 바로 이러한 교육환경의 변화에 맞춰 학생 여러분의 수학적 사고력과 창의력을 기르고 수학경시대회와 올림피아드 대회에 대비하여 새롭게 꾸민 책입니다. 저자는 지난 18년 동안 교육일선에서 수학을 지도한 경험, 10여년에 걸친 경시반 운영 경험, 왕수학연구소에서 세계 각국의 영재교육 프로그램을 탐독하고 지도한 경험 등을 총망라하여 이 책의 집필에 정성을 다하였습니다. 11년 동안 연속 수학왕 지도 교사의 영예를 안은 저자가 펴낸 올림피아드 왕수학을 통하여 학생들의 수리적인 두뇌가 최대한 계발되도록 하였으며 이 책으로 공부한 학생이라면 어떤 수준의 어려운 문제라도 스스로 해결할 수 있도록 하였습니다.

올림피아드 왕수학은 아울러 여러분의 창조적 문제해결력과 종합적 사고 능력의 향상에도 큰 효과를 거둘 수 있도록 하였으며 수학경시대회에 참가할 여러분에게는 최고의 경시대회 대비문제집이 되는 동시에 지도하시는 선생님께는 최고의 지도서가 될 것입니다. 또한 이 책은 국내 및 국제 수학경시대회에 참가하여 자신의 실력을 평가하고 훌륭한 성과를 얻는 데 크게 도움이 될 것입니다.

Problem solving...

주어진 문제를 해결할 수 있다는 것은 문제를 이해함과 동시에 어떤 전략으로 문제해결에 접근하느냐에 따라 쉽게 또는 어렵게 풀리며 경우에 따라서는 풀 수 없게 됩니다. 주어진 상황이나 조건에 따라 문제해결전략을 얼마든지 바꾸어 해결하도록 노력해야 합니다.

1 문제의 이해

문제를 처음 대하였을 때 무엇을 묻고 있으며, 주어진 조건은 무엇인지를 정확하게 이해합니다.

2 문제해결전략

주어진 조건을 이용하여 어떻게 문제를 풀 것인가 하는 전략(계획)을 세웁니다.

3 문제해결하기

자신이 세운 전략(계획)대로 실제로 문제를 풀어 봅니다.

4 확 인 하 기

자신이 해결한 문제의 결과가 맞는지 확인하는 과정을 거쳐야 합니다.

예상문제

예상문제 15회를 푸는 동안 창의력과 수학적 사고력을 증가시킬 수 있고, 끝까지 최선을 다한다면 수학왕으로 가는 길을 찾을 수 있을 것입니다.

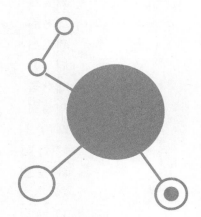

기출문제

이전의 수학왕들이 풀어 왔던 기출문제를 한 문제 한 문제 풀어 보면 수학의 깊은 맛과 재미를 느낄 수 있을 것입니다.

Contents

차례

5 학년

정 답 과 풀 이

Olympiad

예상문제

올림피아드

올림피아드 예상문제

1 세 수 ㄱ, ㄴ, ㄷ은 20 이하의 서로 다른 자연수이고, ㄱ<ㄴ<ㄷ입니다. ㄱ, ㄴ, ㄷ의 값을 각각 구하시오.

$$\frac{3}{8}=\frac{1}{ㄱ}+\frac{1}{ㄴ}+\frac{1}{ㄷ}$$

2 세 수 148, 228, 348을 어떤 자연수로 나누었더니 나머지가 모두 같았습니다. 나머지 는 0이 아니라고 하면 어떤 자연수로 나누었습니까? 어떤 자연수를 모두 구하시오.

3 10부터 1000까지의 자연수 중에서 약수의 개수가 5개인 수를 모두 구하시오.

4 어느 물고기 양식장에서 홍수로 물이 넘치는 바람에 모두 500마리의 물고기 중에서 200마리보다 많고 300마리보다 적은 수의 물고기가 떠내려 갔습니다. 남은 물고기 중 에서 $\frac{1}{4}$은 잉어, $\frac{1}{5}$은 향어, $\frac{1}{6}$은 송어, $\frac{1}{7}$은 쏘가리, $\frac{1}{9}$은 가물치라고 했으나 분수 중 한 군데가 틀려 있습니다. 물고기는 모두 몇 마리 떠내려 갔습니까?

5 오른쪽은 작은 직사각형 4개로 이루어진 직사각형입니다. 그중 A는 600 cm^2, B는 300 cm^2, C는 225 cm^2일 때, D의 넓이는 얼마입니까?

A	C
B	D

6 10시와 11시 사이에 시계의 긴바늘과 짧은바늘이 눈금 12를 중심으로 대칭인 위치가 되는 시각을 구하시오.

7 오른쪽 직사각형에서 삼각형 ㄴㅁㅂ의 넓이는 1300 cm^2입니다. 선분 ㄱㅂ의 길이를 구하시오.

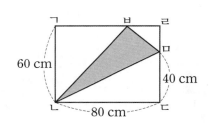

8 5학년과 6학년 학생 120명이 나무심기에 참가하였습니다. 6학년 학생들이 각각 평균 6그루, 5학년 학생들이 각각 평균 4그루씩 심은 결과 모두 630그루를 심었습니다. 나무 심기에 참가한 5, 6학년 학생은 각각 몇 명입니까?

9 다음은 어떤 정육면체를 서로 다른 방향에서 본 것입니다. B, C, D 문자가 쓰여진 반대편 면에는 어떤 문자가 쓰여 있는지 차례로 쓰시오.

[그림 1]　　　[그림 2]　　　[그림 3]

10 9를 분모가 9인 두 대분수의 합으로 나타내려고 합니다. 나타낼 수 있는 방법은 모두 몇 가지입니까? $\left(\text{단, } 1\frac{4}{9}+7\frac{5}{9}\text{와 } 7\frac{5}{9}+1\frac{4}{9}\text{와 같이 두 분수를 바꾸어 더한 경우는 한 가지로 생각합니다.}\right)$

11 다음과 같이 디지털 숫자판에 나타난 1881은 180° 회전시켜도 1881이 됩니다. 9000 부터 9999까지의 자연수 중에서 이 숫자판에 나타내었을 때, 180° 회전시켜 보아도 원 래의 수와 똑같은 수로 나타나는 수를 모두 써 보시오.

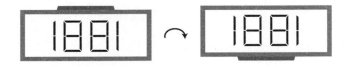

12 오른쪽 도형은 합동인 정사각형 20개로 만들어진 것입니다. 이 도형의 둘레의 길이가 140 cm일 때, 도형의 넓이를 구하시오.

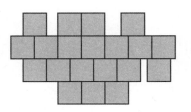

13 오른쪽 식에서 ㉠, ㉡, ㉢, ㉣은 0이 아닌 서로 다른 숫자일 때, ㉠＋㉡＋㉢＋㉣의 값을 구하시오.

$$㉠㉡.4 \times 2 = 6.㉢㉣ \times 8$$

14 어떤 물건을 30명이 6시간에 60개를 만들 수 있으나 기계 1대로는 1시간에 20개를 만들 수 있습니다. 150명이 8시간 동안에 만들어야 할 물건을 기계 2대로 몇 시간이면 다 만들 수 있습니까?

15 용량이 같은 병 가, 나가 있습니다. 가 병에는 유산균이 한 마리, 나 병에는 유산균이 두 마리 있습니다. 한 마리의 유산균이 두 마리로 분열하는 데는 2분이 걸립니다. 나 병의 유산균이 분열하여 병에 가득 차는 데 2시간 24분이 걸렸다면 가 병의 유산균이 분열하여 병에 가득 차는 데 걸리는 시간은 몇 시간 몇 분입니까?

16 상자 안에 빨간 구슬과 흰 구슬이 들어 있습니다. 만약 빨간 구슬 5개와 흰 구슬 3개를 동시에 계속 꺼내면 몇 회째인가 흰 구슬이 정확히 떨어지고, 빨간 구슬은 8개가 남게 됩니다. 또 빨간 구슬 7개와 흰 구슬 3개를 동시에 계속 꺼내면, 빨간 구슬이 정확히 떨어지고, 흰 구슬은 24개가 남게 됩니다. 상자 안에는 흰 구슬이 몇 개 들어 있습니까?

17 유승이네 학교 5학년 학생들은 모두 월요일, 수요일, 금요일 중 적어도 하루는 줄넘기를 한다고 합니다. 19명은 월요일에, 18명은 수요일에, 16명은 금요일에 줄넘기를 하고, 하루만 줄넘기를 하는 학생 중 10명은 월요일에, 8명은 수요일에, 5명은 금요일에만 줄넘기를 한다고 합니다. 3일 모두 줄넘기를 하는 학생이 4명이라면 유승이네 학교 5학년 학생 수는 몇 명입니까?

18 어떤 자연수를 6으로 나눈 후 몫을 반올림하여 백의 자리까지 나타내면 500이 되고, 7로 나눈 후 몫을 버림하여 백의 자리까지 나타내면 400이 됩니다. 어떤 자연수가 될 수 있는 자연수의 개수를 구하시오.

19 200개의 돌계단을 한솔이가 한 걸음에 한 계단씩 올라가는 것과 한 걸음에 두 계단씩 올라가는 것을 섞어가며 오르니 3분이 걸렸습니다. 한 걸음에 한 계단씩 오르는 것은 1초씩, 한 걸음에 두 계단씩 오르는 것은 1.5초씩 걸렸다면 한 계단씩 오른 것은 몇 회입니까?

20 A는 음악회 무료 입장권 1장을 가지고 있었기 때문에 B, C와 함께 세 사람이 음악회를 갔습니다. A는 두 사람분의 입장료를, B는 세 사람분의 교통비를, C는 세 사람분의 점심 값을 각각 지불하였습니다. 세 사람의 비용이 같아지도록 정산하였더니, B는 A와 C에게 각각 1500원씩 주게 되었습니다. 음악회 한 사람분의 입장료는 한 사람분의 교통비와 한 사람분의 점심값의 합과 같았다면 음악회 한 사람분의 입장료는 얼마입니까?

21 오른쪽 그래프는 기차가 철교를 건너기 시작해서 건너는 것을 끝내기까지 걸린 시간과 철교 위에 있는 기차의 길이와의 관계를 나타내고 있습니다. 철교가 기차보다 길 때, 철교의 길이를 구하시오.

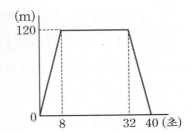

22 A지점과 B지점 사이의 거리는 400 m입니다. 갑은 분속 40 m로 A지점에서 B지점을 향해서 걷기 시작하고, 동시에 을은 분속 120 m로 B지점에서 A지점을 향해서 걷기 시작하였습니다. 도중에 갑과 을이 만났을 때 을은 다시 B지점으로 되돌아갔고, B지점에 도착하자마자 A지점을 향해서 다시 갑을 만날 때까지 걸었습니다. 갑과 을이 두 번째로 만날 때까지 을은 모두 몇 m 걸었습니까?

23 서로 다른 한 자리 수가 적혀 있는 3장의 숫자 카드 중에서 2장을 사용하여 가분수를 만들려고 합니다. 만들 수 있는 가분수를 모두 더하면 $4\frac{2}{15}$라고 할 때, 3장의 숫자 카드에 적혀 있는 수의 합을 구하시오.

24 [그림1]과 같은 수조가 있고, A관, B관에서는 매분 일정량의 물을 넣을 수 있고, C관에서는 매분 일정량의 물을 내보낼 수 있습니다. 처음 3분간 B관과 C관을 닫고 A관으로 물을 넣었습니다. 그 후 4분간은 C관을 닫은 채 A관과 B관에서 물을 넣었습니다. 그리고 4분간은 B관은 그대로 하고 A관을 닫고 C관을 열었습니다. 시작하고부터 11분간의 상황을 그래프로 나타낸 것이 [그림 2]입니다. 시작하고부터 11분 후에 B관마저 닫고 C관에서 내보내기만 하면 몇 분 만에 수조의 물이 모두 없어집니까?

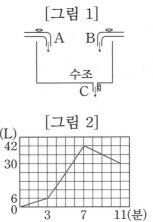

25 1보다 작은 소수 두 자리 수 중 두 수를 골라 곱하려고 합니다. 계산 결과가 소수 세 자리 수가 되는 소수 2개를 고르는 경우는 모두 몇 가지입니까? (단, 소수의 오른쪽 끝자리의 0은 생략하여 나타냅니다.)

올림피아드 예상문제

1 각 자리의 숫자가 서로 다른 여섯 자리 수가 있습니다. 가장 높은 자리의 숫자가 5이고 이 수는 11로 나누면 나누어떨어집니다. 조건을 만족하는 여섯 자리 수 중 가장 작은 수를 구하시오.

2 소수 한 자리 수끼리의 곱셈식 $7.5 × ㉮.㉮ = ㉯㉮.㉮㉯$에서 ㉮와 ㉯는 각각 어떤 숫자입니까? (단, 같은 문자는 같은 숫자를 나타냅니다.)

3 어떤 수를 소수 셋째 자리에서 반올림하고 0.7을 더하여 9배 한 다음 소수 첫째 자리에서 반올림하면 23이 됩니다. 어떤 수 중 가장 작은 수를 구하시오.

4 ㉮ 마을의 인구의 $\frac{1}{2}$, $\frac{1}{3}$, $\frac{1}{4}$의 합은 ㉯ 마을의 인구입니다. ㉮ 마을의 인구의 $\frac{1}{6}$, $\frac{1}{7}$, $\frac{1}{8}$의 합은 ㉲ 마을의 인구입니다. ㉮ 마을의 인구가 200명을 넘지 않는다면 이들 세 도시의 인구는 각각 몇 명입니까?

5 분모가 2, 3, 4, 5, …인 진분수 중 기약분수를 다음과 같이 순서대로 나열하였습니다. 25번째 분수와 40번째 분수의 곱을 기약분수로 나타내시오.

$$\frac{1}{2}, \frac{1}{3}, \frac{2}{3}, \frac{1}{4}, \frac{3}{4}, \frac{1}{5}, \frac{2}{5}, \frac{3}{5}, \frac{4}{5}, \frac{1}{6}, \frac{5}{6}, \cdots$$

6 [그림 1]은 같은 주사위를 다른 방향에서 본 것이고, [그림 2]는 이 주사위의 전개도입니다. 눈의 수와 방향을 모두 고려하여 전개도의 빈 곳에 눈을 그려 넣으시오.

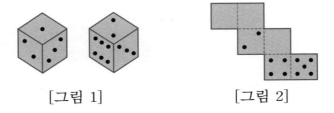

[그림 1]   [그림 2]

7 어떤 규칙성을 가지고 삼각형을 그려 나가고 있습니다. 2003번째에 나오는 삼각형은 무슨 색이며 그때까지 그린 검은색 삼각형은 모두 몇 개인지 구하시오.

8 오른쪽 그림에서 사각형 ㄱㄴㅁㄹ과 사각형 ㄱㅂㄷㄹ은 모두 평행사변형이며, 선분 ㄱㅂ과 선분 ㄹㅁ은 서로 직각으로 교차해 있습니다. 사각형 ㄱㄴㅁㄹ의 넓이가 108 cm²일 때, 사각형 ㄱㄴㄷㄹ의 둘레의 길이와 삼각형 ㅅㅁㅂ의 둘레의 길이의 차를 구하시오.

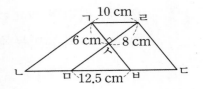

9 오른쪽 그림과 같이 직사각형 모양의 정원 안쪽에 폭 2 m의 길을 만들었습니다. 이 길의 넓이가 126 m²이면 이 정원에서 길을 제외한 부분의 넓이는 몇 m²이겠습니까?

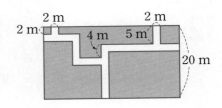

10 오른쪽 직사각형에서 색칠한 부분의 넓이를 구하시오.

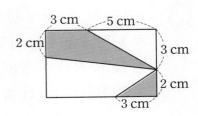

11 오른쪽 삼각형 ㄱㄴㄷ에서 선분 ㄴㅂ의 길이가 2 cm일 때, 삼각형 ㄹㄴㅂ의 넓이는 삼각형 ㅁㄴㄷ의 넓이의 몇 배입니까?

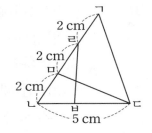

12 20 g의 금은 물 속에서는 무게가 1 g 가벼워지고, 21 g의 은은 물 속에서는 무게가 2 g 가벼워집니다. 금과 은을 합한 합금 1 kg을 물 속에 넣었더니 무게가 69 g 가벼워졌다면 금만의 무게는 몇 g입니까?

13 5학년 학생 5명의 몸무게를 기록하였는데 잘못 기록하여 평균 몸무게가 35 kg인 것으로 나타났습니다. 이것은 5명의 몸무게 중 한 학생의 몸무게가 잘못 기록되었기 때문인데 알고 보니 45 kg인 학생을 잘못 기록했던 것입니다. 정확한 평균 몸무게가 40 kg이었다면 45 kg인 학생의 잘못 기록된 몸무게는 얼마입니까?

14 오른쪽 사다리꼴 ㄱㄴㄷㄹ에서 선분 ㄷㄹ의 길이가 38 cm이고, 선분 ㄱㄴ의 한가운데 점 ㅁ과 선분 ㄷㄹ의 연장선이 직각으로 만날 때 선분 ㅁㅂ의 길이가 45 cm 입니다. 이때 사다리꼴 ㄱㄴㄷㄹ의 넓이를 구하시오.

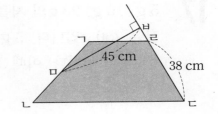

15 몇 개의 구슬을 A, B, C 세 사람이 나누어 가졌습니다. A는 전체의 $\frac{1}{4}$보다 3개 많게, B는 A보다 5개 많게, C는 전체의 $\frac{2}{5}$보다 4개 적게 되도록 나누었더니 구슬이 1개 남 았습니다. 처음에 구슬은 모두 몇 개 있었습니까?

16 한 바퀴에 1.5 km인 조깅코스가 있습니다. 이 코스를 A가 4바퀴 도는 동안에 B는 3바퀴 반을 돕니다. A는 이 코스를 한 바퀴 도는 데에 정확히 5분 걸립니다. B가 A보 다 1분 전에 출발한다면, A는 출발하고 나서 몇 분 후에 B를 따라잡겠습니까?

17 5 g, 10 g, 20 g의 저울추는 각각 ㉠개, ㉡개, ㉢개이며 합해서 19개 있고, 그 무게의 합은 250 g입니다. 5 g의 저울추를 ㉢개, 20 g의 저울추를 ㉠개로 하면 무게의 합은 190 g이 됩니다. 이때 3종류의 저울추 각각의 개수를 구하시오.

18 여섯 자리 수 4㉠㉡㉠㉡㉠은 9의 배수입니다. 4㉠㉡㉠㉡㉠이 될 수 있는 수는 모두 몇 개입니까? (단, ㉠과 ㉡은 서로 다른 숫자입니다.)

19 $\dfrac{37}{60}$을 오른쪽과 같이 단위분수 4개의 합으로 나타내려고 합니다. 이때 ㉠+㉡+㉢+㉣의 최솟값을 구하시오.

$$\frac{37}{60} = \frac{1}{㉠} + \frac{1}{㉡} + \frac{1}{㉢} + \frac{1}{㉣}$$

20 다음 숫자 카드 중 3장을 골라 세 자리 수를 만들려고 합니다. 만들 수 있는 세 자리 수 중 점대칭도형인 수는 모두 몇 개입니까?

$$\boxed{0}\ \boxed{1}\ \boxed{2}\ \boxed{3}\ \boxed{4}\ \boxed{5}\ \boxed{6}\ \boxed{7}\ \boxed{8}\ \boxed{9}$$

21 한솔이는 사과만 사면 60개, 배만 사면 40개를 살 수 있는 돈을 가지고 있습니다. 이 돈으로 사과와 배를 몇 개씩 사면 거스름돈 없이 44개를 살 수 있습니다. 사과는 몇 개 살 수 있습니까?

22 강의 상류에 A 마을과 하류에 B 마을이 있습니다. 배 한 척은 A 마을에서 B 마을로, 다른 한 척은 B 마을에서 A 마을로 동시에 출발하면 도착 시간에 4분의 차가 생깁니다. 잔잔한 물에서 2척의 배의 속도는 매분 360 m이고, 강물의 속도는 매분 60 m입니다. 2척의 배가 만나는 것은 출발한 지 몇 분 몇 초 후입니까?

23 A 마을에서 B 마을까지 자동차로 한 시간에 40 km의 빠르기로 갈 예정이었지만 반 이상 왔을 때부터 한 시간에 60 km의 빠르기로 바꾸었기 때문에 예정보다 15분 빨리 도착했습니다. 한 시간에 40 km의 빠르기로 달린 거리와 한 시간에 60 km의 빠르기로 달린 거리의 차는 40 km이었습니다. A 마을에서 B 마을까지 가는 데 걸린 시간은 몇 시간 몇 분입니까?

24 오른쪽 그림과 같이 크기가 같은 24개의 정사각형으로 나누어 진 직사각형에 한 대각선을 긋고 대각선이 지나가는 작은 정사 각형을 색칠하면 작은 정사각형은 8개가 색칠되어집니다. 이와 같은 방법으로 가로로 20개, 세로로 30개의 정사각형으로 나 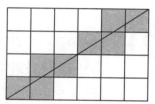 누어진 직사각형에서 한 대각선이 지나가는 작은 정사각형을 색칠할 때, 색칠된 정사각 형은 모두 몇 개입니까?

25 A, B, C 세 개의 주머니에 모두 380개의 구슬이 들어 있습니다. A 주머니에서 20개 의 구슬을 C 주머니로 옮기고, B 주머니에서 $\frac{1}{2}$의 구슬을 빼냈더니, A 주머니와 B 주 머니의 구슬 수가 같아지고, C 주머니의 구슬 수는 A 주머니의 구슬 수의 $3\frac{1}{3}$배가 되 었습니다. 처음에 A, B, C 주머니에 들어 있던 구슬 수를 각각 구하시오.

1 다섯 자리의 자연수 74□□8을 17과 29로 각각 나눌 때, 나머지는 2가 됩니다. □ 안에 알맞은 숫자를 써넣어서 식을 완성하시오.

$$74□□8 \div 17 = □□□□ \cdots 2$$
$$74□□8 \div 29 = □□□□ \cdots 2$$

2 자연수를 1부터 차례로 늘어놓고 6의 배수와 8의 배수를 모두 지웠습니다. 남은 수 중에서 200번째에 있는 수를 구하시오.

3 각 자리의 숫자가 0이 아닌 서로 다른 숫자인 세 자리 수 A가 있습니다. A에 대하여 각 자리의 숫자를 큰 순서대로 다시 나열해서 생기는 수를 A_1, 작은 순서대로 나열해서 생기는 수를 A_2라 할 때, $A_1 - A_2 = \{A\}$, $A_1 + A_2 = <A>$로 약속합니다. 다음 물음에 답하시오.

(1) A = 241일 때, $\{A\}$의 값을 구하시오.

(2) $\{A\} + <A> = 842$가 되는 A 중 가장 큰 수를 구하시오.

4 다음과 같이 일정한 규칙으로 나열된 수들의 합을 구하시오.

$$5 + 3 + 1.8 + 1.08 + \cdots$$

5 다음과 같이 수를 규칙적으로 늘어놓았습니다. □ 안에 알맞은 수를 구하시오.

$$\frac{2}{3},\ 1,\ \frac{8}{5},\ \frac{8}{3},\ \frac{32}{7},\ \square$$

6 다음과 같이 1에서 13까지의 수를 어느 수에서부터 시작하여 차례로 적어 놓았습니다. 같은 방법으로 빈 곳에 수를 늘어놓은 후 세로로 늘어선 3개씩의 수를 묶음으로 하여 더하려고 합니다. 세 수의 합이 짝수가 되는 묶음은 최대 몇 개가 됩니까?

6	7	8	9	10	11	12	13	1	2	3	4	5
8	9	10	11	12	13	1	2	3	4	5	6	7

7 35로 나누었을 때 몫을 반올림하여 소수 첫째 자리까지 나타내면 3.5가 되는 자연수가 있습니다. 이 자연수들을 모두 더하면 얼마입니까?

8 분자가 1인 분수를 단위분수라고 합니다. 다음 11개의 단위분수 중 두 분수의 차가 다시 단위분수가 되는 경우는 모두 몇 가지입니까? (단, 약분하여 단위분수가 되는 것은 단위분수로 봅니다.)

$$\frac{1}{2}, \ \frac{1}{3}, \ \frac{1}{4}, \ \frac{1}{5}, \ \frac{1}{6}, \ \frac{1}{7}, \ \frac{1}{8}, \ \frac{1}{9}, \ \frac{1}{10}, \ \frac{1}{11}, \ \frac{1}{12}$$

9 정사각형 종이에 원 1개를 그리면 이 원은 종이를 최대한 5조각으로 나눌 수 있고, 원 2개를 그리면 종이를 최대한 9조각으로 나눌 수 있습니다. 원 9개를 그릴 때 종이를 최대한 몇 조각으로 나눌 수 있습니까?

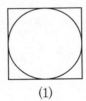 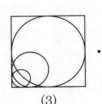

(1)   (2)   (3)

10 정육면체의 상자에 오른쪽 그림과 같이 각 모서리의 중점을 지나도록 띠를 붙였습니다. 전개도에 띠가 지나가는 자리를 그려 보시오.

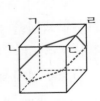 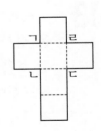

11 [그림 1]의 전개도로 [그림 2]의 정육면체를 만들 때, 방향을 고려하여 색칠한 면에 올 수 있는 그림을 모두 고르시오.

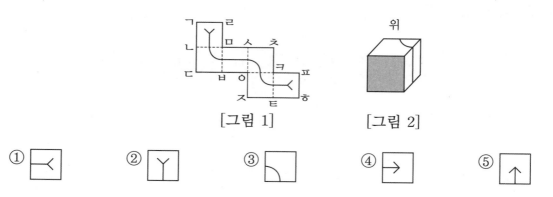

[그림 1]   [그림 2]

① ⊱   ② ⅄   ③ ◠   ④ →   ⑤ ↑

12 1에서 20까지의 자연수 중에서 서로 다른 6개의 수를 골라 정육면체의 각 면의 마주 보는 2개의 면에 적힌 수의 곱이 모두 같게 써넣으려고 합니다. 곱이 가장 큰 경우 각 수를 오른쪽의 전개도에 알맞게 써넣으시오.

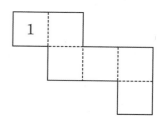

13 오른쪽 그림과 같이 작은 정사각형 24개로 만들어진 도형에서 작은 정사각형에 색칠을 하여 모양을 만들려고 합니다. 만든 모양이 점 ㅇ을 중심으로 하는 점대칭도형이 되면서 대칭축이 4개인 선대칭도형이 되도록 색칠하는 방법은 모두 몇 가지입니까? (단, 작은 정사각형의 일부분만 색칠하는 경우는 생각하지 않습니다.)

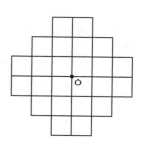

14 삼각형의 세 변의 길이가 15 cm, (□+3) cm, □ cm일 때, □ 안에 들어갈 수 있는 모든 자연수의 합을 구하시오. (단, □는 20 이하의 자연수입니다.)

15 사다리꼴 ㄱㄴㄷㄹ에서 선분 ㄱㄴ, 선분 ㄷㄹ은 각각 선분 ㄱ ㄹ에 수직입니다. 삼각형 ㄱㄹㅁ의 넓이를 구하시오. (단, 점 ㅁ은 변 ㄴㄷ의 중점입니다.)

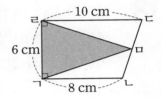

16 오른쪽 그림은 한 변의 길이가 10 cm인 정사각형 모양의 종이를 3장 겹쳐 놓은 것입니다. 이 도형의 둘레의 길이가 60 cm일 때, 3장 모두 겹쳐진 부분의 넓이를 구하시오.

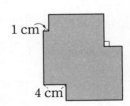

17 오른쪽 도형은 크기가 같은 정사각형 16개가 겹쳐진 것입니다. 도형의 넓이가 2418.75 cm²일 때, 도형의 둘레의 길이는 몇 cm입니까?

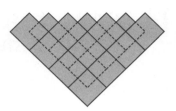

18 넓이가 822 m²인 밭을 A, B, C, D, E, F의 6개로 나누고, 그 넓이를 알아보니 B의 넓이는 142 m²였습니다. 또, A의 넓이에서 B의 넓이를 뺀 것은 B의 넓이에서 C의 넓이를 뺀 것과 같고, D, E, F의 넓이는 모두 C의 넓이와 같았습니다. A의 넓이를 구하시오.

19 20명의 학생이 1번부터 4번까지 있는 시험을 보았습니다. 1번은 반드시 답해야 하고, 2번부터 4번까지는 3문제 중 2문제만 답하면 됩니다. 전체 평균은 20.9점이었고, 모두가 3문제에 답했을 때 각 문제에 답한 학생 수와 그 평균은 아래의 표와 같았습니다. ㉠, ㉡에 알맞은 수를 구하시오.

문제	1	2	3	4
학생 수(명)	20	㉠	14	10
평균(점)	8.1	7.0	㉡	5.3

20 오른쪽 그림과 같이 합동인 삼각형 ㄹㄱㄷ과 삼각형 ㅁㄴㄷ이 있습니다. 점 ㄷ은 선분 ㄱㄴ의 중점일 때, 오른쪽 그림에서 삼각형 ㄹㄱㄷ과 삼각형 ㅁㄴㄷ 이외에도 찾을 수 있는 합동인 삼각형은 모두 몇 쌍입니까?

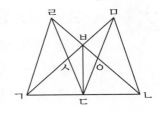

21 어떤 음악회의 입장권의 가격은 오른쪽 표와 같습니다. 입장권은 모두 750장이 팔렸고, 판매 금액은 585만 원이었습니다. C석은 B석의 2배가 팔렸을 때, A, B, C석의 입장객의 수를 각각 구하시오. (단, 표를 산 사람은 모두 입장하였습니다.)

자리(석)	요금(원)
A	15000
B	8000
C	5000

22 50원, 100원, 500원짜리 세 종류의 동전이 합하여 25개 있습니다. 이들을 1개씩 나열하여 세로 5열, 가로 5열로 배열해 놓았습니다. 아래 표는 각각의 열의 합계 금액을 계산한 것이며 어디에 어느 동전을 놓았는가는 보이지 않습니다. 50원짜리 동전을 놓은 자리에는 '왕', 100원짜리 동전을 놓은 자리에는 '학', 500원짜리 동전을 놓은 자리에는 '수'자를 써 넣으시오.

					1650
					300
					450
					350
					800
250	900	1250	750	400	

23 A, B, C, D, E 다섯 사람이 함께 기차, 버스, 배를 타고 여행을 했습니다. 여행 중 A 는 돈을 내지 않았고, B는 다섯 사람의 식사비를, C는 다섯 사람의 배삯을, D는 다섯 사람의 버스비를, E는 다섯 사람의 기차비를 냈습니다. 여행이 끝난 뒤 각자의 부담금 을 같게 하기 위해 A는 B에게는 6500원, E에게는 18000원을 주었습니다. C와 D도 각자의 부족분을 E에게 주었습니다. 이때, C는 D의 1.4배에 해당하는 돈을 E에게 주 었습니다. 배삯 1인당 요금이 4200원일 때, 1인당 기차비, 버스비, 식사비를 각각 구하 시오.

24 오른쪽 그래프는 A 마을과 B 마을 사이를 2대의 자 동차가 서로 마주 보고 동시에 출발하였을 때 걸린 시간과 거리의 관계를 나타낸 것입니다. 두 자동차가 만난 곳은 A 마을로부터 몇 km 떨어진 지점입니 까?

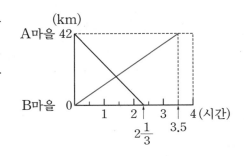

25 오른쪽 그래프는 하류에 있는 갑 마을에서 상류에 있는 을 마을로 보트를 타고 갔다가 돌아오는 데 걸린 시간을 나타낸 것입니다. A와 B 사이는 고장으로 인하여 엔진이 정지한 때를 나타냅니다. ㉠과 ㉡ 에 알맞은 수를 구하시오. (단, 물과 보트의 속력은 항상 일정한 것으로 합니다.)

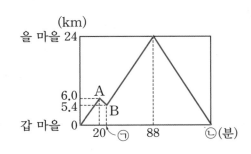

올림피아드 예상문제

1 유승이네 학교 전체 학생 수는 5학년 학생 수의 6배보다 70명이 더 적고, 5학년 남학생은 5학년 여학생보다 8명이 더 많습니다. 유승이네 학교 전체 학생 수가 554명일 때 5학년 남학생은 몇 명입니까? (하나의 식으로 나타내고 계산하시오.)

2 36을 서로 다른 세 수의 곱으로 나타내면, $1 \times 2 \times 18$, $1 \times 3 \times 12$, $1 \times 4 \times 9$, $2 \times 3 \times 6$ 의 네 가지 방법이 있습니다. 이와 같은 방법으로 120을 서로 다른 세 수의 곱으로 나타내면 몇 가지 방법이 있습니까?

3 다음과 같이 규칙적으로 수를 100번째까지 나열할 때, 짝수는 모두 몇 개 있습니까?

3, 3, 6, 9, 15, 24, 39, …

4 어떤 봉사단체에서 양로원을 방문하여 노인들에게 귤을 나누어 주려고 합니다. 가지고 간 귤을 한 봉지에 10개씩 포장하면 마지막 1봉지에는 9개, 9개씩 포장하면 마지막 1봉지에는 8개, …, 2개씩 포장하면 마지막 1봉지에는 1개가 담깁니다. 이 봉사단체에서 가지고 간 귤은 최소한 몇 개입니까?

5 12341234, 58295829, 32353235처럼 앞의 네 자리와 뒤의 네 자리가 같은 여덟 자리 수가 있습니다. 이러한 수 중에서 24797로 나누어떨어지는 가장 큰 수를 구하시오.

6 여섯 자리 수 5ABABA가 있습니다. 이러한 수 중 6의 배수인 수는 모두 몇 개 있습니까? (단, A와 B는 같아도 상관 없습니다.)

7 오른쪽 도형에서 찾을 수 있는 크고 작은 직사각형은 모두 몇 개입니까?

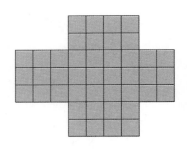

8 오른쪽 직육면체를 그어진 선을 따라 나눌 때, 몇 개의 크고 작은
직육면체로 나눌 수 있습니까?

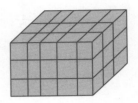

9 [그림 1]과 같이 정육면체에서 모서리의 중점을 지나도록 2개의 고무줄을 걸었습니다.
[그림 2]의 전개도에 고무줄이 지나간 자리를 그려 넣으시오.

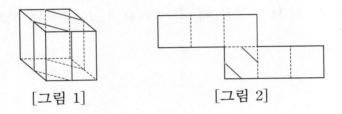

[그림 1] [그림 2]

10 다음은 정육면체 3개를 붙여서 만든 입체도형과 그 전개도를 나타낸 것입니다. 이 입체
도형의 꼭짓점 ㄱ, ㄴ, ㅋ을 지나는 평면으로 입체도형을 자를 때, 자르는 평면 위쪽에
있는 부분을 전개도에 색칠하시오.

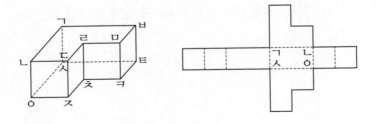

11 분수가 $\dfrac{1}{2}$, $\dfrac{1}{3}$, $\dfrac{2}{2}$, $\dfrac{1}{4}$, $\dfrac{2}{3}$, $\dfrac{3}{2}$, $\dfrac{1}{5}$, $\dfrac{2}{4}$, $\dfrac{3}{3}$, $\dfrac{4}{2}$, …와 같이 규칙적으로 나열되어 있습니다. 이때, $\dfrac{3}{8}$은 몇 번째 수입니까?

12 오른쪽 삼각형 ㄱㄴㄷ은 각 ㄴㄱㄷ이 20°인 이등변삼각형입니다. 각 ㄹㄴㄷ의 크기가 50°, 각 ㄴㄷㅁ의 크기가 40°가 되도록 선분 ㄱㄷ, 선분 ㄱㄴ 위에 점 ㄹ, 점 ㅁ을 잡을 때, 각 ㄴㅁㄹ의 크기를 구하시오.

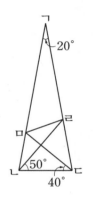

13 오른쪽 그림은 직사각형 ㄱㄴㄷㄹ을 점 ㄴ은 점 ㅇ, 점 ㄷ은 점 ㅈ에 오도록 접은 것입니다. 각 ㅇㅁㅈ의 크기가 42°일 때, 각 ㅂㅁㅅ의 크기를 구하시오.

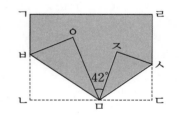

14 오른쪽 그림에서 삼각형 ㉮와 ㉯의 넓이의 합을 구하시오.

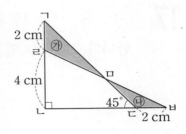

15 오른쪽 그림에서 색칠한 부분의 넓이가 164 cm²이고, 선분 ㄹㅁ의 길이가 선분 ㅁㄷ의 길이의 7배일 때, □ 안에 알맞은 수를 구하시오.

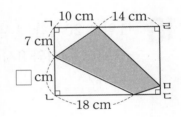

16 계단 모양의 도형 ㉮와 한 변이 10 cm인 정사각형 ㉯를 다음 그림과 같이 놓고, 정사각형 ㉯를 1초에 2 cm씩 화살표 방향으로 움직입니다. 움직이기 시작해서 △초 후에 두 도형 ㉮, ㉯가 겹쳐진 부분의 넓이를 □ cm²라고 하여 △와 □의 대응표를 만들 때, ㉠, ㉡, ㉢, ㉣에 알맞은 수를 각각 구하시오.

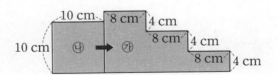

△(초)	0	1	2	3	4	5	6	7	8	9	10	11	12	13	14	15	16	17
□(cm²)				㉠			㉡				㉢						㉣	

17 $\boxed{3}$, $\boxed{6}$, $\boxed{9}$ 3장의 숫자 카드를 한 번씩 모두 사용하여 소수 한 자리 수를 만들려고 합니다. 만들 수 있는 모든 소수의 평균을 구하시오.

18 1일을 20시간, 1시간을 72분으로 해서 오른쪽과 같은 시계를 만들었습니다. 8시와 9시 사이에 시침과 분침이 겹치는 시각은 8시 몇 분입니까?

19 규칙을 찾아 다음 분수의 합을 구하시오.

$$1\frac{1}{2}+2\frac{1}{3}+3\frac{2}{3}+4\frac{1}{4}+5\frac{2}{4}+6\frac{3}{4}+7\frac{1}{5}+\cdots+\square\frac{14}{15}$$

20 A, B 두 도시를 연결하는 도로 공사의 일꾼들을 가와 나조로 나누어 각각 A와 B 도시에서 동시에 공사를 시작하였습니다. 가조는 매일 2.7 km, 나조는 매일 2.3 km씩 이어나가는데, 두 조가 만나고 보니 가조는 나조보다 2 km를 더 많이 이었습니다. 연결한 도로의 길이는 몇 km입니까?

21 오른쪽 그림은 사각형 ㄱㄴㄷㄹ의 각 변의 길이를 각각 2배씩 연장해서 사각형 ㅁㅂㅅㅇ을 그린 것입니다. 즉, 선분 ㅁㄴ의 길이는 선분 ㄱㄴ의 길이의 3배, 선분 ㅂㄷ의 길이는 선분 ㄴㄷ의 길이의 3배, 선분 ㄹㅅ의 길이는 선분 ㄹㄷ의 길이의 3배, 선분 ㄱㅇ의 길이는 선분 ㄱㄹ의 길이의 3배입니다. 사각형 ㄱㄴㄷㄹ의 넓이가 12 cm²라면 사각형 ㅁㅂㅅㅇ의 넓이는 몇 cm²입니까?

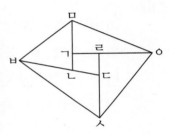

22 어떤 높이에서 떨어뜨리면 떨어진 높이의 $\frac{1}{2}$만큼 튀어올랐다가 다시 떨어지기를 반복하는 공이 있습니다. 10 m 높이에서 이 공을 떨어뜨렸다면, 멈출 때까지 공이 움직인 거리는 모두 몇 m입니까?

23 두 대의 실험용 자동차가 각각 한 시간에 50 km의 빠르기로 양쪽에서 다가오고 있습니다. 두 자동차의 사이가 3 km 떨어져 있을 때, 초스피드로 날으는 파리가 한쪽 차의 앞 범퍼에서 출발하여 맞은쪽 차를 향해 한 시간에 100 km의 빠르기로 날아갔습니다. 파리는 그 차에 도착하자마자 다시 출발해서 되돌아가 두 대의 차가 충돌하기 직전까지 차 사이를 오갔다고 합니다. 파리는 얼마만큼의 거리를 날았습니까?

24 석기 아버지는 어떤 목적지에 오후 9시 30분까지 도착하려고 합니다. 만약 석기 아버지께서 차를 몰고 한 시간에 45 km의 빠르기로 달린다면 목적지에 오후 10시에 도착하게 되고, 한 시간에 60 km의 빠르기로 달린다면 목적지에 오후 8시에 도착하게 됩니다. 그렇다면 한 시간에 몇 km의 빠르기로 차를 몰아야 오후 9시 30분에 목적지까지 도착할 수 있습니까?

25 오른쪽과 같이 일정한 규칙으로 수를 써나갈 때, 10행 10열의 수를 A라 합니다. A의 바로 위의 수를 ㉠, 바로 아래의 수를 ㉡, 바로 왼쪽의 수를 ㉢, 바로 오른쪽의 수를 ㉣이라고 할 때, ㉠+㉡+㉢+㉣의 값을 구하시오.

	1열	2열	3열	4열	5열	6열	…
1행	1	2	9	10	25	26	…
2행	4	3	8	11	24	27	…
3행	5	6	7	12	23	28	…
4행	16	15	14	13	22	29	…
5행	17	18	19	20	21	30	…
6행	36	35	34	33	32	31	…
⋮	⋮	⋮	⋮	⋮	⋮	⋮	⋮

1 $5 \times 7 \times 11 \times 13 \times 17 \times 19$와 $4 \times 5 \times 11 \times 14 \times 18 \times 20$의 최대공약수를 구하시오.

2 $2 * 3 = 9$, $5 * 7 = 22$, $9 * 3 = 30$일 때, $12 * 30$의 값은 얼마입니까?

3 3, 4, 5, 6, 7, 8, 9의 7개의 수 중에서 2개를 골라 진분수를 만든 후 그 중 2개의 기약분수를 뽑아내어 서로 곱하려고 합니다. 곱이 $\frac{1}{2}$이 되는 2개의 진분수의 짝은 모두 몇 쌍 있습니까?

4 $\frac{5}{9}$보다 크고 $\frac{7}{9}$보다 작은 분수 중에서 분모가 ㉮인 분수는 모두 215개입니다. ㉮는 얼마입니까? (단, ㉮는 9의 배수입니다.)

5 1부터 ㉠까지의 자연수를 모두 곱한 후 그 곱을 12로 계속하여 나누면 마지막 몫이 1925가 된다고 합니다. ㉠이 될 수 있는 수 중 가장 큰 수를 구하시오.

$$1 \times 2 \times 3 \times \cdots \times ㉠ = \boxed{}$$
$$\boxed{} \div 12 \div 12 \div 12 \div \cdots \div 12 = 1925$$

6 몇 개의 동전을 동시에 던져서 그림면이 나온 개수에 의해 점수를 얻는 게임을 했습니다. 아래 표는 점수를 나타내는 표의 일부분입니다. 동전을 던져 10101점을 얻었다면 그림면은 몇 개 나온 것입니까?

그림면의 수(개)	1	2	3	4	5	6	⋯
점수(점)	1	10	11	100	101	110	⋯

7 다음 식에서 ♥와 ◆는 모두 자연수입니다. ♥와 ◆에 알맞은 수를 찾아 (♥, ◆)로 나타낸다면 (♥, ◆)는 모두 몇 가지입니까?

$$\frac{♥}{4} + \frac{5}{◆} = 6$$

8 오른쪽 도형을 네 개의 합동인 도형으로 나누어 보시오.

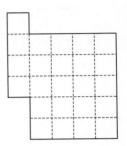

9 삼각형을 기본으로 해서 앞의 도형의 일부를 잘라내어 그림과 같은 규칙으로 새로운 도형을 만들어 나갈 때, 삼십구각형은 몇 번째에 만들어집니까?

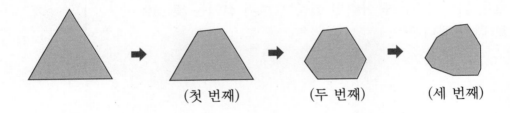

(첫 번째)　　(두 번째)　　(세 번째)

10 정사각형 ㄱㄴㄷㄹ과 마름모 ㄴㅁㄹㅂ을 그림과 같이 겹쳐 그렸습니다. 마름모 ㄴㅁㄹㅂ의 한 대각선의 길이가 6 cm이고 정사각형 ㄱㄴㄷㄹ의 넓이가 32 cm²일 때, 색칠한 부분의 넓이는 몇 cm²입니까?

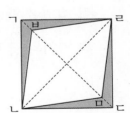

11 다음과 같이 네 개의 분수가 있습니다. 이 분수들을 통분하였더니 네 개의 분자가 연속된 자연수가 되었습니다. 이와 같이 통분한 분수의 분모는 얼마입니까?

$$\frac{1}{3} < \frac{\blacktriangle}{\bigstar} < \frac{\heartsuit}{\blacksquare} < \frac{1}{2}$$

12 오른쪽 그림과 같이 사다리꼴 ㄱㄴㄷㄹ이 있습니다. 변 ㄷㄹ 위에 점 ㅁ을 잡아, 선분 ㄴㅁ을 그어 사다리꼴의 넓이를 이등분하려면 선분 ㅁㄷ의 길이는 몇 cm로 하면 됩니까?

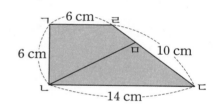

13 오른쪽 그림과 같이 평행사변형 ㄱㄴㄷㄹ을 대각선 ㄱㄷ을 따라 접었을 때, 색칠한 삼각형 ㉮의 넓이는 원래의 평행사변형의 넓이의 $\frac{2}{9}$가 되었습니다. 선분 ㅁㄷ의 길이를 구하시오.

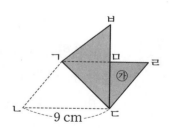

14 사각형 ㄱㄴㄷㄹ은 한 변의 길이가 10 cm인 정사각형입니다. 점 ㅁ을 지나는 직선을 그어, 색칠한 부분의 넓이를 2등분 하려고 합니다. 점 ㄴ에서부터 몇 cm 떨어진 곳을 지나도록 직선을 그어야 합니까?

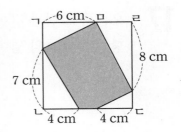

15 크기가 다른 두 개의 정사각형 A, B가 있습니다. [그림 1]과 같이 B의 대각선이 만나는 점에 A의 한 꼭짓점을 겹쳤더니 겹쳐진 부분의 넓이가 A의 넓이의 $\frac{1}{10}$이 되었습니다. 이때 [그림 2]와 같이 A와 B를 반대로 하여 겹치면 겹쳐진 부분의 넓이는 B의 몇 분의 몇이 됩니까?

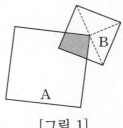

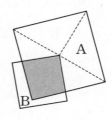

[그림 1]   [그림 2]

16 어떤 일을 혼자서 하는 데 한별이는 32일, 석기는 40일 걸립니다. 이 일을 한별이부터 시작하여 매일 교대로 해 나간다고 합니다. 일이 끝나는 날에는 누가 일을 하게 되며, 처음부터 며칠 만에 일을 끝내게 되겠습니까?

17 오른쪽 그림과 같이 합동인 삼각형 2장을 겹쳐 놓았을 때, 사각형 ㄱㄷㅁㄹ의 넓이는 몇 cm²입니까?

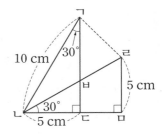

18 한솔이네 집의 복사기는 2배, 3배, 5배, $\frac{1}{2}$배, $\frac{1}{3}$배, $\frac{1}{5}$배의 확대, 축소를 할 수 있습니다. 처음 길이의 $\frac{1}{50}$로 축소된 선분을 이 복사기를 사용해서 될 수 있는 한 적은 횟수로 처음 길이의 $\frac{1}{36}$로 축소된 선분으로 고치기 위해서는 어떻게 하면 됩니까? □배를 몇 회, △배를 몇 회, …와 같이 답하시오.

19 어떤 강을 따라 16 km 떨어진 A, B 두 마을이 있습니다. A, B 사이를 배로 왕복하는 데 강을 거슬러 올라갈 때 걸리는 시간은 내려올 때 걸리는 시간의 2배입니다. 이 배의 잔잔한 물에서의 속력이 매시 6 km일 때, A, B 사이를 왕복하는 데는 몇 시간이 걸리겠습니까?

20 5.13은 자연수 부분이 5, 소수 부분이 0.13인 수입니다. 어떤 소수의 자연수 부분을 □, 소수 부분을 △라고 하여 □＋8×△＝630을 만족하는 □, △를 (□, △)로 나타낼 때, (□, △)는 모두 몇 가지입니까?

21 오른쪽 그림의 평행사변형 ㄱㄴㄷㄹ에서 점 가는 변 ㄴㄷ 위를 점 ㄴ에서 점 ㄷ까지 1초에 2 cm의 빠르기로, 점 나는 변 ㄱㄹ 위를 점 ㄹ에서 점 ㄱ까지 1초에 1 cm의 빠르기로 움직입니다. 점 가와 점 나가 동시에 출발했을 때, 사각형 ㄱㄴ가나의 넓이가 150 cm²가 되는 것은 출발한 지 몇 초 후입니까?

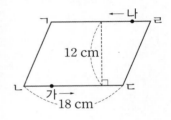

22 오른쪽 그림과 같은 A, B 2개의 물통이 있습니다. 처음에 *b* 의 꼭지를 잠그고, *a*의 꼭지를 열어 물통 A에 물을 넣고, 도중에 *a*의 꼭지를 잠금과 동시에 *b*의 꼭지를 열어, 물통 A의 물을 물통 B로 보냈습니다. 그래프는 그 때의 시간과 A, B의 물의 양과의 관계를 나타낸 것입니다. 물통 B에는 처음에 몇 L의 물이 들어 있었습니까?

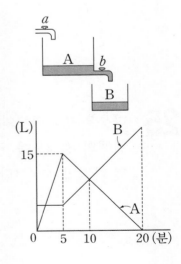

23 다음은 유승이네 모둠에서 각자가 그린 삼각형에 대하여 설명한 것입니다. 자기가 설명한 삼각형과 합동인 삼각형을 항상 그릴 수 있는 사람의 번호를 작은 것부터 차례대로 쓰시오. (예를 들면, ①, ②, ③이 맞으면 123이라고 씁니다.)

① 유승 : 정삼각형이고 한 변의 길이가 5 cm입니다.
② 상수 : 세 각의 크기가 각각 30°, 80°, 70°입니다.
③ 승철 : 두 변의 길이가 4 cm, 5 cm이고, 한 각의 크기가 75°입니다.
④ 국진 : 가장 긴 변의 길이가 4 cm이고, 한 각의 크기가 35°인 직각삼각형입니다.
⑤ 희영 : 한 변의 길이가 4 cm이고, 두 각이 각각 40°, 75°입니다.

24 어떤 금액을 A, B, C 세 사람이 나누어 가지는데, A는 전체의 $\frac{4}{5}$와 400원, B는 나머지의 $\frac{3}{5}$과 600원, C는 그 나머지의 $\frac{2}{5}$와 900원을 가졌더니 나머지는 없었습니다. 전체 금액은 얼마입니까?

25 다음은 정육면체의 전개도의 일부분입니다. 여기에 나머지 3개의 면을 더 그려서 정육면체의 전개도를 완성하려고 합니다. 정육면체의 전개도를 만들 수 있는 방법은 모두 몇 가지입니까? (단, 돌리거나 뒤집어서 모양이 같은 것은 1가지로 생각합니다.)

1 $3\dfrac{32}{51}$와 $1\dfrac{63}{85}$ 중 어느 쪽에 곱해도 그 곱이 자연수가 되는 분수 중 가장 작은 분수를 구하시오.

2 ○ 안에 >, =, <를 알맞게 써넣으시오.

$$\dfrac{66662}{66665} \quad\bigcirc\quad \dfrac{77775}{77777}$$

3 $1\times2=2!$, $1\times2\times3=3!$, $1\times2\times3\times4=4!$, $1\times2\times3\times4\times5=5!$라고 나타냅니다. $55!$를 5로 계속해서 나눌 때, 몫이 처음으로 소수점 아래 자리 수가 되는 것은 몇 번째부터입니까?

4 □ 안에 알맞은 수를 써넣으시오.

$$\dfrac{1998}{1999}\times2000=\dfrac{1998}{1999}+\boxed{}$$

5 오른쪽 그림에서 사각형 ㄱㄴㄷㄹ과 사각형 ㅁㅂㅅㅇ은 각각 대칭축이 4개인 선대칭도형입니다. 선분 ㄱㅁ의 길이는 선분 ㅁㅈ의 길이의 2배이고, 사각형 ㄱㄴㄷㄹ의 넓이가 45 cm²일 때, 사각형 ㄱㅁㅇㄹ의 넓이를 구하시오.

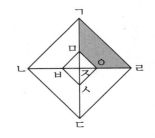

6 오른쪽 그림과 같이 선분 ㄱㄴ 위에 점 ㄷ을 잡고 정삼각형 ㄹㄱㄷ과 정삼각형 ㅁㄷㄴ을 그렸습니다. 각 ㄱㅂㄴ의 크기를 구하시오.

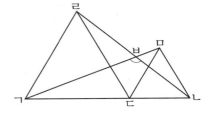

7 다음 그림과 같이 직사각형 ㄱㄴㄷㄹ 안에 선분 ㅁㅂ이 그어져 있습니다. 선분 ㅁㅂ에 평행한 선분을 사각형 안에 몇 개 그은 후 크고 작은 사각형을 세었더니 모두 55개였습니다. 선분 ㅁㅂ과 평행한 선분을 모두 몇 개 그었습니까?

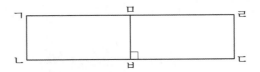

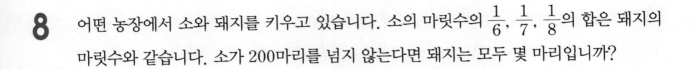

8 어떤 농장에서 소와 돼지를 키우고 있습니다. 소의 마릿수의 $\frac{1}{6}$, $\frac{1}{7}$, $\frac{1}{8}$의 합은 돼지의 마릿수와 같습니다. 소가 200마리를 넘지 않는다면 돼지는 모두 몇 마리입니까?

9 흐르지 않는 물에서 한 시간에 12 km의 빠르기로 가는 배가 어느 강의 상류에 있는 A 마을에서 하류에 있는 B 마을까지 가는 데 6시간이 걸렸습니다. B 마을에서 A 마을로 올라갈 때는 흐르지 않는 물에서 8 km씩 가는 빠르기로 갔더니 14시간이 걸렸습니다. 이 강물은 한 시간에 몇 km의 빠르기로 흘러갑니까?

10 같은 크기의 정사각형 4개를 ⊞ 모양으로 만들어 각각의 정사각형을 규칙에 따라 색칠하였습니다. ⊞ 안에 색칠한 정사각형의 수와 그 위치에 따라서 숫자로 나타내었습니다. 규칙을 찾아 13을 그림에서 알맞게 색칠하시오.

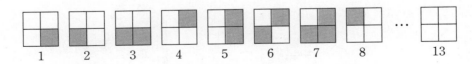

11 오른쪽 그림과 같이 작은 정육면체 18개를 쌓아 큰 직육면체를 만들었습니다. 세 점 A, B, C를 지나는 평면으로 자를 때, 잘리지 않는 정육면체는 모두 몇 개입니까?

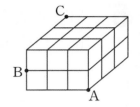

12 직사각형 모양의 종이를 그림과 같은 순서로 접은 뒤, 선분 ㄱㅁ에 평행하고 점 ㄷ을 지나는 점선을 따라 자른 후 펼쳤을 때, 꼭짓점 ㄱ이 포함된 부분의 넓이를 구하시오.

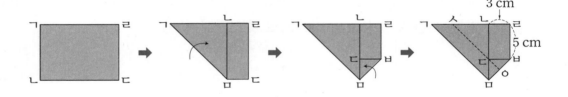

13 [그림 1]과 같은 정육면체를 3개 쌓아 [그림 2]를 만들었습니다. [그림 2]에서 겹쳐진 2개의 면에 적힌 숫자의 합이 7이 되도록 하였을 때 면 ㉠, 면 ㉡에 각각 적힌 숫자들의 합은 얼마입니까? (단, 정육면체의 마주 보는 면에 적힌 숫자의 합은 7입니다.)

[그림 1]

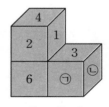

[그림 2]

14 오른쪽 그림에서 사각형 ㄱㄴㄷㄹ은 사다리꼴입니다. 점 ㅁ은 변 ㄹㄷ의 가운데 점이고, 선분 ㅂㅁ은 사각형 ㄱㄴㄷㄹ의 넓이를 2등분합니다. 선분 ㅂㄴ의 길이를 구하시오.

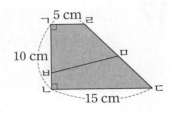

15 오른쪽 그림은 삼각형 ㉮의 세 변의 길이를 각각 한 변으로 하는 세 개의 정사각형을 그린 뒤 정사각형의 꼭짓점들을 이어 세 개의 삼각형을 그린 것입니다. 삼각형 ㉮의 넓이를 10 cm²라고 하면 색칠한 세 개의 삼각형의 넓이의 합은 몇 cm²입니까?

16 다음 그림의 사각형 ㄱㄴㄷㄹ에서 점 가는 매초 1 cm의 빠르기로 변 ㄱㄹ 위를 점 ㄱ에서 점 ㄹ까지 나아가고, 점 나는 매초 2 cm의 빠르기로 변 ㄴㄷ 위를 점 ㄴ에서 점 ㄷ까지 나아갑니다. 두 점 가, 나가 동시에 출발할 때, 사각형 ㄱㄴㄴㄷ가의 넓이가 사각형 ㄱㄴㄷㄹ의 넓이의 $\frac{1}{3}$이 되는 것은 출발하고 나서 몇 초 후입니까?

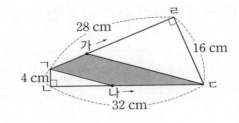

17 오른쪽 그림에서 정육각형 ㄱㄴㄷㄹㅁㅂ의 넓이는 120 cm²입니다. 물음에 답하시오.

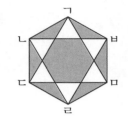

(1) 정삼각형 ㄱㄷㅁ의 넓이를 구하시오.

(2) 색칠한 부분의 넓이의 합을 구하시오.

18 오른쪽 그림에서 정사각형 모양의 종이를 선을 따라 잘랐습니다. 사각형 가의 넓이는 몇 cm²입니까?

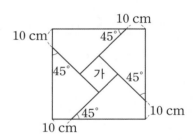

19 다음은 정육면체 전개도의 일부분입니다. 여기에 나머지 2개 면을 더 그려서 정육면체의 전개도를 완성하려고 합니다. 만들 수 있는 정육면체의 전개도는 모두 몇 가지입니까? (단, 돌리거나 뒤집어서 모양이 같은 것은 같은 모양으로 생각합니다.)

20 ㉮ 지역과 ㉯ 지역을 오고 가는 케이블카가 있습니다. 오전 9시부터 ㉮, ㉯ 지역 두 곳에서 동시에 5분 간격으로 출발하여 도착하는 데 15분이 걸립니다. 케이블카는 오고 가는 도중에 서로 만나게 되는데 가장 많이 만나는 케이블카는 다른 케이블카와 몇 번 만납니까?

21 동민, 석기, 효근이의 나이의 곱은 2640이고, 동민이와 석기의 나이 차는 석기와 효근이의 나이 차와 같습니다. 효근, 석기, 동민이의 순으로 나이가 많다면 세 사람의 나이는 각각 몇 살입니까?

22 92.4를 자연수 가로 나누었더니 몫이 소수 한 자리 수로 나누어떨어졌습니다. 이러한 자연수 가 중에서 10번째로 큰 자연수는 무엇입니까?

23 A와 B 두 종류의 문제유형이 있습니다. A와 B 문제유형의 문제를 합해서 240문제가 있는 문제집을 석기는 한 문제를 푸는 데 A, B 문제유형을 각각 20분씩 걸렸고, 동민이는 한 문제당 A 문제유형은 15분, B 문제유형은 30분 걸려서 두 사람 모두 같은 시간에 문제집을 다 풀었습니다. A 문제유형은 몇 문제입니까?

24 한솔, 효근, 석기 세 사람이 구슬을 가지고 있습니다. 한솔이가 효근이에게 6개를 주면 효근이의 구슬 수는 한솔이의 구슬 수의 $\frac{7}{8}$이 되고, 한솔이가 석기에게 10개를 주면 석기의 구슬 수는 한솔이의 구슬 수의 $1\frac{1}{6}$이 됩니다. 효근이가 한솔이에게 5개 주었더니 한솔이와 효근이의 구슬 수의 차가 30개였습니다. 세 사람이 가지고 있는 구슬 수의 합을 구하시오.

25 오른쪽 그림과 같이 점종이에 넓이가 2 cm^2인 ㉮ 도형을 그렸습니다. 점과 점을 선분으로 연결하여 ㉮ 도형에 새로운 도형을 더 그려서 넓이가 3 cm^2인 새로운 도형을 만들려고 합니다. 이와 같이 그릴 수 있는 도형 중에서 돌리거나 뒤집었을 때 서로 다른 도형은 모두 몇 가지입니까? (단, ㉮ 도형과 추가되는 도형은 서로 겹쳐지는 선분이 있어야 합니다.)

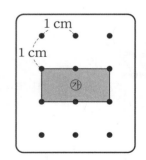

올림피아드 예상문제

1 세 개의 자연수 30, a, b에서 30과 a, a와 b, b와 30의 최대공약수는 각각 6, 9, 15이고 a와 b의 최소공배수는 360입니다. a를 구하시오.

2 6으로 나누면 1이 남고, 8로 나누면 3이 남고, 15로 나누면 10이 남는 자연수 중에서 1000에 가장 가까운 자연수를 구하시오.

3 4개의 자연수 a, b, c, d가 있습니다. $a \times b = 24$, $b \times c = 36$, $b \times d = 84$일 때 자연수 a, b, c, d가 될 수 있는 경우는 모두 몇 가지입니까? 또, 이들 중 4개의 자연수의 합이 가장 작을 때, c와 d의 곱은 얼마가 됩니까?

4 다섯 자리 수 2□□5□는 9로 나누어떨어지고 5의 배수입니다. 2□□5□가 될 수 있는 수는 모두 몇 개입니까?

5 자연수 중에서 2로도, 3으로도, 5로도 나누어떨어지지 않는 수들을 차례로 늘어놓으면 1, 7, 11, 13, 17, …입니다. 150번째에 놓이는 수를 구하시오.

6 어떤 쌀 가게 주인은 창고에 있는 쌀을 오른쪽과 같은 방법으로 팔기로 하였습니다. 이렇게 규칙적으로 49일째까지 팔았더니 13가마니의 쌀이 남았습니다. 처음 창고에는 쌀이 몇 가마니 있었습니까?

- 첫째 날에는 창고에 있는 쌀의 $\frac{1}{50}$ 을 팝니다.
- 둘째 날에는 전날 남은 것의 $\frac{1}{49}$ 을 팝니다.
- 셋째 날에는 전날 남은 것의 $\frac{1}{48}$ 을 팝니다.
- 넷째 날에는 전날 남은 것의 $\frac{1}{47}$ 을 팝니다.
  ⋮

7 ㉮와 같은 타일 2장을 이용하여 ㉯를 덮을 때, 만들 수 있는 서로 다른 무늬는 모두 몇 가지입니까? (단, 돌리거나 뒤집어서 모양이 같은 것은 같은 모양으로 생각합니다.)

㉮

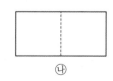

㉯

8 오른쪽 그림에서 사각형 ㄱㅁㄷㅂ의 넓이는 128 cm², 평행
사변형 ㄱㄴㄷㄹ의 넓이는 320 cm²이고, 선분 ㄱㄴ과 선분
ㄱㄹ의 길이는 같습니다. 선분 ㄱㅂ의 길이는 몇 cm입니까?

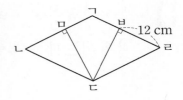

9 삼각형 가를 규칙에 의해 나누었더니 삼각형이 각각 4개, 13개, 40개가 되었습니다. 이
와 같은 규칙으로 나누어진 삼각형이 모두 3000개 이상이 되도록 나누려면 최소한 몇
번 나누어야 합니까?

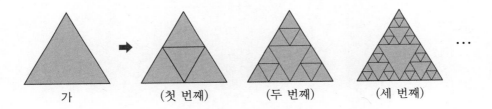

10 오른쪽 정사각형에서 점 ㅇ과 점 ㅂ은 각각 선분 ㄱㄹ과 선분
ㄴㄷ의 삼등분점이고, 점 ㅁ과 점 ㅅ은 각각 선분 ㄱㄴ과 선분
ㄹㄷ의 중점입니다. 색칠한 부분의 넓이를 구하시오.

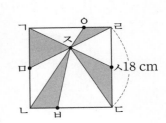

11 $\dfrac{1}{5} \times \dfrac{3}{7} \times \dfrac{5}{9} \times \cdots$ 와 같이 규칙에 따라 곱셈을 할 때, 계산 결과가 처음으로 $\dfrac{1}{500}$ 보다 작게 되는 때는 마지막으로 어떤 분수를 곱했을 때입니까?

12 □ 안에 들어갈 수 있는 자연수는 모두 몇 개입니까?

$$\dfrac{11}{30} < \dfrac{17}{\Box} < \dfrac{21}{23}$$

13 100보다 작은 세 자연수 ㉮, ㉯, ㉰를 종이에 쓴 다음 보기 와 같은 규칙으로 여섯 번을 반복하였더니 4, 11, 15가 되었습니다. 맨 처음에 썼던 세 자연수 ㉮, ㉯, ㉰의 합이 가장 클 때는 얼마입니까? (단, (㉮, ㉯, ㉰)의 쌍이 서로 똑같은 경우는 없습니다.)

> **보기**
> 세 자연수 중 한 수를 지워 버리고 지운 자리에 남는 두 자연수의 합을 씁니다.

14 분모에 12를 더하면 $\dfrac{1}{6}$과 같아지고, 분자에서 7을 빼고 분모에 4를 더하면 $\dfrac{1}{7}$과 같아지는 분수를 $\dfrac{\bigcirc}{\bigcirc}$으로 나타내었을 때, $\bigcirc+\bigcirc$의 최솟값을 구하시오.

15 A, B, C, D, E 5개의 자연수가 있습니다. C와 B, D와 C, E와 D의 차는 각각 B와 A의 차의 2배, 3배, 4배입니다. 이 5개 수의 평균은 44이고, B와 C의 평균은 38일 때, A와 E를 각각 구하시오. (단, A<B<C<D<E입니다.)

16 갑, 을 두 트럭이 각각 A, B 두 지점에서 동시에 서로 마주 보고 출발하여 한 시간에 갑은 55 km, 을은 65 km의 빠르기로 달렸습니다. 갑과 을은 각각 B, A에 도착한 후 바로 같은 빠르기로 왔던 길을 따라 다시 A와 B를 향해 달렸습니다. 두 트럭이 처음 출발해서부터 두 번째로 만날 때까지 4시간 30분 걸렸다면 A, B 두 지점 사이의 거리는 몇 km입니까?

17 □ 안에 들어갈 수 있는 단위분수 중 가장 큰 분수와 가장 작은 분수의 합을 $\dfrac{ⓒ}{⊙}$, 차를 $\dfrac{ⓔ}{ⓒ}$로 나타내었을 때, ⓒ+ⓔ은 얼마입니까? (단, $\dfrac{ⓒ}{⊙}$과 $\dfrac{ⓔ}{ⓒ}$은 모두 기약분수입니다.)

$$\frac{1}{5}-\frac{1}{6} < \square < \frac{1}{3}-\frac{1}{4}$$

18 효근이가 국어, 사회, 수학 3과목 시험을 본 평균 점수는 88점이고, 과학과 음악 점수를 합한 5과목의 평균 점수는 87점입니다. 과학 점수가 음악 점수보다 21점 더 낮다면, 효근이의 과학 점수는 몇 점입니까?

19 어느 동물원의 사육사가 준비한 물고기를 네 마리의 동물들에게 나누어 주었습니다. 북극곰에게는 전체의 $\dfrac{3}{7}$을 주고, 물개에게는 남은 물고기의 $\dfrac{3}{5}$을 주었습니다. 또, 돌고래에게는 다시 남은 물고기의 $\dfrac{5}{6}$를 주고, 그 나머지 물고기를 펭귄에게 모두 주었습니다. 펭귄이 받은 물고기를 전체의 $\dfrac{12}{●}$라고 할 때, ●에 알맞은 수는 무엇입니까?

20 A, B는 수가 쓰여진 카드를 넣으면 어떤 계산을 해서 계산한 결과의 수가 쓰여진 카드가 나오는 계산기입니다. A, B의 계산기에 각각 1에서 5까지의 수가 쓰여진 카드를 넣어서 나온 카드의 수는 표와 같습니다. 어떤 수 카드를 A 계산기에 넣어서 나온 수 카드를 다시 B 계산기에 넣었더니 245가 쓰여진 카드가 나왔습니다. A 계산기에 넣기 전에 카드에 쓰여진 수는 무엇입니까?

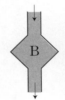

계산기 \ 수	1	2	3	4	5
A	2	5	10	17	26

계산기 \ 수	1	2	3	4	5
B	2	5	8	11	14

21 그림과 같이 상행과 하행의 플랫폼의 끝에 한별이와 신영이 두 사람이 서 있습니다. 상행과 하행 열차가 동시에 플랫폼에 들어왔습니다. 열차 때문에 한별이 쪽에서 신영이가 보이지 않을 때부터 신영이를 다시 볼 수 있을 때까지 최대한 걸리는 시간은 몇 초입니까? (단, 상행 열차는 1초에 15 m씩 가고, 두 열차의 길이는 각각 150 m, 플랫폼의 길이는 각각 200 m입니다.)

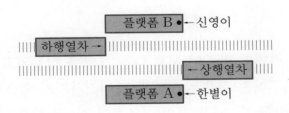

22 오른쪽과 같은 직사각형에서 ◆와 ●가 함께 들어 있는 크고 작은 직사각형은 모두 몇 개입니까?

23 오른쪽 그림의 두 직각삼각형 ㄱㄴㄷ과 ㄱㄹㅁ은 서로 합동입니다. 선분 ㄴㅂ의 길이는 몇 cm입니까?

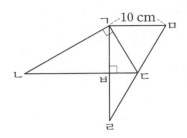

24 A와 B 두 사람이 각각 가지고 있는 구슬의 $\frac{1}{4}$씩 교환하면, A가 가지고 있는 구슬 수는 B가 가지고 있는 구슬 수의 2배가 됩니다. 처음 A가 가지고 있는 구슬 수는 B가 가지고 있는 구슬 수의 몇 배였습니까?

25 정사각형 6개를 변끼리 맞붙여 서로 다른 모양을 만들려고 합니다. 가장 긴 변이 5개의 정사각형으로 이루어진 경우는 아래와 같이 3가지가 있습니다. 이와 같은 방법으로 서로 다른 모양을 만들 때, 가장 긴 변이 4개의 정사각형으로 이루어진 경우는 모두 몇 가지 있습니까? (단, 돌리거나 뒤집어서 모양이 같은 것은 1가지로 생각합니다.)

올림피아드 예상문제

1 다음 중에서 가장 큰 수와 가장 작은 수의 차를 구하시오.

$$\frac{5}{6} \quad \frac{11}{13} \quad \frac{13}{15} \quad \frac{21}{25}$$

2 자연수 A와 18의 최대공약수는 6이고, A와 32의 최대공약수는 8입니다. 세 수 A, 18, 32의 최소공배수가 1440일 때, A는 얼마입니까?

3 $3\frac{38}{39}$에 곱해도, $1\frac{59}{65}$에 곱해도 그 곱이 모두 자연수가 되도록 만드는 가분수 중에서 가장 작은 기약분수를 $\frac{\bigcirc}{\bigcirc}$이라고 할 때, ㉠+㉡은 얼마입니까?

4 어떤 자연수를 5로 나눈 몫을 소수 첫째 자리에서 반올림하면 7이 되고, 같은 자연수를 3으로 나눈 몫을 소수 첫째 자리에서 반올림하면 12가 됩니다. 이와 같은 자연수를 모두 구하시오.

5 A, B, C, D 네 수의 합은 75입니다. 다음 식이 성립할 때, A, B, C, D를 각각 구하시오.

$$A+4=B-4=C\times4=D\div4$$

6 A, B 두 자연수가 있습니다. $\dfrac{A}{B\times B\times B}=\dfrac{1}{588}$ 을 만족하는 A, B의 최솟값을 각각 구하시오.

7 그림과 같이 규칙적으로 색칠을 하여 수를 나타내었습니다. 규칙을 찾아 ⬛+⬛을 계산하시오.

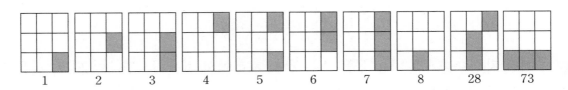

8 다음 [그림 1]과 같은 직사각형 모양의 종이 테이프를 중앙선 ㅁㅂ에 맞추어 접어서, [그림 2]와 같은 점대칭도형을 만들었습니다. [그림 2]의 도형의 넓이가 112 cm²이고, 사각형 ㅅㅂㅇㅁ의 넓이가 64 cm²라면 [그림 1]에서 선분 ㄱㄹ의 길이는 몇 cm입니까?

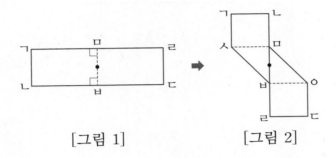

[그림 1]　　　　　[그림 2]

9 오른쪽 그림은 직사각형 ㄱㄴㄷㄹ에 몇 개의 선분을 그은 것입니다. 색칠한 부분의 넓이가 오른쪽 그림과 같을 때, 사각형 ㅁㅂㄷㅅ의 넓이를 구하시오.

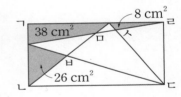

10 A 물건 7개와 B 물건 6개를 사는 데 모두 91800원을 썼습니다. A 물건 5개와 B 물건 3개의 값이 서로 같다면 A 물건과 B 물건의 한 개의 값은 각각 얼마입니까?

11 다음과 같은 분수가 있습니다. 이 중에서 기약분수는 모두 몇 개입니까?

$$\frac{98}{99}, \frac{97}{99}, \frac{96}{99}, \cdots, \frac{2}{99}, \frac{1}{99}$$

12 집에서 A마을까지 자전거로 1분에 120 m의 빠르기로 가면 예정 시각보다 10분 늦게 도착하고, 1분에 150 m의 빠르기로 가면 예정 시각보다 2분 빨리 도착합니다. 집에서 A 마을까지의 거리는 몇 km입니까?

13 1, 2, 3, 4, 5, 6, 7, 8, …과 같이 자연수를 늘어놓은 다음 11, 100, 101 등과 같이 두 개 이상 같은 숫자가 들어 있는 자연수를 지웠습니다. 남은 수를 1부터 차례로 세웠을 때, 164번째 수는 무엇입니까?

14 어떤 동물은 태어나서 두 달 후에는 새끼를 낳습니다. 지금 암수 한 쌍이 있는데 매달 암수 한 쌍의 새끼를 낳으며 태어난 각 암수도 두 달 후이면 매달 암수 한 쌍의 새끼를 낳는다고 합니다. 이 암수 한 쌍이 10개월 후에는 몇 쌍으로 늘어나겠습니까? (단, 10 개월 동안 죽은 동물은 없습니다.)

15 오른쪽 그림과 같은 6단의 계단이 있습니다. 계단 밑에는 형이, 계단 위에는 동생이 있습니다. 두 사람은 각각 한 번씩 주사위를 던져 각각 나오는 눈의 수만큼 이동하는데 형은 계단을 올라가고, 동생은 계단을 내려오는 것으로 합니다. 형제가 멈출 때, 두 사람 사이의 계단의 수가 2단과 같거나 많게 될 가능성을 기약분수로 나타내시오.

16 동민이는 어느 정도 숨을 멈출 수 있는지 5회에 걸쳐 실험을 해 보았습니다. 1회에서 5회까지의 평균은 37.8초였습니다. 1회와 2회의 평균은 39초, 1회, 2회, 3회의 평균은 36초, 2회와 4회의 평균은 37.5초, 1회와 5회는 서로 같은 시간이었습니다. 5회에는 몇 초 동안 숨을 멈추었습니까?

17 A 학교와 B 학교의 지원자 수는 각각 정원의 1.3배, 1.8배이고, A 학교와 B 학교의 지원자 수를 합하면 두 학교 전체 정원의 1.4배가 됩니다. A 학교의 정원이 300명이면 B 학교의 정원은 몇 명입니까?

18 5개의 자연수가 있습니다. 이 중 4개의 수의 평균을 구하여 나머지 1개의 수를 더하는 방법으로 계산했더니 각각 38, 32, 23, 41, 26이었습니다. 이 5개의 자연수를 작은 수부터 차례로 쓰시오.

19 번수를 다음과 같은 규칙으로 늘어놓았습니다. 10이 처음으로 놓이는 것은 몇 번째입니까?

1000, 999, 998, 997, 999, 998, 997, 996, 998, 997, 996, 995, 997, 996, 995, 994, 996, …

20 오른쪽 그림과 같은 정사각형 ㄱㄴㄷㄹ에서 색칠한 부분의 넓이가 40 cm²일 때, 정사각형 ㄱㄴㄷㄹ의 넓이는 몇 cm²입니까?

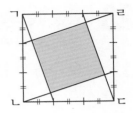

21 정육면체 모양의 쌓기나무를 이용하여 직육면체를 만들었습니다. 이 직육면체를 앞에서 보니 쌓기나무가 48개, 위에서 보니 18개, 옆에서 보니 24개가 보였습니다. 이 직육면체는 쌓기나무 몇 개로 만들었습니까?

22 1부터 100까지의 수가 각각 적힌 카드 100장이 있습니다. 처음에는 홀수가 쓰인 카드를 모두 A 상자에, 나머지는 B 상자에 넣었습니다. 다음으로 B 상자에서 3의 배수가 쓰인 카드를 모두 꺼내 A 상자에 넣었습니다. 또 다시 A 상자에서 5의 배수가 쓰인 카드를 모두 꺼내 B 상자에 넣었습니다. 이때 B 상자에는 몇 장의 카드가 들어 있겠습니까?

23 한솔이는 52개의 구슬과 빨간색 상자와 흰색 상자를 1개씩 갖고 있습니다. 한솔이는 구슬을 두 상자에 모두 나누어 담는 데 빨간색 상자에 담은 구슬 수가 흰색 상자에 담은 구슬 수의 약수가 되도록 하였습니다. 두 상자에 나누어 담는 방법은 모두 몇 가지입니까?

24 다음 규칙 을 만족하는 경우는 모두 몇 가지입니까?

> 규칙
>
> ① 빈칸에는 ○ 또는 × 중 1개를 반드시 표시합니다.
> ② 각 행에 표시된 ○의 개수는 모두 3개씩입니다.
> ③ 각 열에 표시된 ○의 개수는 모두 3개씩입니다.

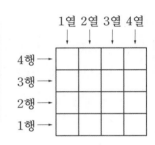

25 보기 와 같이 크기가 같은 마름모 2개를 이어 붙여서 만들 수 있는 모양은 모두 2가지입니다. 같은 방법으로 크기가 같은 마름모 3개를 이어 붙여서 만들 수 있는 서로 다른 모양은 모두 몇 가지입니까? (단, 돌리거나 뒤집었을 때 같은 모양은 한 가지로 봅니다.)

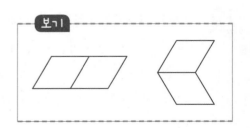

보기

올림피아드 예상문제

1 6자리 자연수 ABABAB가 있습니다. 다음 식이 성립할 때, □ 안에 알맞은 수를 구하시오. (단, 같은 문자는 같은 숫자를 나타냅니다.)

$$ABABAB = AB \times \boxed{} \times 7$$

2 세 자리 수 중에서 2, 5, 7로는 모두 나누어떨어지지만 4, 25, 49로는 모두 나누어떨어지지 않는 자연수를 모두 구하시오.

3 오른쪽과 같은 규칙이 있을 때 $[1]_{2025} - [2]_{2024}$의 값을 구하시오.

$$[■]_1 = 5 - ■$$
$$[■]_2 = 5 - [■]_1$$
$$[■]_3 = 5 - [■]_2$$
$$[■]_4 = 5 - [■]_3$$

4 $\dfrac{3}{127}$, $\dfrac{4}{169}$, $\dfrac{5}{211}$ 를 큰 것부터 순서대로 나열하시오.

5 다음은 어떤 규칙에 의해 수를 늘어놓은 것입니다. 이와 같은 규칙으로 계속 수를 늘어놓을 때, 32번째와 66번째의 분수의 합을 구하면 $\dfrac{\text{㉢}}{\text{㉠}\ \text{㉡}}$ 입니다. 이때 ㉠＋㉡＋㉢의 최솟값은 얼마입니까?

$$1,\ \frac{1}{2},\ 2,\ \frac{2}{3},\ 3,\ \frac{3}{4},\ 4,\ \frac{4}{5},\ 5,\ \frac{5}{6},\ 6,\ \frac{6}{7},\ \cdots$$

6 세 자리 수 378, 498, 578을 어떤 수로 나누면 나머지가 모두 같다고 합니다. 이렇게 나머지가 같도록 나눌 수 있는 어떤 수를 모두 구하면 몇 개입니까? (단, 나머지가 0인 경우는 생각하지 않습니다.)

7 1부터 200까지의 수가 쓰여진 카드가 200장 있습니다. 이 카드를 모세, 다혜, 우람, 다희의 순서로 다음과 같이 뽑아서 가지고 있었습니다. 다희가 뽑은 카드는 모두 몇 장입니까?

① 모세는 2의 배수가 적힌 카드를 모두 뽑았습니다.
② 다혜는 3의 배수가 적힌 카드를 모두 뽑았습니다.
③ 우람이는 5의 배수가 적힌 카드를 모두 뽑았습니다.
④ 다희는 7의 배수가 적힌 카드를 모두 뽑았습니다.

8 오른쪽 그림에서 점 ㅁ은 직선 가 위를 움직입니다. 선분 ㄱㅁ의 길이와 선분 ㄷㅁ의 길이의 합이 최소가 될 때, 각 ㄱㅁㄴ은 몇 도입니까?

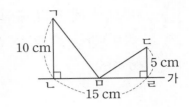

9 오른쪽 선대칭도형에서 삼각형은 모두 직각이등변삼각형입니다. 색칠한 부분의 넓이를 구하시오.

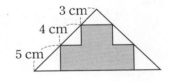

10 한 변의 길이가 15 cm인 정사각형 ㄱㄴㄷㄹ을 오른쪽 그림과 같이 접었습니다. 선분 ㄱㅁ, ㄴㅂ, ㄷㅅ, ㄹㅇ의 길이는 모두 같고, 접었을 때 정사각형 ㅊㅋㅌㅈ이 만들어졌습니다. 정사각형 ㅁㅂㅅㅇ의 넓이가 137 cm²일 때, 선분 ㄱㅁ의 길이를 구하시오.

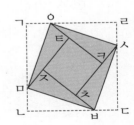

11 분모가 세 자리 수인 오른쪽 분수를 약분하면 단위분수가 됩니다. 약분하여 만들 수 있는 가장 큰 단위분수와 가장 작은 단위분수의 차를 구하시오.

$$\frac{15}{\bigcirc 7 \bigcirc}$$

12 A, B, C 3개의 자연수가 있습니다. A에서 3을 뺀 수와 B에 6을 더한 수와 C를 4로 나눈 수는 모두 같고, A, B, C의 합은 117입니다. A, B, C를 각각 구하시오.

13 50명의 학생들이 수학 시험을 보았습니다. 문제는 3문제이고 그 배점은 1번은 50점, 2번은 30점, 3번은 20점입니다. 전체 평균 점수가 59.6점일 때, 표의 빈칸에 알맞은 수를 써넣으시오.

득점(점)	100	80	70	50	30	20	0
학생 수(명)	7	10		9	6	4	

문제	1번	2번	3번
학생 수(명)		27	

14 대포 1대로 적기를 쏘아 명중할 가능성이 $\frac{1}{4}$이라면 대포 3대로 적기 1대에 일제히 쏘아 명중할 가능성은 얼마이겠습니까?

15 회의에 참가한 사람들이 서로 한 번씩 악수를 하였습니다. 악수한 횟수의 합이 105번이라면 회의에 참가한 사람은 모두 몇 명입니까?

16 길이가 30 cm인 양초 A와 길이가 20 cm인 양초 B에 동시에 불을 붙였습니다. 오른쪽 그래프는 불을 붙인 후부터의 시간과 남은 양초의 길이의 관계를 나타낸 것입니다. 양초 A와 양초 B의 남은 길이가 같게 되는 것은 불을 붙이고 나서 몇 분 후입니까?

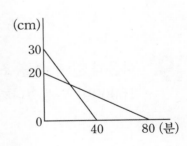

17 정사각형 모양의 종이를 정확히 포개지도록 같은 방향으로 거듭해서 4번을 접어서 만든 직사각형의 둘레의 길이가 34 cm였습니다. 처음 정사각형의 넓이를 구하시오.

18 직사각형의 변 ㄱㅂ에는 빨간 점이 2 cm 간격으로, 변 ㄷㄹ에는 파란 점이 3 cm 간격으로 끝에서 끝까지 찍혀 있습니다. 빨간 점과 파란 점의 개수 차는 15개입니다. 또, 점 ㄴ, ㅁ은 각각 변 ㄱㄷ과 변 ㅂㄹ을 2등분 하는 점으로 선분 ㄴㅁ에는 흰 점이 6 cm 간격으로 끝에서 끝까지 찍혀 있습니다. 왼쪽 끝의 빨간 점과 흰 점, 파란 점을 동시에 지나는 선분을 그었을 때 선분 ㄱㄷ을 높이로 하는 삼각형의 넓이가 직사각형 ㄱㄷㄹㅂ의 넓이의 $\frac{2}{5}$일 때, 이 선분은 왼쪽부터 몇 번째 파란 점을 지납니까?

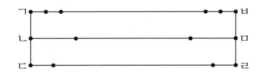

19 다음과 같이 수를 조별로 묶어 놓았습니다. 1조의 수부터 몇 조 몇 번째 수까지 더해야 10000이 되겠습니까?

$$(1), (3, 5), (7, 9, 11), (13, 15, 17, 19), \cdots$$

$$\uparrow \qquad \uparrow \qquad \uparrow \qquad \qquad \uparrow$$

1조　　2조　　3조　　　　4조

20 네 개의 서로 다른 수 ㉠, ㉡, ㉢, ㉣이 있습니다. ㉠과 ㉡은 짝수이고, ㉢과 ㉣은 홀수이며, $\dfrac{1}{㉠}+\dfrac{1}{㉡}=\dfrac{1}{㉢}+\dfrac{1}{㉣}$입니다. ㉠+㉡의 수 중 가장 작은 수는 얼마입니까?

21 A, B, C 3명이 사업을 하기 위해 공동으로 자금을 내었습니다. C는 A보다 2400만 원 적게 내고, B보다 900만 원 적게 내었습니다. 또, A가 낸 돈은 C가 낸 돈의 5배와 B가 낸 돈의 합과 같습니다. B는 얼마를 내었습니까?

22 영수는 오른쪽 그림과 같은 가로가 19.2 m, 세로가 12 m인 직사각형 모양의 토지의 둘레에 동백나무와 버드나무를 교대로 같은 간격으로 심으려고 합니다. 영수는 동백나무와 버드나무를 각각 100그루씩 가지고 있고, 4개의 모퉁이에는 반드시 동백나무를 심으려고 할 때, 동백나무와 버드나무를 최대 몇 그루씩 심으면 됩니까?

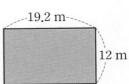

19.2 m

12 m

23 설탕을 A, B, C 세 사람이 나누어 가졌습니다. 처음에 A는 전체의 $\frac{1}{3}$과 3 kg을 가지고, B는 나머지의 $\frac{1}{3}$과 2 kg을 가지고, 마지막으로 C는 나머지의 $\frac{1}{2}$과 1 kg을 가졌더니 5 kg이 남았습니다. 처음에 설탕은 몇 kg 있었습니까?

24 [그림 1]과 [그림 2]는 검은 바둑돌을 정삼각형 모양으로 나열하고 그 둘레에 흰 바둑돌을 나열해서 정삼각형 모양을 만든 것입니다. 이와 같은 방법으로 몇 개의 검은 바둑돌을 정삼각형 모양으로 나열하고, 그 둘레에 흰 바둑돌을 3열로 나열해서 정삼각형을 만든 후, 흰 바둑돌을 세어 보니 모두 126개였습니다. 이때 가장 바깥쪽의 한 변에 나열되어 있는 바둑돌은 몇 개입니까?

[그림 1]   [그림 2]

25 수도관으로 물을 넣으면 30분 만에 가득 차는 물탱크가 있습니다. 그런데 물탱크가 새는 것을 모른채 16분 동안 물을 넣다가 물이 새는 것을 발견하여 곧바로 새는 구멍을 막았습니다. 이 때문에 예정 시간보다 4분 늦게 물탱크를 채울 수 있었습니다. 만약 물이 새는 것을 끝까지 몰랐다면 물이 가득 차는 데 예정 시간보다 몇 분 늦어졌겠습니까?

올림피아드 예상문제

1 509 뒤에 서로 다른 숫자 3개를 이어 쓰면 여섯 자리 자연수가 됩니다. 이 여섯 자리 자연수가 9, 11, 15로 나누어떨어질 때, 509 뒤에 이어 쓸 수 있는 세 자리 수를 구하시오.

2 자연수를 1부터 차례대로 288자리 수가 될 때까지 썼습니다. 이 수를 3으로 나누면 나머지는 얼마입니까?

$$\underbrace{1\ 2\ 3\ 4\ 5\ 6\ 7\ 8\ 9\ 10\ 11\ 12\ \cdots}_{288자리}$$

3 어떤 네 자리 수는 각 자리의 숫자의 합을 4번 곱한 것과 같습니다. 예를 들면, ABCD 가 $(A+B+C+D) \times (A+B+C+D) \times (A+B+C+D) \times (A+B+C+D)$ 와 같습니다. 이 네 자리 수를 구하시오.

4 일정한 규칙으로 분수를 늘어놓았습니다. 규칙을 찾아 101번째 분수를 구하시오.

$$\frac{1}{4},\ \frac{1}{2},\ \frac{7}{12},\ \frac{5}{8},\ \frac{13}{20},\ \frac{2}{3},\ \frac{19}{28},\ \frac{11}{16},\ \cdots$$

5 다음과 같은 규칙으로 소수 24개를 모두 더했을 때, 소수 둘째 자리의 숫자는 무엇입니까?

$$0.3+0.33+0.333+0.3333+\cdots$$

6 오른쪽 사다리꼴에서 삼각형 ㄱㅁㄹ의 넓이는 143 cm²입니다. 선분 ㄴㅁ의 길이는 몇 cm입니까?

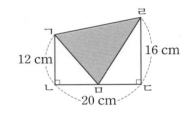

7 오른쪽 그림은 각 변의 가운데 점을 계속해서 이어 만든 것입니다. 이와 같이 계속해서 만든다면, 정사각형을 무수히 많이 만들 수 있습니다. 만들 수 있는 모든 정사각형의 넓이의 합을 구하시오.

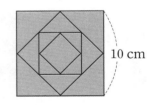

8 오른쪽 그림에서 색칠한 부분은 삼각형 ㄱㄴㄷ과 직사각형 ㄹㅁㅂㅅ이 겹쳐진 부분입니다. 겹쳐진 부분의 넓이를 삼각형 ㄱㄴㄷ의 넓이의 $\frac{1}{3}$로 하려면, 삼각형 ㄱㄴㄷ을 변 ㄴㄷ을 따라서 왼쪽으로 몇 cm를 더 이동시키면 됩니까?

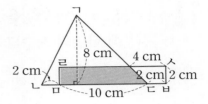

9 한 모서리의 길이가 1 cm인 정육면체를 여러 개 쌓아 커다란 직육면체를 오른쪽 그림과 같이 만들었습니다. 이 직육면체에서 찾을 수 있는 크고 작은 정육면체는 모두 몇 개입니까?

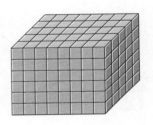

10 오른쪽과 같은 정육면체의 전개도로 정육면체를 만들었을 때, 한 꼭짓점에 모인 세 면 위에 있는 수의 합 중 가장 큰 합의 값은 얼마입니까?

		1	
6	3	2	
		5	4

11 마름모 모양의 타일을 다음과 같이 규칙적으로 붙여 모양을 만들었습니다. 흰색 타일과 검은색 타일의 개수의 차가 41개가 되는 단계에서 사용된 흰색 타일은 몇 개입니까?

1단계   2단계   3단계   4단계

12 어떤 학교의 전체 학생 수는 1600명이고, 남학생의 $\dfrac{5}{17}$와 여학생의 $\dfrac{2}{5}$의 합은 550명 입니다. 남학생은 몇 명입니까?

13 A, B, C, D, E의 5명의 몸무게를 재어 평균 몸무게를 구하였습니다. A, C, E의 평균 몸무게는 48.1 kg, A, C, D의 평균 몸무게는 39.1 kg, B, C, E의 평균 몸무게는 46.6 kg, B, D의 평균 몸무게는 39.6 kg이었습니다. C의 몸무게는 몇 kg입니까?

14 ☆과 ☆의 약수 중 하나인 △를 더하였더니 다음과 같은 식이 되었습니다. ☆이 될 수 있는 수는 모두 몇 개입니까?

$$☆+△=88$$

15 A, B, C, D, E의 5명의 학생을 한 줄로 세울 때, A와 B가 서로 이웃하지 않을 가능성을 기약분수로 나타내시오.

16 0, 0, 2, 4, 8의 숫자가 각각 적힌 5장의 숫자 카드가 있습니다. 이 중에서 세 장의 숫자 카드를 뽑아 세 자리 수를 만들 때, 이 수가 4의 배수가 되는 경우의 수는 세 자리 수가 되는 경우의 수의 몇 배입니까?

17 $\dfrac{19}{95}$ 를 기약분수로 나타내면 $\dfrac{1}{5}$ 입니다. 이때 $\dfrac{1\boxed{9}}{\boxed{9}5}$ 에서 분모의 십의 자리의 숫자와 분자의 일의 자리의 숫자가 9로 같아서 서로 지웠더니 $\dfrac{1}{5}$ 이 되었습니다. 이와 같은 성질을 가진 분수 $\dfrac{\bigcirc}{\bigcirc}$ 을 기약분수로 나타내었더니 $\dfrac{2}{5}$ 가 되었습니다. ㉠+㉡은 얼마입니까?

18 길이가 96 m인 직선으로 된 길의 한쪽에 처음부터 끝까지 같은 간격으로 17개의 말뚝을 박으려고 했지만 13개의 말뚝을 박았습니다. 예정대로 17개의 말뚝으로 다시 박으려면 이미 박혀져 있는 말뚝 중에서 뽑지 않고 그대로 놓아둘 수 있는 말뚝은 모두 몇 개입니까?

19 A 지역부터 B 지역까지 가는데 한 시간에 4.5 km의 빠르기로 걸어 목적지에 도착할 예정이었습니다. 거리의 $\dfrac{1}{4}$ 지점까지 쉬지 않고 왔을 때, 속력을 한 시간에 5.4 km의 빠르기로 바꿔서 걷고 도중에 12분 동안 쉬었더니 예정 시간보다 3분 일찍 목적지에 도착하였습니다. A 지역부터 B 지역까지의 거리를 구하시오.

20 어떤 수를 자연수 부분과 소수 부분으로 나누어 자연수 부분을 ■로, 소수 부분을 ▲로 나타내었습니다. 예를 들어 어떤 수가 13.56이라면 ■=13, ▲=0.56입니다. 어떤 수에서 $9 \times ■ + 4 \times ▲ = 84$라면 $(■+▲) \times 100$은 얼마입니까?

21 $\frac{1}{4}$보다 크고 $\frac{3}{4}$보다 작은 분수 중에서 분모가 ★인 분수는 모두 257개입니다. ★은 얼마입니까? (단, ★은 4의 배수입니다.)

22 강을 따라 36 km 떨어진 두 마을 A, B가 있습니다. 이 두 마을을 왕복하는 배가 A에서 B로 갈 때 걸리는 시간은 B에서 A로 갈 때 걸리는 시간의 $\frac{3}{5}$배입니다. 강물이 한 시간에 3 km 빠르기로 흐른다면 배가 B에서 A로 갈 때 걸리는 시간은 몇 시간입니까? (단, 흐르지 않는 물에서의 배의 속력은 같습니다.)

23 A 열차는 길이가 1795 m인 터널을 완전히 통과하는 데에 1분 20초가 걸렸습니다. 또, A 열차의 길이의 1.2배인 B 열차가 A 열차와 같은 속도로 길이 2490 m인 터널을 완전히 통과하는 데에 1분 50초가 걸렸습니다. B 열차의 길이를 구하시오.

24 어느 목장에서는 목초가 매일 일정량씩 자라고 있습니다. 지금 100마리의 소를 먹이기 위해 자라 있는 목초를 모두 베어 사료로 하면 6일분이 되지만 방목을 하면 목초는 매일 자라므로 20일분의 사료가 됩니다. 현재 자라 있는 목초가 줄어들지 않도록 하려면 소를 최대 몇 마리까지 방목하면 됩니까?

25 오른쪽 그림과 같이 정사각형 ㄱㄴㄷㄹ 안에 가로로 평행한 선분 5개, 세로로 평행한 선분 6개를 그었더니 42개의 직사각형이 생겼습니다. 직사각형 42개의 둘레의 길이를 모두 더하여 130 cm 가 되었다면, 정사각형 ㄱㄴㄷㄹ의 넓이는 몇 cm^{2}입니까?

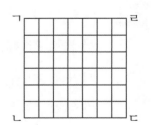

올림피아드 예상문제

1 1부터 200까지의 자연수 중에서 2, 3, 5 중 어느 수로도 나누어떨어지지 않는 수는 몇 개입니까?

2 보기와 같은 방법을 이용하여 다음을 계산하시오.

> 보기
> $$1 \times 2 = \frac{1}{3} \times (1 \times 2 \times 3)$$
> $$2 \times 3 = \frac{1}{3} \times (2 \times 3 \times 4 - 1 \times 2 \times 3)$$

$$1 \times 2 + 2 \times 3 + 3 \times 4 + \cdots + 29 \times 30$$

3 연속된 세 짝수의 곱이 여섯 자리 수 4□□□□8입니다. 이 세 짝수를 구하시오.

4 다음과 같은 규칙으로 기약분수를 늘어놓았습니다. $\frac{14}{15}$ 는 ㉠번째 분수이고 $\frac{24}{25}$ 는 ㉡번째 분수입니다. 이때 ㉠과 ㉡의 차를 구하시오.

$$\frac{1}{3}, \quad \frac{1}{2}, \quad \frac{3}{5}, \quad \frac{2}{3}, \quad \frac{5}{7}, \quad \frac{3}{4}, \quad \frac{7}{9}, \quad \frac{4}{5}, \cdots$$

5 A, B, C 세 수의 합은 1435입니다. A가 B의 0.6이고, C가 B보다 5만큼 더 크다면 이 세 수는 각각 얼마입니까?

6 긴 철사가 한 개 있었습니다. 첫 번째에는 전체 길이의 $\frac{1}{3}$보다 6 m 더 사용하고, 두 번째에는 첫 번째에 사용한 철사 길이의 $1\frac{1}{5}$만큼 사용했더니 2 m가 남았습니다. 이 철사의 처음 길이는 몇 m입니까?

7 2개의 공 A, B가 있습니다. A는 떨어뜨린 높이의 $\frac{2}{3}$만큼 튀어오르고, B는 떨어뜨린 높이의 $\frac{3}{5}$만큼 튀어오릅니다. A, B를 같은 높이에서 떨어뜨려 두 번째로 튀어오른 높이의 차가 19 cm였다면, 공을 떨어뜨린 높이는 몇 m입니까?

8 오른쪽 그림은 직각삼각형 ㄱㄴㄷ입니다. 선분 ㄱㄹ을 접는 선으로 하여 접으면 점 ㄷ은 점 ㅁ과 포개어지고, 선분 ㅂㄹ 과 선분 ㄴㄷ은 수직입니다. 이때 삼각형 ㅂㄴㄷ의 넓이는 삼각형 ㄱㄴㄷ의 넓이의 몇 배입니까?

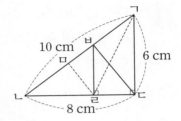

9 오른쪽과 같이 두 밑변의 길이가 각각 10 m, 18 m인 사 다리꼴 ㄱㄴㄷㄹ이 있습니다. 선분 ㄴㄷ 위에 선분 ㅁㄷ의 길이가 선분 ㄴㅁ의 길이의 2배, 선분 ㅂㄷ의 길이가 선분 ㅁㅂ의 길이의 2배가 되도록 점 ㅁ, ㅂ을 잡았습니다. 사 다리꼴 ㄱㄴㄷㄹ의 넓이가 84 m²일 때, 삼각형 ㄱㅁㅂ의 넓이를 구하시오.

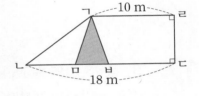

10 오른쪽 그림과 같이 직각이등변삼각형 ㄱㄴㄷ의 각 변을 각각 2배로 늘여 삼각형 ㄹㅁㅂ을 만들었습니다. 삼각형 ㄹㅁㅂ의 넓이를 구하시오.

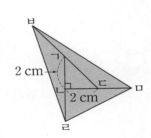

11 다음은 40명이 참가한 수학경시대회의 결과를 정리한 표로 일부가 찢어진 것입니다. 40명의 평균 점수가 5.3점이라면 4점보다 낮은 점수를 받은 학생은 전체의 몇 분의 몇 입니까?

점수(점)	0	1	2	3	4	5	6	7	8	9	10
학생 수(명)	1	0	3			5	7	10		2	2	1

12 갑, 을 두 지역은 18 km 떨어져 있습니다. 갑에서 A가, 을에서 B가 동시에 서로 마주 보고 출발하면 3시간 만에 만납니다. A가 B보다 한 시간에 0.5 km씩 빠르게 간다면 A는 한 시간에 몇 km의 빠르기로 갑니까?

13 $5\dfrac{32}{135}$ 를 소수 몇째 자리에서 반올림하여 나타낸 다음 각 자리의 숫자를 모두 더하였더니 131이었습니다. 소수점 아래 몇째 자리에서 반올림하여 나타내었습니까?

14 가지고 있는 돈으로 귤만 사면 80개, 사과만 사면 30개 살 수 있습니다. 이 돈으로 남는 돈 없이 귤과 사과를 합해 50개 사려면 각각 몇 개씩 사면 됩니까?

15 반올림하여 자연수까지 나타내면 3이 되는 소수 두 자리 수가 있습니다. 이 소수의 각 자리의 숫자를 모두 곱하면 36이라고 할 때, 이러한 소수가 될 수 있는 수 중 가장 큰 수와 가장 작은 수의 곱을 반올림하여 소수 둘째 자리까지 나타내시오.

16 카드 200장이 한 줄로 배열되어 있습니다. 앞에서부터 1, 2, 3, 4, …, 199, 200까지의 번호가 순서대로 카드의 앞면에 쓰여 있습니다. 카드는 모두 뒷면이 보이는 상태로 놓여 있으며 200명의 학생이 한 줄로 서서 카드의 앞에서부터 첫 번째 학생은 카드를 모두 뒤집고, 두 번째 학생은 2의 배수인 카드만 뒤집고, 세 번째 학생은 3의 배수인 카드만 뒤집고, …, 200번째 학생은 200의 배수인 카드만 뒤집었습니다. 카드의 앞면이 보이는 것은 모두 몇 장입니까?

17 원 위에 9개의 점 ㄱ, ㄴ, ㄷ, ㄹ, ㅁ, ㅂ, ㅅ, ㅇ, ㅈ이 일정한 간격으로 있습니다. 이 중 임의로 세 점을 연결하여 삼각형을 만들 때, 만들 수 있는 삼각형은 모두 몇 개입니까?

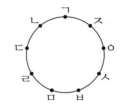

18 오른쪽 그림과 같은 도로가 있습니다. ㄱ 지점을 출발하여 ㄴ 지점과 ㄷ 지점을 거쳐 ㄹ 지점까지 가장 짧은 거리로 가는 방법은 모두 몇 가지입니까?

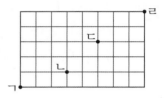

19 A, B, C, D 네 나라가 축구 경기를 하였습니다. 한솔, 동민, 석기, 효근이는 1등을 할 나라를 다음과 같이 예상하였습니다. 경기 결과는 두 사람의 예상이 맞았습니다. 어느 나라가 1등을 하였습니까?

> • 한솔 : B 나라가 1등을 할거야.
> • 동민 : A 나라나 B 나라는 1등을 하지 못할거야.
> • 석기 : B 나라나 C 나라 중에서 1등을 할거야.
> • 효근 : C 나라가 1등을 할거야.

20 어떤 일을 효근, 석기 두 사람이 함께 하면 15시간에 끝낼 수 있습니다. 그런데 실제로는 두 사람이 6시간 동안 함께 일한 후 나머지 일은 석기가 24시간 동안 혼자서 하여 끝냈습니다. 효근, 석기 두 사람이 혼자서 일한다면 각각 몇 시간이 걸리겠습니까?

21 버스가 남녀 합하여 30명을 태우고 출발했습니다. 처음 정류장에서 남자의 $\frac{1}{3}$과 여자 9명이 내리고, 남녀 합하여 8명이 탔더니 버스 안의 남자는 13명, 여자는 12명이 되었습니다. 처음 30명 중에서 여자는 몇 명 있었습니까?

22 길이가 60 cm인 끈을 3개로 나누었습니다. 가장 긴 끈과 가장 짧은 끈의 길이의 차는 7 cm이고, 가장 긴 끈과 가장 짧은 끈의 길이의 합은 중간 끈의 길이의 2배보다 3 cm 길게 하였습니다. 이때, 가장 긴 끈의 길이는 몇 cm입니까?

23 다음 식에서 A, B, C, D는 1보다 크고 서로 다른 자연수일 때, A+B+C+D의 최솟값을 구하시오.

$$\frac{1}{20} = 1 - \frac{1}{A} - \frac{1}{B} - \frac{1}{C} - \frac{1}{D}$$

24 오른쪽 그림은 한 눈금이 1 cm인 모눈종이에 선을 그리고, 각각의 선분에 ①, ②, ③, ④, …와 같이 순서대로 번호를 붙인 것입니다. 다음 표는 각 번호에 해당하는 선분의 길이를 나타낸 것입니다. 이것을 참고로 길이가 15 cm인 선분에 붙은 번호를 모두 구하시오.

번호	①	②	③	④	⑤	⑥	⑦	…
길이(cm)	2	1	3	2	4	3	5	…

25 오른쪽은 정육면체의 전개도의 일부입니다. 여기에 나머지 2개 면을 더 그려서 정육면체의 전개도를 완성하려고 합니다. 만들 수 있는 정육면체의 전개도는 모두 몇 가지입니까? (단, 돌리거나 뒤집어서 모양이 같은 것은 한 가지로 생각합니다.)

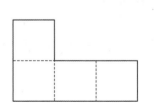

올림피아드 예상문제

1 분수의 덧셈을 하시오.

$$\frac{1}{1\times2\times3\times4}+\frac{1}{2\times3\times4\times5}+\frac{1}{3\times4\times5\times6}+\cdots+\frac{1}{6\times7\times8\times9}$$

2 어떤 자연수 A를 9로 나누었더니 몫은 10이고, 나머지는 5보다 큰 수 중 약수가 2개뿐인 수였습니다. A를 7로 나누었을 때의 나머지를 구하시오.

3 5개의 연속되는 짝수가 있습니다. 이 수 중 한가운데 수는 가장 작은 수와 가장 큰 수의 합의 $\frac{1}{8}$보다 21 더 큽니다. 5개의 짝수를 구하시오.

4 다음 식을 만족하는 자연수 ㉮와 ㉯가 있습니다. ㉮＋㉯의 최솟값을 구하시오.

$$\frac{55}{㉮\times㉮\times㉮}\times2475=\frac{1}{㉯}$$

5 500에서 600까지의 자연수 중에서 홀수끼리의 합을 ☆, 짝수끼리의 합을 ▲라고 할 때, ▲와 ☆의 차는 얼마입니까?

6 한 모서리의 길이가 1 cm인 정육면체를 쌓아 오른쪽 그림과 같이 큰 정육면체를 만들었습니다. 이때 정육면체의 면과 면이 맞닿는 곳의 넓이를 구하시오.

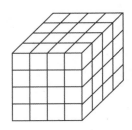

7 오른쪽 그림에서 색칠된 정사각형이 직선 가에 대하여 대칭이 되도록 색을 칠한 후 다시 직선 나에 대하여 대칭이 되도록 색을 칠할 때, 완성된 그림에서 색이 칠해지지 않는 정사각형의 개수는 모두 몇 개입니까?

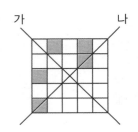

8 오른쪽 그림의 사각형 ㄱㄴㄷㄹ과 ㅁㅂㅅㅇ은 각각 한 변의 길이가 3 cm, 1 cm인 정사각형입니다. 색칠된 두 사다리꼴 ㄱㄴㅂㅁ과 ㅇㅅㄷㄹ의 넓이의 합을 구하시오.

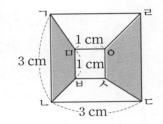

9 오른쪽 그림에서 삼각형 ㄱㄴㄷ의 변 ㄱㄴ, 변 ㄱㄷ의 연장선 위에 선분 ㄱㄹ은 변 ㄱㄴ의 4배, 선분 ㄱㅁ은 변 ㄱㄷ의 3배가 되도록 점 ㄹ, 점 ㅁ을 찍어 점 ㄹ과 점 ㄷ, 점 ㄹ과 점 ㅁ을 연결할 때, 삼각형 ㄷㄹㅁ의 넓이는 삼각형 ㄱㄴㄷ의 넓이의 몇 배입니까?

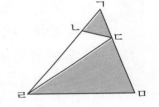

10 오른쪽 그림에서 점 ㅁ, ㅂ, ㅅ은 직사각형 ㄱㄴㄷㄹ의 각 변의 중점입니다. 삼각형 ㅂㅅㄷ의 넓이가 50 cm²라고 할 때, 삼각형 ㅁㅂㅅ의 넓이는 몇 cm²입니까?

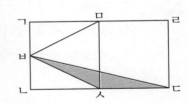

11 그림과 같은 직사각형 가와 사다리꼴 나가 있습니다. 가가 그림의 위치에서 매초 1 cm 의 빠르기로 화살표 방향으로 움직일 때, 가가 출발한 지 19초 후에 가와 나가 겹치는 부분은 어떤 도형이 됩니까? 또, 그 넓이를 구하시오.

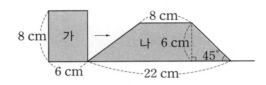

12 오른쪽과 같은 직사각형 모양의 종이 ㄱㄴㄷㄹ의 위에 1 cm 간격 으로 선을 그어 한 변의 길이가 1 cm인 정사각형을 여러 개 만들 어 모눈 종이를 만들었습니다. 만들어진 모눈 종이 위에 대각선 ㄴ ㄹ을 그었을 때, 이 대각선이 그림에서 ㉮와 같이 정사각형의 꼭 짓점을 몇 개나 지나겠습니까? (단, 점 ㄴ, ㄹ은 제외하고 생각합 니다.)

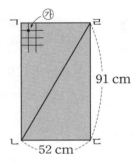

13 다음 표는 8명의 수학 시험 점수를 나타낸 것입니다. 시험은 100점 만점이고, 8명의 평 균 점수는 72점입니다. 효근이의 점수는 8명 중 최고이고, 다른 7명 중 누군가의 점수 의 2배보다 1점 더 높습니다. 석기와 효근이의 점수를 구하시오.

수학 시험 점수

이름	가영	예슬	석기	한솔	동민	효근	한초	영수
점수(점)	71	49		92	62		66	42

14 500 이하의 자연수 중에서 2 또는 3의 배수를 뽑아내 작은 수에서부터 차례로 나열하면 2, 3, 4, 6, 8, 9, 10, 12, 14, 15, 16, …, 498, 500이 됩니다. 이 중에 (2, 3, 4), (8, 9, 10)과 같이 연속해서 3개의 자연수가 나열되어 있는 곳이 있습니다. 연속된 3개의 자연수가 나열되어 있는 곳은 몇 군데입니까?

15 A 마을에서 B 마을로 가는 길은 3가지, B 마을에서 C 마을로는 2가지, C 마을에서 D 마을로는 4가지가 있습니다. A 마을에서 D 마을까지 왕복할 때, 갈 때 지난 길은 돌아올 때 지나지 않는 것으로 하면, 왕복하는 방법은 모두 몇 가지입니까?

16 거미는 8개의 다리가 있고, 잠자리는 6개의 다리와 2쌍의 날개가 있으며, 파리는 6개의 다리와 1쌍의 날개가 있습니다. 이 세 가지 곤충이 합하여 25마리 있습니다. 25마리의 다리는 모두 166개이고, 날개는 모두 27쌍입니다. 이 세 가지 곤충은 각각 몇 마리입니까?

17 다음과 같이 수가 나열되어 있습니다. 253번째 수를 9로 나눌 때의 나머지를 구하시오.

> 1, 8, 9, 16, 17, 24, 25, 32, 33, …

18 세 자연수 A, B, C의 합은 200 이상 300 이하이고, A와 B의 합은 C의 5배, A와 B의 최대공약수는 18입니다. A가 될 수 있는 서로 다른 모든 수들의 합을 구하시오. (단, A<B입니다.)

19 어떤 학교의 학생들을 긴 의자 하나에 4명씩 앉게 하면 2명이 남고, 5명씩 앉게 하면 3명이 앉는 긴 의자가 1개 생기고, 21개의 긴 의자는 비어 있게 됩니다. 긴 의자 수와 학생 수를 각각 구하시오.

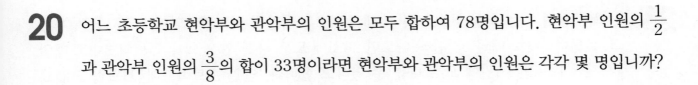

20 어느 초등학교 현악부와 관악부의 인원은 모두 합하여 78명입니다. 현악부 인원의 $\frac{1}{2}$ 과 관악부 인원의 $\frac{3}{8}$ 의 합이 33명이라면 현악부와 관악부의 인원은 각각 몇 명입니까?

21 모양과 크기가 같은 직사각형의 모양 조각 24개를 겹치지 않게 이어 붙여 정사각형을 만들었습니다. 작은 직사각형의 모양 조각의 둘레의 길이가 42 cm일 때, 가장 큰 정사각형의 넓이를 구하시오.

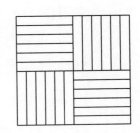

22 어떤 일을 끝내는 데 혼자서 하면 A는 21일, B는 15일 걸립니다. A부터 시작해서 매일 교대로 일을 하여 끝마친다면, 마지막 날은 누가 전체의 얼마만큼의 일을 하게 됩니까?

23 창고에 쌓여 있는 화물을 A트럭 10대로 매일 6시간씩 나르면 8일에 모두 나를 수 있고, B트럭 6대로 매일 5시간씩 나르면 20일에 모두 나를 수 있으며, C트럭 3대로 매일 4시간씩 나르면 10일에 모두 나를 수 있다고 합니다. 만일 A트럭 4대, B트럭 5대, C트럭 3대로 매일 6시간씩 함께 나른다면 모두 나르는 데 며칠 걸립니까?

24 ㉮, ㉯, ㉰ 세 사람이 가지고 있는 구슬은 모두 49개입니다. ㉮가 ㉯와 ㉰에게 각각 구슬을 몇 개씩 주었더니 ㉯, ㉰의 구슬의 개수는 가지고 있던 구슬의 개수만큼씩 더 많아졌습니다. 그 다음에는 ㉯가 ㉮, ㉰에게 구슬을 각각 몇 개씩 주었더니 ㉮, ㉰의 구슬의 개수는 가지고 있던 구슬의 개수만큼씩 더 많아졌습니다. 마지막으로 ㉰가 ㉮, ㉯에게 각각 구슬을 몇 개씩 주었더니, ㉮, ㉯ 역시 가지고 있던 구슬의 개수만큼씩 더 많아졌습니다. 그 결과 ㉮의 구슬의 수는 ㉰의 $\frac{4}{5}$, ㉯의 구슬의 수는 ㉰의 $1\frac{7}{15}$이었습니다. 맨 처음에 ㉮는 몇 개의 구슬을 가지고 있었습니까?

25 한솔, 동민, 효근, 예슬, 가영 다섯 학생이 수학 경시대회를 앞두고 등수를 예상하였습니다. 경시대회 결과 각 학생의 예상은 모두 절반씩 맞았습니다. 다섯 학생의 등수를 구하시오.

> • 한솔 : 동민이가 3등, 효근이가 5등일 거야!
> • 동민 : 예슬이가 2등, 가영이가 4등일 거야!
> • 효근 : 한솔이가 1등, 가영이가 4등일 거야!
> • 예슬 : 효근이가 1등, 동민이가 2등일 거야!
> • 가영 : 예슬이가 2등, 한솔이가 3등일 거야!

올림피아드 예상문제

1 자연수 a의 약수의 개수를 $n(a)$로 나타낼 때, $n(360) \div n(20) \times n(X) = 28$을 만족하는 자연수 X 중에서 1000에 가장 가까운 수를 구하시오.

2 다음을 계산하시오.

$$1 + 2\frac{1}{6} + 3\frac{1}{12} + 4\frac{1}{20} + 5\frac{1}{30} + 6\frac{1}{42} + 7\frac{1}{56} + 8\frac{1}{72} + 9\frac{1}{90}$$

3 다음과 같이 수가 나열되어 있습니다. 처음부터 몇 번째 수까지의 합은 500입니다. 몇 번째 수인지 구하시오.

1, 3, 3, 3, 5, 5, 5, 5, 5, 7, 7, 7, 7, 7, 7, 7, 9, 9, 9, 9, 9, 9, 9, 9, 9, ⋯

4 네 개의 연속하는 자연수의 곱은 43680입니다. 이 네 수의 합은 얼마입니까?

5 $[a]$는 자연수 a의 일의 자리의 숫자를 나타냅니다. 예를 들면, $[42]=2$, $[153]=3$입니다. 또, 같은 자연수를 몇 번 곱할 때는 곱한 횟수를 오른쪽 위에 작게 써서 표시합니다. 예를 들면 $5 \times 5 \times 5 = 5^3$, $3 \times 3 \times 3 \times 3 = 3^4$입니다. 이때 $[7^{98}]$은 얼마입니까?

6 777명의 학생을 한 줄로 세운 다음 맨 앞에서부터 뒤로 가면서 1부터 4까지의 번호를 되풀이하여 부르도록 하였습니다. 그 다음에는 줄의 맨 뒤에서부터 앞으로 가면서 1부터 5까지의 번호를 또 되풀이하여 부르도록 하였습니다. 두 번 모두 3을 부른 학생은 모두 몇 명입니까?

7 둘레의 길이가 같은 2개의 직사각형 가, 나가 있습니다. 직사각형 가의 가로의 2배는 세로와 같습니다. 또, 직사각형 나의 가로의 7배는 세로의 5배와 같습니다. 직사각형 가의 넓이가 160 cm^2일 때, 직사각형 나의 넓이는 얼마입니까?

8 오른쪽 그림은 정육면체의 한 꼭짓점 ㄹ과 이 꼭짓점에 모이는 세 모
서리의 중점 ㄱ, ㄴ, ㄷ으로 만들어진 입체도형을 정육면체로부터
떼어낸 것입니다. 이와 같은 입체도형을 각 꼭짓점에서 모두 떼어내
면, 어떠한 면이 각각 몇 개씩 만들어집니까? 또, 새로 만들어진 입
체도형의 꼭짓점의 수와 모서리의 수는 각각 몇 개가 됩니까?

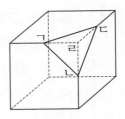

9 오른쪽 그림은 어떤 입체도형을 앞과 위에서 본 모양입니다.
이 입체도형의 모서리의 수를 ㉠, 면의 수를 ㉡이라 할 때,
㉠＋㉡의 최솟값을 구하시오.

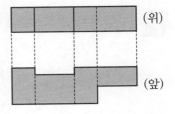

(위)

(앞)

10 정육면체의 면에는 각각 1, 2, 3, 4, 5, 6의 6개의 수가 쓰여 있고
마주 보는 면에 쓰여진 두 수의 합은 모두 7입니다. 5개의 정육면
체를 오른쪽 그림과 같이 붙였을 때 서로 맞붙여진 면의 두 수의
합이 모두 8이라면, 가는 어떤 수입니까?

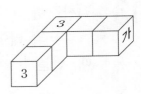

11 오른쪽 그림과 같이 20개의 합동인 정삼각형을 이용해 정이십면체를 만들었습니다. 이 입체도형의 각 꼭짓점을 두 번째 그림과 같이 평면으로 잘라 정오각형이 되게 하면, 꼭짓점의 수와 모서리의 수는 각각 몇 개가 됩니까?

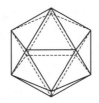

12 크기가 같은 정육면체 모양의 쌓기나무를 직육면체 모양으로 빈틈없이 쌓았습니다. 쌓은 모양을 위에서 보면 120개, 옆에서 보면 50개, 앞에서 보면 240개의 쌓기나무의 면이 보입니다. 쌓아 놓은 쌓기나무는 모두 몇 개입니까?

13 직사각형 ㄱㄴㄷㄹ에서 점 ㅁ은 변 ㄷㄹ의 중점입니다. 삼각형 ㄱㄴㅂ의 넓이의 2배는 삼각형 ㄷㅁㅂ의 넓이의 3배와 같을 때, 선분 ㄱㅂ의 길이를 구하시오.

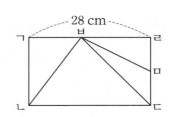

14 오른쪽 도형에서 색칠한 부분의 넓이를 구하시오.

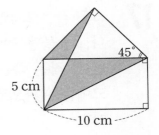

15 오른쪽과 같은 사다리꼴에서 점 ㅁ, ㅂ, ㅅ이 대각선 ㄱㄷ 의 4등분한 점일 때, 색칠한 부분의 넓이를 구하시오.

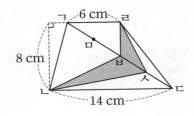

16 오른쪽 그림과 같이 직사각형 ㄱㄴㄷㄹ이 ㉠, ㉡, ㉢의 세 부분으로 나누어져 있습니다. 선분 ㄱㄴ은 선분 ㄱㄹ의 $\frac{1}{2}$, 선분 ㅅㄹ은 선분 ㄱㄹ의 $\frac{1}{4}$, 선분 ㄱㅁ은 선분 ㄱㄴ의 $\frac{1}{3}$, 선분 ㄴㅂ은 선분 ㄴㄷ의 $\frac{1}{3}$입니다. ㉡의 넓이는 ㉢의 넓이의 몇 배입니까?

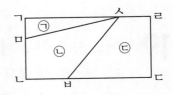

17 크고 작은 2개의 물탱크가 있는데 큰 물탱크의 들이는 작은 물탱크의 들이의 1.5배입니다. 큰 물탱크에는 A관으로, 작은 물탱크에는 B관으로 물을 넣었더니 큰 쪽은 2시간 만에, 작은 쪽은 3시간 만에 가득 찼습니다. 만약, 큰 물탱크에는 B관으로, 작은 물탱크에는 A관으로 물을 넣는다면 각각 몇 시간 몇 분 만에 물탱크가 가득 차게 되겠습니까?

18 300부터 700까지의 자연수 중에는 약수의 개수가 홀수인 수들이 있습니다. 그 수들 중에서 가장 큰 수를 ㄱ, 가장 작은 수를 ㄴ이라고 하면 ㄱ − ㄴ은 얼마입니까?

19 어느 프로 야구 팀의 3번 타자인 한솔이는 전 타석 홈런이라는 놀라운 기록을 세웠습니다. 또, 양 팀에서 홈 베이스를 밟은 선수는 한솔이 한 사람뿐이었습니다. 이때, 한솔이가 올릴 수 있는 최대 득점은 몇 점입니까?

20 두 종류의 광석 A, B가 있습니다. A에는 철이 전체의 0.1, 니켈이 전체의 0.04, B에는 철이 전체의 0.07, 니켈이 전체의 0.12 포함되어 있습니다. A, B가 합쳐진 광석 264 t에서 빼낸 철과 니켈의 양이 같다면, 합쳐진 광석에는 A가 몇 t 있었습니까?

21 다음과 같은 7장의 숫자 카드에서 두 장을 뽑아 한 장은 분모, 나머지 한 장은 분자로 하여 분수를 만들려고 합니다. $\frac{2}{3}$보다 크고 1.6보다 작은 분수는 모두 몇 개 만들 수 있습니까?

22 96000원으로 물건 몇 개를 구입하여 1개에 600원씩 판매하면 이익은 전체의 0.25가 되는데 그 중 몇 개인가를 600원씩 판매하고 나머지는 500원씩 판매하였더니 이익이 전체의 0.15가 되었습니다. 600원씩 판매한 것은 몇 개입니까?

23 부모님과 아이 2명으로 구성된 4인 가족이 있습니다. 올해 부모님의 연세의 합의 4배는 아이들의 나이의 합의 19배와 같지만, 2년 뒤에는 아이들의 나이의 합의 4배가 부모님의 연세의 합과 같게 됩니다. 두 아이의 나이의 차는 4살입니다. 올해 부모님의 연세의 합은 몇 살이고, 큰 아이의 나이는 몇 살입니까?

24 어떤 공장에서 지난달은 A 제품과 B 제품을 합해서 80000개 만들었습니다. 이번 달은 지난달과 비교해서 A 제품을 0.2만큼 늘리고, B 제품을 0.2만큼 감소시켰더니 생산한 개수가 A, B 두 제품을 합해서 지난달보다 전체의 0.1만큼 증가하였습니다. 이번 달의 B 제품의 생산 개수를 구하시오.

25 오른쪽 그림은 합동인 정사각형을 4개씩 변끼리 이어 붙여서 만든 두 도형입니다. 이 두 도형을 겹치는 부분없이 변끼리 이어 붙여 만들 수 있는 점대칭도형은 모두 몇 개인지 구하시오.
(단, 합동인 도형은 같은 것으로 봅니다.)

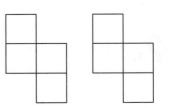

1 1654379 × 93215 = 1542129□8485에서 □ 안에 알맞은 숫자를 구하시오.

2 84, 105, 140을 1이 아닌 자연수 가로 나누었더니 나머지가 모두 같았습니다. 75를 자연수 가로 나누면 나머지는 얼마입니까?

3 □ 안에 알맞은 자연수는 얼마입니까?

$$\frac{14}{15} < \frac{\boxed{}}{140} < \frac{15}{16}$$

4 ○ 안에 >, =, <를 알맞게 써넣으시오.

$$2001\frac{1999}{2000} + 2000\frac{1998}{2001} \quad \bigcirc \quad 2002\frac{1999}{2000} + 1999\frac{1998}{2001}$$

5 [그림 1]과 같이 4종류의 나무 도막이 있습니다. [그림 2]는 11개의 나무 도막을 사용해서 만든 정육면체와 그 밑면의 모양입니다. 정육면체에서 ①번 나무 도막이 2개, ②번 나무 도막이 1개 사용되었다면, ③번 나무 도막은 몇 개 사용되었습니까?

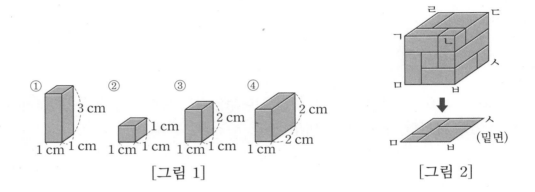

[그림 1]

[그림 2]

6 오른쪽 그림은 어떤 입체도형의 전개도입니다. 이 전개도를 접어 입체를 만들기 위해서는 맞닿는 부분 중 한 쪽에 반드시 풀칠을 해야 할 부분을 여백으로 남겨야 합니다. 여백은 몇 군데가 필요합니까?

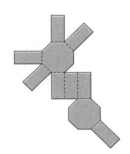

7 지름이 12 cm인 원을 오른쪽 그림과 같이 원의 중심을 이어 도형을 만들었습니다. 만든 도형은 점대칭도형이고 대칭의 중심에서 가장 먼 곳까지의 거리가 1 m 이상 2 m 이하입니다. 이어 붙인 원은 몇 개 이상 몇 개 이하인지 구하시오. (단, 원의 중심은 같은 직선 위에 있습니다.)

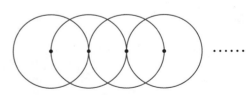

8 오른쪽 그림과 같이 직사각형 ㄱㄴㄷㄹ의 변 ㄷㄹ과 변 ㄴㄷ 위에 각각 점 ㅁ과 점 ㅂ이 있습니다. 선분 ㄹㅁ의 길이의 5배는 선분 ㅁㄷ의 길이의 3배입니다. 삼각형 ㄱㅁㄹ의 넓이가 18 cm²이고, 삼각형 ㅁㅂㄷ의 넓이가 7.5 cm²일 때, 삼각형 ㄱㅁㅂ의 넓이를 구하시오.

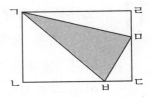

9 오른쪽 사각형 ㄱㄴㄷㄹ은 한 변이 24 cm인 정사각형입니다. 색칠한 부분의 넓이는 몇 cm²입니까?

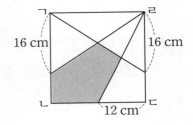

10 오른쪽 그림과 같이 직각이등변삼각형 ㄱㄴㄷ이 있습니다. 선분 ㄴㄹ의 길이는 선분 ㄴㄷ의 길이의 $\frac{1}{3}$이고, 사각형 ㉮의 넓이의 4배는 삼각형 ㉯의 넓이의 3배와 같습니다. 선분 ㄱㅁ의 길이는 몇 cm입니까?

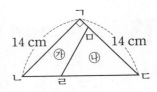

11 오른쪽 그림에서 점 ㅁ은 선분 ㄷㄹ을 삼등분한 점 중에서 점 ㄷ에 가까운 점이고, 삼각형 ㄱㄴㄷ과 삼각형 ㄴㅂㅁ은 정삼각형입니다. 삼각형 ㄱㄴㄷ의 넓이가 288 cm²일 때, 색칠한 부분의 넓이를 구하시오.

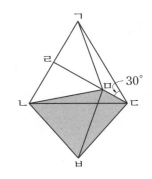

12 한 변의 길이가 5 cm인 정사각형 ㄱㄴㄷㄹ이 있습니다. 이 안에 넓이가 13 cm²인 정사각형을 그려 넣으시오.

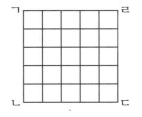

13 오른쪽 그림과 같이 넓이가 70 cm²인 삼각형 ㄱㄴㄷ에서 각 변을 선분 ㄹㄴ, 선분 ㅁㄷ, 선분 ㄱㅂ의 길이가 선분 ㄱㄹ, 선분 ㄴㅁ, 선분 ㄷㅂ의 길이의 2배가 되도록 나누었습니다. 색칠된 삼각형의 넓이를 구하시오.

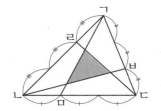

14 세 개의 연속되는 짝수의 곱은 2□□□□2입니다. 이 세 짝수의 평균은 얼마입니까?

15 2 또는 3의 배수를 작은 수부터 나열하면 2, 3, 4, 6, 8, 9, 10, 12, 14, 15, 16, …입니다. 이 중에서 (2, 3, 4), (8, 9, 10)과 같이 연속해서 3개의 자연수가 나열되어 있는 곳이 있습니다. 이와 같은 곳을 앞에서부터 세었을 때 32번째에 해당하는 곳에 있는 세 수의 합은 얼마입니까?

16 상연이네 학교 5학년 남학생 수는 5학년 전체의 $\frac{4}{7}$보다 2명이 적고, 5학년 여학생 수는 5학년 전체의 $\frac{1}{2}$보다 1명이 적습니다. 상연이네 학교 5학년 전체 학생 수는 몇 명입니까?

17 오른쪽 그림에서 삼각형 ㄱㄴㄷ은 직각삼각형이고, 사각형 ㄴㅁㄹ ㄷ은 직사각형입니다. 선분 ㄴㄷ의 길이는 선분 ㄴㅁ의 길이의 2배 이고, 각 ㄱㄷㄴ의 크기는 각 ㄱㄴㄷ의 크기의 $\frac{1}{2}$입니다. 선분 ㄴㄷ 과 선분 ㄱㅁ과의 교점을 점 ㅂ이라고 할 때, 각 ㄱㅂㄷ의 크기를 구하시오.

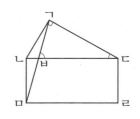

18 정사각형 모양의 합판에서 가로가 0.4 m인 직사각형 모양의 합판 을 잘라 내었더니 남은 합판의 넓이가 23 m^{2}였습니다. 잘라낸 합 판의 넓이는 몇 m^{2}입니까?

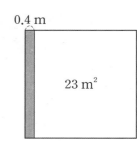

19 오른쪽 그림과 같이 각 면에 1, 2, 3, 4, 5, 6의 6개의 숫자가 똑같은 순 서로 쓰여진 정육면체를 4개 쌓아 놓았습니다. 3의 맞은 편에 있는 숫자 는 무엇입니까?

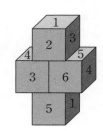

20 한 변의 길이가 각각 24 cm, 20 cm, 16 cm인 정사각형 ㉮, ㉯, ㉰가 있습니다. 이 정사각형들을 오른쪽 그림과 같이 겹쳐 놓았을 때, 색칠한 부분의 넓이는 몇 cm²입니까?

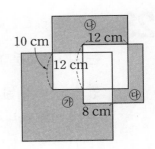

21 겉면에 페인트를 칠한 정육면체가 있습니다. 이 정육면체의 가로, 세로, 높이를 두 번씩 자르면 27개의 작은 정육면체가 생기고, 그 단면은 모두 흰색이며, 한 면도 색칠이 되지 않은 작은 정육면체는 1개입니다. 한 면에도 색이 칠해지지 않은 180개의 작은 정육면체를 얻으려면 가로, 세로, 높이를 최소한 몇 번씩 잘라야 합니까?

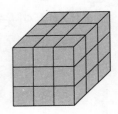

22 같은 크기의 직사각형 모양의 종이가 오른쪽 그림과 같이 큰 직사각형 안에 놓여 있습니다. 작은 직사각형 모양의 종이의 짧은 변의 길이가 14 cm일 때, 색칠된 부분의 넓이의 합은 몇 cm²입니까?

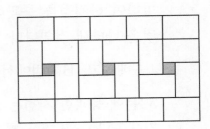

23 삼각형 ㄱㄴㄷ에서 선분 ㄱㅁ의 길이와 선분 ㅁㄷ의 길이는 같고, 선분 ㄴㄹ의 길이는 선분 ㄴㄷ의 $\frac{1}{3}$입니다. 삼각형 ㄴㄹㅂ의 넓이가 45 cm²일 때, 사각형 ㅁㅂㄹㄷ의 넓이는 몇 cm²입니까?

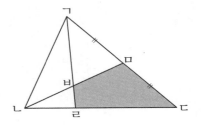

24 오른쪽 그림과 같이 직사각형 모양의 깃발이 3등분 되어 있습니다. 서로 이웃하는 부분은 같은 색이 되지 않도록 색칠하려고 합니다. 사용할 수 있는 색이 5가지일 때, 몇 가지의 깃발을 만들 수 있습니까? (단, 뒤집었을 때 같은 종류가 되는 것은 동일한 깃발로 합니다. 예를 들면 [빨|주|노]와 [노|주|빨]은 같은 것으로 봅니다.)

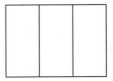

25 오른쪽 그래프는 한솔이가 자전거를 타고 A지점을 출발하여 C지점을 통과해서 B지점까지 갔다가 돌아온 것을 나타낸 것입니다. 갈 때의 속력은 올 때의 속력의 $1\frac{1}{3}$배이고, B지점에서 몇 분 동안 머물렀습니다. 12시 32분에 통과한 지점은 A지점으로부터 4.5 km 떨어진 지점이었습니다. 갈 때는 한 시간에 몇 km씩 가는 빠르기로 갔습니까?

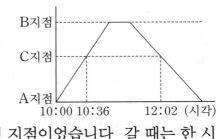

1 12345678987654321의 약수 중에서 12345678987654321을 제외한 가장 큰 수를 구하시오.

2 43, 79, 119를 어떤 자연수로 나누어 얻은 세 나머지의 합이 19입니다. 이 자연수를 구하시오.

3 어떤 두 수의 합의 3배와 차의 11배는 각각 132입니다. 어떤 두 수를 구하시오.

4 다음 분수들은 일정한 규칙으로 나열되어 있습니다. 20번째 분수를 기약분수로 나타내었을 때, 분모와 분자의 합을 구하시오.

$$\frac{2}{850}, \ \frac{6}{849}, \ \frac{10}{847}, \ \frac{14}{844}, \ \frac{18}{840}, \ \frac{22}{835}, \ \cdots$$

5 4개의 자연수가 있습니다. 다음 ㉠, ㉡, ㉢, ㉣을 이용하여 4개의 자연수 중 2번째로 큰 자연수를 구하시오.

㉠ 4개의 자연수의 평균은 44.5입니다.
㉡ 큰 쪽부터 3개를 선택하면, 그 자연수 3개의 평균은 48입니다.
㉢ 작은 쪽부터 3개를 선택하면, 그 자연수 3개의 평균은 42입니다.
㉣ 가장 큰 자연수와 가장 작은 자연수를 제외한 자연수 2개의 차는 4입니다.

6 가, 나, 다 세 수가 있습니다. 나는 가의 $\frac{3}{5}$이고, 다는 나의 $\frac{2}{3}$이며, 가+나+다=300입니다. 가는 얼마입니까?

7 한솔이네 과수원에는 사과나무가 한 그루 있습니다. 첫째 날에 전체 사과의 $\frac{1}{10}$을 따고, 다음 8일 동안은 그 날 있던 사과의 $\frac{1}{9}$, $\frac{1}{8}$, $\cdots$, $\frac{1}{3}$, $\frac{1}{2}$을 땄습니다. 이렇게 9일 동안 땄더니 사과나무에 남은 사과가 15개였습니다. 처음 사과나무에는 사과가 몇 개 있었습니까?

8 오른쪽 그림과 같이 서로 다른 4개의 정사각형을 겹치지 않게 붙여 놓은 다음 각 정사각형의 한 꼭짓점을 이어 사각형을 그렸습니다. 사각형 ㄱㄴㄷㄹ의 넓이는 몇 cm² 입니까?

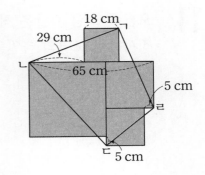

9 오른쪽 그림에서 평행사변형 ㄱㄴㄷㄹ의 넓이는 54 cm^2입니다. 선분 ㄱㅁ의 길이는 선분 ㄱㄴ의 길이의 $\frac{1}{2}$, 선분 ㅂㄷ의 길이는 선분 ㄴㄷ의 길이의 $\frac{1}{3}$입니다. 이때 삼각형 ㄱㅁㅂ의 넓이는 몇 cm²입니까?

10 오른쪽 삼각형 ㄱㄴㄷ의 변 ㄱㄴ, ㄴㄷ, ㄷㄱ의 길이는 각각 12 cm, 16 cm, 20 cm입니다. 선분 ㄴㄹ의 길이가 4 cm이고, 변 ㄱㄷ 위에 점 ㅁ을 찍어 삼각형 ㄱㄹㅁ의 넓이를 삼각형 ㄱㄴㄷ의 넓이의 $\frac{1}{2}$이 되도록 하였을 때, 선분 ㄱㅁ의 길이는 몇 cm 입니까?

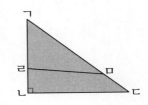

11 오른쪽 그림과 같은 직각삼각형 모양의 벽에 한 변의 길이가 10 cm인 정사각형 모양의 타일을 붙이려고 합니다. 자르지 않고 붙일 수 있는 타일은 몇 장입니까?

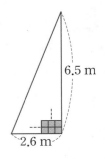

12 오른쪽 그림과 같은 정사각형 ㄱㄴㄷㄹ에서 점 ㅁ과 점 ㅂ은 각각 변 ㄱㄴ, 변 ㄷㄹ의 중점이고, 선분 ㅁㅅ은 선분 ㅁㄹ의 $\frac{1}{3}$입니다. 이때, 삼각형 ㄱㄴㄷ의 넓이는 삼각형 ㅁㅇㅅ의 넓이의 몇 배입니까?

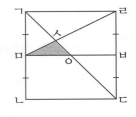

13 [그림 1]과 같이 선분 ㄱㄴ의 길이가 10 cm, 선분 ㄴㄷ의 길이가 16 cm, 각 ㄱㄴㅁ의 크기가 60°인 사다리꼴이 있습니다. 이 사다리꼴은 선분 ㄴㄷ 위에 점 ㅁ을 찍어 점선 ㄱㅁ을 접는선으로 하여 접으면, [그림 2]와 같이 점 ㄴ은 점 ㄹ과 겹치게 됩니다. 삼각형 ㄹㅁㄷ의 넓이는 처음 사다리꼴 ㄱㄴㄷㄹ의 넓이의 몇 분의 몇입니까?

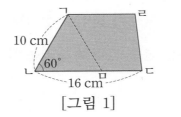 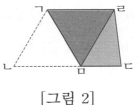

[그림 1]   [그림 2]

14 오른쪽 그림과 같이 큰 직사각형은 작은 직사각형 9개로 이루어졌습니다. 각각의 직사각형의 넓이가 ①은 100 cm², ②는 200 cm², ③은 300 cm², ④는 400 cm², ⑤는 500 cm²일 때, ⑥은 몇 cm²입니까?

15 가, 나, 다 3대의 트럭을 이용하여 창고의 물건을 운반하려고 합니다. 가 트럭으로만 운반하면 12일, 나 트럭으로만 운반하면 18일, 다 트럭으로만 운반하면 24일이 걸립니다. 3대의 트럭을 모두 이용하여 운반하다가 가 트럭이 고장이 나서 나와 다 트럭으로 운반하였습니다. 화물을 모두 운반하는 데 6일이 걸렸다면, 가 트럭이 운반한 날은 며칠입니까?

16 오른쪽과 같은 규칙으로 수를 차례로 나열했을 때, 1000까지 쓰려면 ㉠열과 ㉡행까지 있어야 합니다. ㉠과 ㉡에 알맞은 수를 구하시오.

	1열	2열	3열	4열	...
1행	1	2	9	10	
2행	4	3	8	11	
3행	5	6	7	12	
4행	16	15	14	13	
⋮					

17 오른쪽 그림과 같이 한 변의 길이가 10 cm인 정사각형 2개와 한 변의 길이가 8 cm인 정사각형 1개를 변끼리 이어 붙였습니다. 삼각형 ㄱㄴㄷ의 넓이는 몇 cm²입니까?

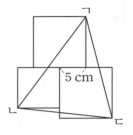

18 오른쪽 그림 가와 같이 이등변삼각형 ㄱㄴㄷ 안에 정사각형 ㄹㅁㄷㅂ을 그렸더니 정사각형의 넓이가 369 cm²가 되었습니다. 그림 나와 같이 이등변삼각형 ㄱㄴㄷ과 합동인 삼각형 ㅅㅇㅈ 안에 정사각형 ㅊㅋㅌㅍ을 그렸을 때 정사각형 ㅊㅋㅌㅍ의 넓이는 몇 cm²인지 구하시오.

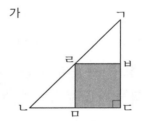
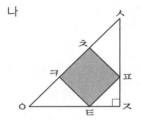

19 오른쪽 그림과 같이 직사각형 안에 ㉮, ㉯, ㉰, ㉱, ㉲ 5종류의 정사각형을 만들었습니다. 정사각형 ㉲의 넓이는 몇 cm²입니까?

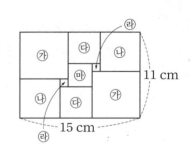

20 구슬이 담겨 있는 빨간색, 파란색 주머니가 각각 한 개씩 있습니다. 빨간색 주머니 속 구슬의 $\frac{1}{5}$을 파란색 주머니 속에 넣었더니, 파란색 주머니 속의 구슬 수가 빨간색 주머니 속의 구슬 수의 $\frac{3}{4}$이 되었습니다. 처음 파란색 주머니 속의 구슬 수가 22개였다면, 처음 빨간색 주머니 속의 구슬은 몇 개였습니까?

21 오른쪽 그래프는 길이가 각각 18 cm, 12 cm인 양초 A, B를 동시에 태우기 시작한 후부터 시간과 타고 남은 양초의 길이의 관계를 나타낸 것입니다. 양초 A와 B의 길이의 차가 4 cm가 되는 것은 태우기 시작하고부터 몇 분 몇 초 후입니까?

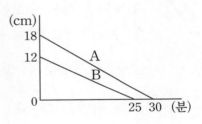

22 어느 제과점 주인이 케이크를 만들어 달라는 주문을 받았습니다. 케이크는 큰 것과 작은 것 두 종류이며 큰 것은 9사람당 1개, 작은 것은 6사람당 1개의 비율로 모든 사람이 같은 분량을 먹을 수 있도록 만들었습니다. 큰 것을 먹은 사람 수와 작은 것을 먹은 사람 수는 같지만 개수는 작은 것이 큰 것보다 9개 더 많았습니다. 이 케이크를 먹은 사람은 모두 몇 명입니까?

23 잔잔한 물에서 한 시간에 16 km씩 가는 배가 있습니다. 이 배가 강 하류에 있는 마을에서 60 km 떨어진 강 상류에 있는 마을로 가다가 도중에 고장이 나서 수리하는 데 1시간이 걸렸습니다. 수리 중 배는 얼마인가 하류쪽으로 떠내려왔습니다. 배가 수리되자 원래의 속력으로 다시 상류의 마을을 향해 출발하여 목적지에 도착하였습니다. 강물의 속력이 한 시간에 4 km라면 강 하류에 있는 마을에서 상류에 있는 마을까지 가는 데 걸리는 시간은 몇 시간 몇 분입니까?

24 A, B 두 개의 수도관을 사용하여 어떤 수조에 물을 가득 채우려고 합니다. 처음에는 A 수도관만을 열어 물을 받고, 15분 뒤 B 수도관까지 열어 물을 받았습니다. B 수도관을 연 지 3분 뒤 물의 양은 수조의 $\frac{5}{8}$가 되었고, 그로부터 5분 뒤 물의 양은 수조의 $\frac{5}{6}$가 되었을 때, A 수도관을 잠그고 B 수도관만으로 물을 받았습니다. 처음부터 이 수조에 물을 가득 채우는 데 걸린 시간을 구하시오.

25 오른쪽 그림과 같은 정사각형 모양의 점판이 있습니다. 이 점판의 점 중에서 4개를 선택하여 선택한 점을 꼭짓점으로 하는 정사각형을 그리려고 합니다. 점과 점 사이의 간격이 5 cm일 때, 넓이가 250 cm²인 정사각형을 최대 몇 개까지 그릴 수 있습니까? (단, 그릴 수 있는 정사각형은 모두 겹쳐지지 않도록 그립니다.)

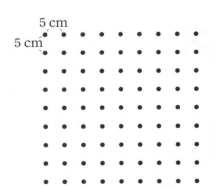

기출문제

올림피아드

1 $\dfrac{3}{8} < \dfrac{\square}{11} < \dfrac{13}{14}$ 을 만족하는 □ 안의 자연수들의 합은 얼마입니까?

2 영수네 마을 학생들을 5명씩 짝을 지으면 4명이 남고, 7명씩 짝을 지으면 2명이 남습니다. 영수네 마을 학생 수는 몇 명입니까? (단, 학생 수는 50명보다 많고 100명보다 적습니다.)

3 농장에 소, 돼지, 닭이 모두 합하여 140마리가 있습니다. 총 다리 수는 410개이고 닭의 마릿수가 소의 마릿수의 3배라면, 돼지는 몇 마리입니까?

4 그림과 같은 방법으로 정사각형 모양의 종이를 정확히 포개어지도록 같은 방향으로 거듭해서 3번 접었습니다. 3번 접어서 만든 직사각형의 둘레의 길이가 54 cm라면, 처음 정사각형의 넓이는 몇 cm²입니까?

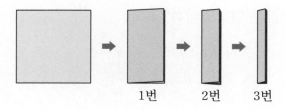

1번　　　2번　　　3번

5 어떤 물통에 물을 가득 채우는 데 ㉮ 수도관으로는 24분, ㉯ 수도관으로는 30분, ㉮, ㉯, ㉰ 세 개의 수도관을 동시에 열면 10분이 걸립니다. 이 물통에 ㉰ 수도관만으로 물을 가득 채우는 데는 몇 분이 걸리겠습니까? (단, 각 수도관에서 나오는 물의 양은 일정합니다.)

6 100과 400 사이의 수 중 2, 4, 6, 8의 어느 수로 나누어도 나누어떨어지는 수는 모두 몇 개입니까?

7 $2\frac{2}{5}$를 곱해도, $3\frac{3}{4}$을 곱해도 자연수가 되는 분수 중에서 두 번째로 작은 분수를 기약분수로 나타내면 $ㄱ\frac{ㄷ}{ㄴ}$입니다. 이때, $ㄱ+ㄴ+ㄷ$의 값은 얼마입니까?

8 다음의 수는 어떤 규칙에 따라 나열되어 있습니다. 8번째 수를 $ㄱ\frac{ㄷ}{ㄴ}$이라고 할 때, $ㄱ+ㄴ+ㄷ$의 값은 얼마입니까?

$$2, \; 3\frac{1}{2}, \; 5\frac{2}{3}, \; 7\frac{3}{5}, \; 9\frac{5}{8}, \; 11\frac{8}{13}, \; \cdots$$

9 오른쪽 도형에서 삼각형 ㄱㅂㄹ의 넓이는 몇 cm²입니까?

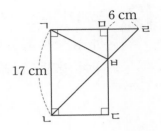

10 오른쪽 그림과 같이 한 변의 길이가 60 cm인 정사각형 모양의 종이에서 색칠한 부분을 잘라낸 후, 남은 종이를 겹치는 부분 없이 접어 직육면체를 만들었습니다. 직육면체를 만들었을 때, 모든 모서리의 길이의 합은 몇 cm입니까?

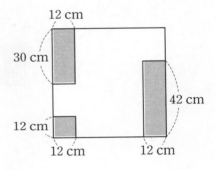

11 겉면에 검은색을 칠한 정육면체가 있습니다. 이 정육면체의 가로, 세로, 높이를 두 번씩 자르면 오른쪽 그림과 같은 27개의 작은 정육면체가 얻어지고 자른 면에는 모두 흰색이 나타나며 한 면도 검은색이 없는 작은 정육면체는 1개입니다. 이와 같은 방법으로 잘라 한 면도 검은색이 없는 작은 정육면체를 100개보다 많이 얻으려면, 각 면을 적어도 몇 번씩 잘라야 합니까?

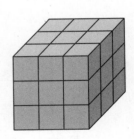

12 크기가 같은 7가지 색깔의 양말이 각각 10켤레씩 있습니다. 이 양말들을 마구 뒤섞어서 상자에 담았습니다. 상자 속을 보지 않고 한 짝씩 집어낸다면, 적어도 몇 짝을 집어내야 양말 5켤레의 짝을 맞출 수 있습니까?

13 다음과 같이 숫자 카드가 6장 있습니다. 이 중에서 4장을 뽑아 A, B, C, D 네 개의 상자에 한 장씩 넣으려고 합니다. A에 넣은 수는 B에 넣은 수보다 크고, B에 넣은 수는 C에 넣은 수보다 크고, C에 넣은 수는 D에 넣은 수보다 크게 할 수 있는 방법은 모두 몇 가지입니까?

14 분모와 분자는 자연수이고, 분모와 분자의 합이 20보다 작은 분수 중에서 $\frac{1}{2}$보다 작은 분수는 모두 몇 개입니까? (단, 크기가 같은 분수는 같은 분수로 봅니다.)

15 A, B 두 조의 학생들이 함께 체육관 청소를 하면 45분이 걸립니다. 처음 30분 동안은 A, B 두 조의 학생들이 함께 청소를 하다가 A조 학생 전체와 B조 학생의 $\frac{1}{4}$은 청소를 그만 두었습니다. B조의 남은 학생이 45분 동안 나머지를 청소하여 청소를 끝마쳤습니다. 처음부터 A조 학생들만 청소를 한다면, 청소를 끝마치는 데 몇 분이 걸리겠습니까? (단, 각각의 학생들이 일하는 양은 일정합니다.)

16 효근이네 가족은 5명입니다. 올해 아버지와 어머니의 연세의 합은 누나와 동생, 효근이의 나이의 합의 두 배입니다. 6년 전에 아버지와 어머니의 연세의 합이 누나와 동생, 효근이의 나이의 합의 $3\frac{1}{5}$ 배였고, 아버지의 연세가 어머니의 연세보다 두 살 많다면 올해 어머니의 연세는 몇 세입니까?

17 다음과 같이 일정한 규칙으로 분수를 늘어놓았습니다. 50번째에 놓이는 기약분수를 $\frac{\bigcirc}{\bigcirc}$이라고 할 때, ㉠과 ㉡의 합은 얼마입니까?

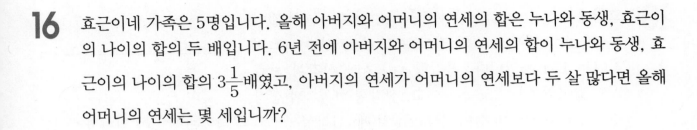

$$\frac{1}{4}, \frac{1}{2}, \frac{7}{12}, \frac{5}{8}, \frac{13}{20}, \frac{2}{3}, \frac{19}{28}, \frac{11}{16}, \cdots$$

18 오른쪽 그림과 같은 정사각형 ㄱㄴㄷㄹ이 있습니다. 선분 ㅁㅂ의 길이는 선분 ㅂㄷ의 길이의 $\frac{1}{3}$입니다. 색칠한 부분의 넓이는 몇 cm²입니까?

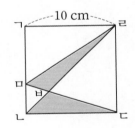

19 다음과 같은 크기의 도화지가 여러 장 있습니다. 이 도화지들을 면으로 하는 서로 다른 크기의 정육면체와 직육면체를 만들려고 합니다. 만들 수 있는 정육면체와 직육면체는 모두 몇 개입니까?

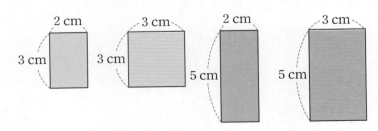

20 그림에서 선분 ㄹㄴ의 길이는 8 cm, 선분 ㄴㅅ의 길이는 16 cm, 선분 ㅅㅂ의 길이는 33 cm, 선분 ㅂㄷ의 길이는 15 cm입니다. 삼각형 ㄱㄴㅅ과 삼각형 ㄹㅁㅅ의 넓이의 합이 256 cm²이고, 삼각형 ㄱㅅㄷ과 삼각형 ㅅㅁㅂ의 넓이의 합이 534 cm²일 때, 삼각형 ㄱㄴㄷ의 넓이는 몇 cm²입니까?

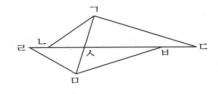

21 오른쪽 그림은 한 변의 길이가 5 cm인 정사각형 ㄱㄴㄷㄹ을 25등분 한 것입니다. 작은 정사각형의 꼭짓점을 이어서 넓이가 10 cm²인 정사각형을 만들 때, 모두 몇 개나 만들 수 있습니까?

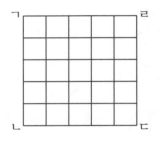

22 자연수 1, 2, 3, …이 아래 그림과 같이 배열되어 있습니다. 첫 번째로 꺾이는 점에 쓰여 있는 수는 2, 두 번째로 꺾이는 점에 쓰여 있는 수는 3, 세 번째로 꺾이는 점에 쓰여 있는 수는 5, … 일 때, 55번째로 꺾이는 점에 쓰여 있는 수는 얼마입니까?

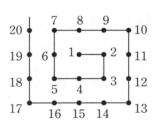

23 그림과 같은 ㉮, ㉯ 2개의 물통이 있습니다. 처음에 수도꼭지 ㉡을 잠그고, 수도꼭지 ㉠을 열어 물통 ㉮에 물을 넣고, 도중에 수도꼭지 ㉠을 잠금과 동시에 수도꼭지 ㉡을 열어, 물통 ㉮의 물을 물통 ㉯로 보냈습니다. 그래프는 그 때의 시간과 ㉮, ㉯의 물의 양과의 관계를 나타낸 것입니다. 물통 ㉯에는 처음에 몇 L의 물이 들어 있었습니까?

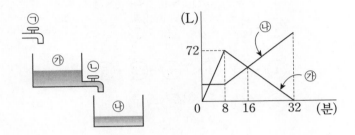

24 오른쪽 그림과 같이 사다리꼴 ㄱㄴㄷㄹ의 변 ㄴㄷ 위를 점 ㅁ이 1초에 1 cm씩 점 ㄴ부터 점 ㄷ까지 움직일 때, 물음에 답하시오.

(1) 삼각형 ㄱㄴㅁ과 삼각형 ㅁㄷㄹ의 넓이가 같게 되는 때는 점 ㅁ이 점 ㄴ을 출발한 지 몇 초 후입니까?

(2) 삼각형 ㄱㅁㄹ의 넓이는 1초에 몇 cm²씩 늘어납니까? 아니면 몇 cm²씩 줄어듭니까?

(3) 삼각형 ㄱㅁㄹ의 넓이가 110 cm²가 되는 때는 점 ㅁ이 점 ㄴ을 출발한 지 몇 초 후입니까?

25 ①, ②, ③, ④, ⑤ 5개의 수 카드를 사용하여 화살표의 시작점에 있는 수가 화살표의 끝점에 있는 수보다 작도록 늘어놓는 방법은 다음과 같이 5가지 종류가 있습니다. 물음에 답하시오.

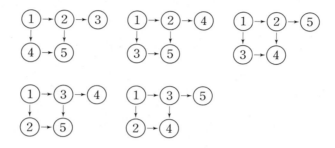

(1) ①부터 ⑥까지의 6개의 수 카드를 모두 사용하여 늘어놓는 방법은 몇 가지입니까?

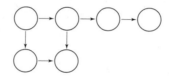

(2) ①부터 ⑦까지의 7개의 수 카드를 모두 사용하여 늘어놓는 방법은 몇 가지입니까?

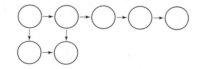

(3) ①부터 ⑳까지의 20개의 수 카드를 모두 사용하여 늘어놓는 방법은 몇 가지입니까?

올림피아드 기출문제

1 어떤 자연수의 약수는 1과 그 자신뿐이라고 합니다. 이 자연수를 11배 한 수의 약수를 모두 더하였더니 168이었습니다. 어떤 자연수를 구하시오.

2 [0], [1], [3], [4], [7], [8] 6장의 숫자 카드가 있습니다. 한 번에 3장씩 골라 그 세 숫자를 곱하면 다른 곱이 모두 몇 가지 나오겠습니까?

3 △ 안에 가, 나, 다, 라는 150, 370, 450, 580 중에 하나씩을 나타냅니다. ○ 안에는 연결된 2개의 △ 안에 있는 수의 평균을 써넣고, □ 안에는 3개의 ○ 안에 있는 수의 평균을 써넣으려고 합니다. □ 안의 수를 가장 작게 만들 때, □ 안의 수는 얼마입니까?

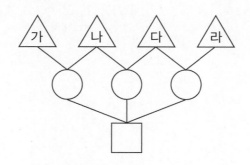

4 오른쪽과 같이 바둑돌을 직사각형 모양으로 빈틈없이 늘어놓았 습니다. 이 직사각형의 가로 한 줄에 놓인 바둑돌의 개수가 세로 한 줄에 놓인 바둑돌의 개수보다 6개 많고, 둘레에 놓인 바둑돌 의 개수가 44개라면, 바둑돌은 모두 몇 개입니까?

5 오른쪽 그림과 같이 원을 18등분하여 18개의 점을 찍었습니다. 이 점들을 연결하여 삼각형을 만들 때 이등변삼각형은 몇 개나 만들 수 있습니까?

6 ( ) 안의 두 수를 한 묶음으로 하여 일정한 규칙에 따라 나열하였습니다. 39번째 묶 음에서 큰 수를 작은 수로 나눈 몫을 구하시오.

$$(1,\ 1),\ (3,\ 5),\ (5,\ 13),\ (1,\ 25),\ (3,\ 41),\ (5,\ 61),\ \cdots$$

7 0과 5 사이의 분수에서 분모가 55인 기약분수의 합을 구하시오.

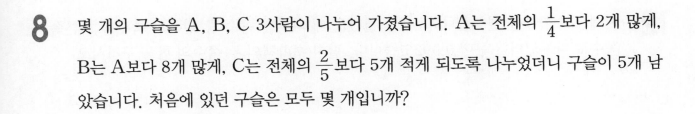

8 몇 개의 구슬을 A, B, C 3사람이 나누어 가졌습니다. A는 전체의 $\frac{1}{4}$보다 2개 많게, B는 A보다 8개 많게, C는 전체의 $\frac{2}{5}$보다 5개 적게 되도록 나누었더니 구슬이 5개 남았습니다. 처음에 있던 구슬은 모두 몇 개입니까?

9 1부터 ㉠까지의 자연수를 모두 곱한 후 그 곱을 12로 계속하여 나누면 마지막 몫이 25025가 된다고 합니다. ㉠이 될 수 있는 수를 구하시오.

$$1 \times 2 \times 3 \times \cdots \times ㉠ = \boxed{}$$
$$\boxed{} \div 12 \div 12 \div \cdots \div 12 = 25025$$

10 ☆과 ☆의 약수 중 하나인 △를 더하였더니 다음과 같은 식이 되었습니다. ☆이 될 수 있는 수는 모두 몇 개입니까?

$$☆ + △ = 84$$

11 어떤 사람이 27 km의 거리를 일정한 빠르기로 걸어 여행하기로 계획하였습니다. 그러나 총 거리의 $\frac{1}{3}$ 지점까지 왔을 때, 빠르기를 $\frac{1}{3}$만큼 줄여 걸었기 때문에 처음 빠르기로 걸을 때보다 1시간 30분 늦게 목적지에 도착하였습니다. 처음에는 한 시간당 몇 km를 가는 빠르기였습니까?

12 지혜는 수학책을 펼쳤습니다. 책을 펼쳤을 때 나타난 쪽수 중 왼쪽의 쪽수를 오른쪽의 쪽수로 나누었더니 몫이 0.992였습니다. 펼친 수학책의 두 쪽수의 합을 구하시오.

13 A, B 두 조의 학생들이 함께 체육관 청소를 하면 40분이 걸립니다. 처음에는 A, B 두 조의 학생들이 함께 청소를 하다가 30분 후 A조 학생 전체와 B조 학생의 $\frac{2}{5}$가 청소를 그만두었습니다. B조의 남은 학생이 30분 동안 나머지를 청소하여 청소를 끝마쳤습니다. 처음부터 A조 학생들만 청소를 한다면 청소를 끝마치는 데 몇 분이 걸리겠습니까?

14 1부터 100까지의 수가 각각 적힌 100개의 구슬과 ㉮, ㉯ 2개의 상자가 있습니다. 처음에 구슬 100개를 ㉮ 상자에 넣은 후 다음과 같은 방법으로 ㉮, ㉯에 들어 있는 구슬을 동시에 반대편 상자로 옮길 때, 마지막에 ㉯ 상자에 들어 있는 구슬은 몇 개입니까?

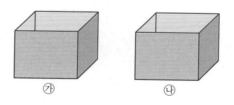

㉮　　　　　㉯

> 첫째 번 : 1로 나누어떨어지는 수의 구슬을 반대편 상자로 옮깁니다.
> 둘째 번 : 2로 나누어떨어지는 수의 구슬을 반대편 상자로 옮깁니다.
> 셋째 번 : 3으로 나누어떨어지는 수의 구슬을 반대편 상자로 옮깁니다.
> 넷째 번 : 4로 나누어떨어지는 수의 구슬을 반대편 상자로 옮깁니다.
>   ⋮   ⋮
> 100째 번 : 100으로 나누어떨어지는 수의 구슬을 반대편 상자로 옮깁니다.

15 오른쪽 그림과 같이 넓이가 144 cm²이고 크기와 모양이 같은 두 정육각형을 겹쳐 놓았습니다. 두 점 ㅍ, ㅎ은 각각 변 ㅂㅁ 과 변 ㅅㅌ, 변 ㄷㄹ과 변 ㅇㅈ의 중점입니다. 색칠한 부분의 넓이는 몇 cm²입니까?

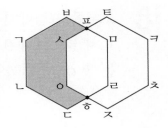

16 사다리꼴 ㄱㄴㄷㄹ에서 삼각형 ㄱㅁㄹ과 삼각형 ㅁㄴㄷ의 넓이가 같을 때, 삼각형 ㄹㅁㄷ의 넓이는 몇 cm²입니까?

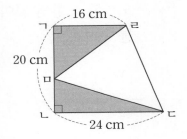

17 오른쪽 그림은 정사각형 ㄱㄴㄷㄹ의 각 변의 삼등분점과 꼭짓점을 이어 사각형 ㅁㅂㅅㅇ을 만든 것입니다. 사각형 ㅁㅂㅅㅇ과 삼각형 ㅇㄷㄹ의 넓이의 차가 100 cm²일 때, 정사각형 ㄱㄴㄷㄹ의 넓이는 몇 cm²입니까?

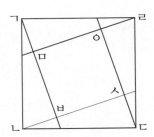

18 오른쪽 그림에서 삼각형 ㄱㄴㄷ의 넓이는 사다리꼴 ㄱㄹㅁ ㄷ의 넓이보다 9 cm² 더 넓습니다. 이때 선분 ㄷㅁ의 길이 는 몇 cm입니까?

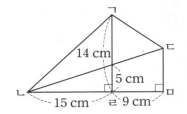

19 오른쪽 도형의 넓이가 203 cm²일 때, □ 안에 알맞은 수 를 구하시오.

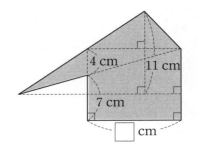

20 오른쪽 삼각형 ㄱㄴㄷ에서 점 ㅁ은 선분 ㄱㄷ의 중점이고, 선분 ㄴㄹ은 선분 ㄴㄷ의 $\frac{1}{4}$이며, 점 ㅂ은 선분 ㄱㄹ과 선분 ㄴㅁ의 교점입니다. 삼각형 ㄴㄹㅂ의 넓이가 12 cm²일 때, 사각형 ㅁㅂㄹㄷ의 넓이는 몇 cm²입니까?

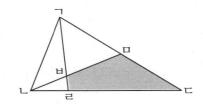

21 오른쪽 그림과 같이 삼각형 ㄱㄴㄷ에서 각 변을 선분 ㄹㄴ, 선분 ㅁㄷ, 선분 ㄱㅂ의 길이가 선분 ㄱㄹ, 선분 ㄴㅁ, 선분 ㄷㅂ의 길이의 2배가 되도록 나누었습니다. 색칠한 삼각형의 넓이가 12 cm²일 때, 삼각형 ㄱㄴㄷ의 넓이는 몇 cm²입니까?

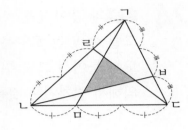

22 오른쪽 덧셈에서 ㉠~㉪은 서로 다른 숫자입니다. 이 덧셈의 값이 가장 클 때, 세 자리 수 ㉡㉣㉥은 얼마입니까?

		㉠	㉢	㉤	㉣
		㉡	㉢	㉣	㉢
		㉠	㉥	㉦	㉦
		㉢	㉠	㉣	㉡
			㉢	㉡	
+				㉣	

23 오른쪽 그림은 49개의 점으로 이루어진 점판입니다. 네 점을 꼭짓점으로 하여 만들 수 있는 정사각형을 넓이가 큰 것부터 순서대로 늘어놓았을 때, 3번째, 4번째, 5번째의 정사각형의 넓이의 합은 몇 cm²입니까?

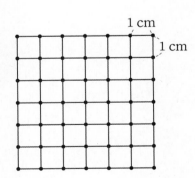

24 보기와 같이 평면 위에 길이가 1 cm인 선분 2개를 일직선 또는 직각이 되도록 붙여서 그릴 수 있는 모양은 2가지입니다. 길이가 1 cm인 선분 4개를 일직선 또는 직각이 되도록 붙여서 그릴 수 있는 모양은 몇 가지인지 모두 그려 보시오. (단, 도형 움직이기에 의해서 겹쳐지는 것은 같은 것입니다.)

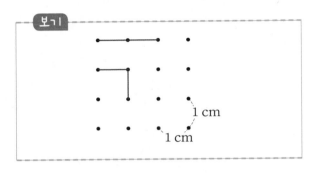

25 다음에서 서로 다른 자연수를 넣어 각 변에 있는 네 수의 합이 38이 되도록 만들어 보시오. 그리고 어떻게 만들었는지 설명하시오.

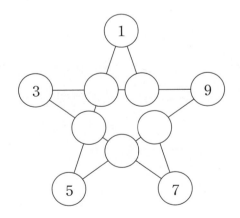

1 자연수 ㉮, ㉯가 있습니다. ㉮를 네 번 곱하면 6561이 되고, ㉯를 세 번 곱하면 1331이 됩니다. ㉮와 ㉯의 합은 얼마입니까?

2 어떤 일을 끝마치는 데 어른 8명이 하면 10일이 걸리고, 어린이 10명이 하면 18일이 걸린다고 합니다. 이 일을 어른 5명과 어린이 9명이 함께 한다면 며칠만에 끝마치겠습니까? (단, 어른과 어린이가 각각 하는 일의 양은 같습니다.)

3 두 수 ㉮, ㉯가 있습니다. ㉮의 $\frac{7}{9}$은 ㉯의 4배와 같고, ㉮와 ㉯의 차는 58입니다. ㉮는 얼마입니까?

4 다음 식에서 ⓒ과 ⓜ의 합은 얼마입니까?

$$(㉠+㉡+㉢) \div 3 = 25$$
$$(㉣+㉤) \times 2 = 130$$
$$(㉠+㉢+㉣) - 21 = 50$$

5 어떤 자연수를 5로 나누면 3이 남고, 8로 나누면 나머지가 없으며 12로 나누면 8이 남습니다. 이러한 수 중에서 1000에 가장 가까운 수는 무엇입니까?

6 다음과 같이 일정한 규칙에 따라 분수를 늘어놓았습니다. 처음으로 1보다 크게 되는 분수는 몇 번째 분수입니까?

$$\frac{1}{1000}, \ \frac{4}{997}, \ \frac{7}{994}, \ \frac{10}{991}, \ \frac{13}{988}, \ \cdots$$

7 보기와 같은 방법을 이용하여 □ 안에 알맞은 수를 구하면 얼마입니까?

보기

$$1 \times 2 = \frac{1}{3} \times (1 \times 2 \times 3)$$

$$2 \times 3 = \frac{1}{3} \times (2 \times 3 \times 4 - 1 \times 2 \times 3)$$

$$1 \times 2 + 2 \times 3 + 3 \times 4 + \cdots + 11 \times 12 = \boxed{}$$

8 다음 그림과 같이 원 위에 두 수가 서로 마주 보도록 자연수를 연속으로 쓰려고 합니다. 43과 89가 마주 보게 하려면 1부터 몇까지의 수를 써야 합니까?

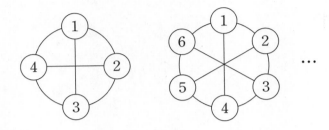

9 크기가 일정한 정사각형 모양의 색종이를 겹치지 않게 빈틈없이 가로로 64장, 세로로 96장을 붙였더니 직사각형 모양이 되었습니다. 이 직사각형에 대각선을 그었을 때 대각선이 지나간 색종이는 모두 몇 장입니까?

10 효근이와 신영이는 과자를 몇 개씩 가지고 있습니다. 효근이는 한 번에 5개씩, 신영이는 한 번에 3개씩 둘이서 동시에 몇 번 먹었더니, 효근이의 과자는 4개, 신영이의 과자는 1개 남았습니다. 처음에 효근이의 과자가 신영이의 과자보다 21개 많이 있었다면, 처음 두 사람이 가지고 있던 과자는 모두 몇 개였습니까?

11 1800원, 1600원, 1100원짜리 세 종류의 볼펜을 모두 47자루 사고 74700원을 냈습니다. 1600원짜리 볼펜의 수가 1100원짜리 볼펜의 수의 2배라면 1800원짜리 볼펜은 몇 자루 샀습니까?

12 상자에 구슬이 몇 개 들어 있었습니다. 처음에 전체의 $\frac{5}{8}$보다 39개 많이 꺼내고, 다음에 나머지의 $\frac{2}{3}$를 꺼냈더니 남은 구슬은 전체 $\frac{1}{16}$이었습니다. 처음에 구슬은 몇 개 들어 있었습니까?

13 어떤 정사각형에서 가로를 4.6 m, 세로를 2.4 m 늘여 직사각형을 만들면, 넓이가 처음보다 74.04 m² 더 늘어난다고 합니다. 정사각형의 한 변의 길이는 몇 m입니까?

14 $\frac{1}{5} \times \frac{3}{7} \times \frac{5}{9} \times \frac{7}{11} \times \cdots$과 같이 일정한 규칙에 따라 곱셈을 할 때, 계산 결과가 처음으로 $\frac{1}{600}$보다 작게 되려면 처음부터 몇 번째 분수까지 곱했을 때입니까?

15 다음 계산 결과를 기약분수 $\frac{\bigcirc}{\bigcirc}$으로 나타내었을 때, $\bigcirc + \bigcirc$은 얼마입니까?

$$\left(1+\frac{1}{2}\right) \times \left(1-\frac{1}{2}\right) \times \left(1+\frac{1}{3}\right) \times \left(1-\frac{1}{3}\right) \times \left(1+\frac{1}{4}\right) \times \cdots \times \left(1+\frac{1}{99}\right) \times \left(1-\frac{1}{99}\right)$$

16 신영이는 스웨터를 만들기 위해 털실을 28800원에 샀습니다. 첫째 날에 전체의 $\frac{1}{3}$을 사용하고, 둘째 날에 212 m를 사용하고, 셋째 날에 나머지의 $\frac{3}{8}$을 사용했습니다. 3일 동안 사용한 털실만큼 사는 데 털실의 가격이 $\frac{1}{10}$만큼 내려서 18720원에 샀습니다. 처음에 산 털실의 길이는 몇 m입니까?

17 오른쪽 그림과 같이 삼각형 ㄱㄴㄷ과 삼각형 ㄹㄴㅂ이 있습니다. 이때 ㉮와 ㉯의 넓이의 합은 몇 cm²입니까?

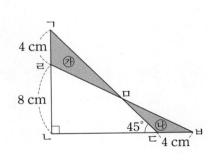

18 한 변의 길이가 20 cm인 정사각형 ㄱㄴㄷㄹ이 있습니다. 세 점 ㉠, ㉡, ㉢가 꼭짓점 ㄱ, ㄴ, ㄷ을 동시에 출발하여 정사각형의 변을 따라 시계 방향으로 변 ㄱㄴ, ㄴㄷ, ㄷㄹ에서는 매초 2 cm씩, 변 ㄹㄱ에서는 매초 4 cm의 빠르기로 돌고 있습니다. 점 ㉠, ㉡, ㉢가 오른쪽 그림의 위치에 있을 때, 사다리꼴 ㉠㉢ㄷㄹ의 넓이가 120 cm²라면 삼각형 ㉠㉡㉢의 넓이는 몇 cm²입니까?

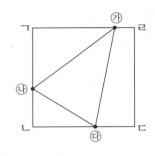

19 다음 그림과 같은 길이 있습니다. ㉡를 거치지 않고 ㉠에서 ㉢까지 가장 짧은 거리로 가는 방법의 수는 몇 가지입니까?

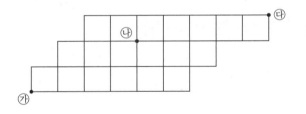

20 오른쪽 도형에서 별(☆)이 반드시 포함된 크고 작은 사각형의 개수는 모두 몇 개입니까?

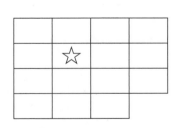

21 오른쪽 도형은 한 변의 길이가 9 cm, 12 cm인 두 개의 정사각형으로 이루어져 있습니다. 삼각형 ㄱㄴㄷ과 삼각형 ㄷㄹㅁ이 합동일 때, 변 ㄷㅁ의 길이는 몇 cm입니까?

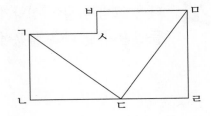

22 가영, 효근, 예슬 3명의 어린이가 문제를 풀었습니다. 가영이는 효근이보다 10분 더 오래 걸렸고 효근이는 예슬이보다 10분 더 오래 걸렸습니다. 가영이는 효근이보다 1분에 1문제씩 적게 풀었고, 예슬이는 효근이보다 1분에 2문제씩 더 많이 풀었습니다. 효근이와 예슬이는 푼 문제 수가 같고, 가영이는 효근, 예슬이보다 10문제 더 많이 풀었습니다. 가영이는 총 몇 문제를 풀었습니까?

23 다음과 같이 크기와 모양이 같은 마름모 블록 3개를 변끼리 꼭맞게 이어 붙여 만들 수 있는 모양은 모두 몇 가지입니까? (단, 뒤집거나 돌렸을 때 같은 모양은 한 가지로 생각합니다.)

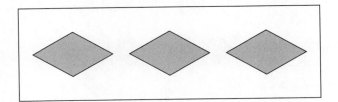

24 다음 그림과 같이 성냥개비를 사용하여 일정한 규칙에 따라 삼각형과 사각형 모양을 만들었습니다. 다음 물음에 답하시오.

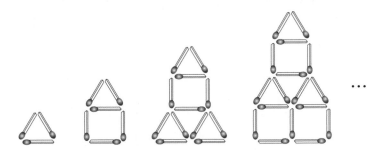

(1) 50번째 그림에서 찾을 수 있는 정사각형의 개수는 몇 개입니까?

(2) 100번째 그림에서 찾을 수 있는 정삼각형의 개수는 몇 개입니까?

(3) 20번째 그림에서 사용한 성냥개비는 몇 개입니까?

25 5개의 정사각형을 변끼리 이어 붙여 만든 도형을 펜토미노라고 하며, 다음과 같이 12가지 모양이 있습니다. 정사각형의 한 변의 길이를 1 cm라고 할 때, 12가지 펜토미노 중에 2가지, 3가지, 5가지를 이용하여 둘레의 길이가 가장 짧은 도형을 각각 그렸을 때, 각 도형의 둘레의 길이는 몇 cm인지 구하시오.

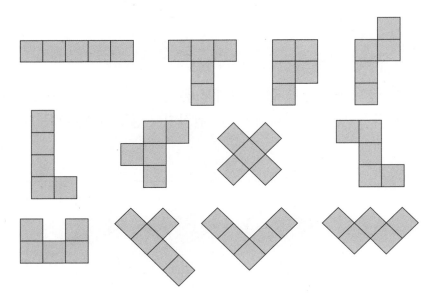

(1) 2가지 펜토미노를 이용할 때

(2) 3가지 펜토미노를 이용할 때

(3) 5가지 펜토미노를 이용할 때

올림피아드 기출문제

1 다음 그림과 같이 일정한 규칙으로 수를 나열하려고 합니다. 6열의 위에서 세 번째 수는 $\frac{1}{32}$의 몇 배입니까?

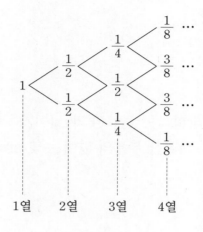

2 다음은 일정한 규칙으로 분수를 나열한 것입니다. 약분하여 $\frac{2}{5}$가 되는 분수는 처음부터 몇 번째 수입니까?

$$\frac{7}{49}, \ \frac{8}{48}, \ \frac{9}{47}, \ \frac{10}{46}, \ \frac{11}{45}, \ \cdots$$

3 올해 한초의 나이는 11살이고, 아버지의 연세는 43세입니다. 아버지의 연세가 한초의 나이의 3배가 되는 해는 몇 년 후입니까?

4 오른쪽 그림과 같은 도형에서 삼각형 ㄱㄹㄷ의 넓이가 42 cm²일 때, 삼각형 ㄱㅁㄹ의 넓이는 몇 cm²입니까?

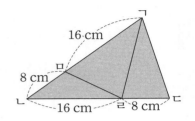

5 오른쪽 그림에서 직사각형 ㉮, ㉯, ㉰의 넓이가 차례로 30 cm², 18 cm², 12 cm²일 때, 색칠한 부분의 넓이는 몇 cm²입니까?

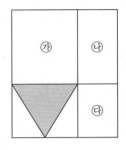

6 오른쪽은 어떤 수의 모든 약수들을 약수와 배수 관계에 있는 것들끼리 선으로 연결해 놓은 그림입니다. 어떤 수의 약수를 나타낸 그림입니까?

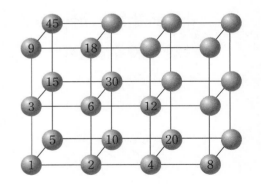

7 A, B, C, D, E 5개의 자연수가 있습니다. C와 B, D와 C, E와 D의 차는 각각 B와 A의 차의 2배, 3배, 4배입니다. 이 5개의 수의 평균은 60이고, B와 C의 평균은 48일 때, 자연수 E는 얼마입니까? (단, A<B<C<D<E입니다.)

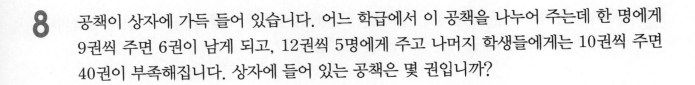

8 공책이 상자에 가득 들어 있습니다. 어느 학급에서 이 공책을 나누어 주는데 한 명에게 9권씩 주면 6권이 남게 되고, 12권씩 5명에게 주고 나머지 학생들에게는 10권씩 주면 40권이 부족해집니다. 상자에 들어 있는 공책은 몇 권입니까?

9 3주일 만에 끝내야 하는 일이 있습니다. 이 일을 12명이 하루에 8시간씩 15일 동안 일해서 전체의 $\frac{3}{5}$을 끝냈습니다. 나머지 일을 하루에 10시간씩 일해서 끝내려면 몇 명이 더 필요합니까? (단, 한 사람이 하는 일의 양은 같습니다.)

10 바닥이 평평한 연못의 깊이를 알아보기 위하여 40 cm의 차이가 나는 두 개의 막대를 수면과 수직으로 연못 바닥까지 넣어 보았더니 긴 막대의 $\frac{3}{4}$이 물에 잠겼고, 짧은 막대의 $\frac{5}{6}$가 물에 잠겼습니다. 이 연못의 깊이는 몇 cm입니까?

11 오른쪽 그림에서 사각형 ㄱㄴㄷㄹ은 사다리꼴입니다. 사각형 ㄱㅁㄷㄹ의 넓이가 삼각형 ㄱㄴㅁ의 넓이의 2.5배가 되도록 점 ㅁ을 정할 때, 변 ㄴㅁ의 길이는 몇 cm입니까?

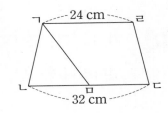

12 두꺼운 종이로 만든 뚜껑 없는 상자를 정면과 위에서 본 모양이 다음 그림과 같습니다. 이 상자를 만드는 데 들어간 종이는 몇 cm²입니까?

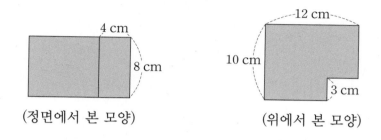

(정면에서 본 모양)   (위에서 본 모양)

13 가로로 7줄, 세로로 7줄씩 7층까지 쌓기나무를 쌓아서 정육면체를 만들려고 합니다. 정육면체의 모든 면이 오른쪽 그림과 같이 보이도록 하려면 검은색 쌓기나무는 최소한 몇 개가 사용되겠습니까?

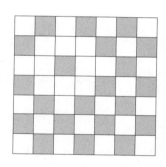

14 가, 나, 다는 모두 자연수이고, $\dfrac{가}{5}+\dfrac{나}{7}+\dfrac{다}{15}=1\dfrac{31}{105}$입니다. 가, 나, 다 세 수의 곱은 얼마입니까? (단, 세 수의 곱은 40보다 큽니다.)

15 다음과 같이 분모는 2씩 커지고, 분자는 1, 3, 5, 7이 반복되는 분수를 나열할 때, $\dfrac{1}{110}$ 보다 큰 분수는 모두 몇 개입니까?

$$\frac{1}{2}, \frac{3}{4}, \frac{5}{6}, \frac{7}{8}, \frac{1}{10}, \frac{3}{12}, \frac{5}{14}, \frac{7}{16}, \frac{1}{18}, \cdots$$

16 다음을 계산하여 기약분수로 나타낼 때, 분모와 분자의 합은 얼마입니까?

$$\frac{1}{4} \times \frac{1}{6} \times \frac{1}{8} + \frac{1}{6} \times \frac{1}{8} \times \frac{1}{10} + \frac{1}{8} \times \frac{1}{10} \times \frac{1}{12} + \cdots + \frac{1}{20} \times \frac{1}{22} \times \frac{1}{24}$$

17 오른쪽은 6개의 각이 모두 같은 육각형입니다. 선분 DE의 길이는 몇 cm입니까?

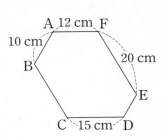

18 오른쪽 도형에서 찾을 수 있는 크고 작은 사각형은 모두 몇 개입니까?

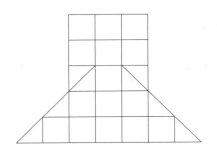

19 [그림 1]과 [그림 2]는 검은 바둑돌을 정삼각형 모양으로 나열하고 그 둘레에 흰 바둑돌을 나열해서 정삼각형 모양을 만든 것입니다. 이와 같은 방법으로 몇 개의 검은 바둑돌을 정삼각형 모양으로 나열하고, 그 둘레에 흰 바둑돌을 3열로 나열해서 정삼각형을 만든 후 흰 바둑돌을 세어 보니 모두 162개였습니다. 이때 가장 바깥쪽에 나열되어 있는 바둑돌은 몇 개입니까?

[그림 1]　　　　[그림 2]

20 다음 그림과 같이 직사각형 안에 정사각형을 계속해서 순서대로 만들었습니다. 색칠한 정사각형의 넓이는 몇 cm²입니까? (단, 번호가 같은 정사각형은 크기도 같습니다.)

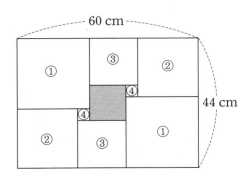

21 오른쪽 그림과 같이 직사각형 ㄱㄴㄷㄹ 안에 두 개의 이등 변삼각형 ㅁㅂㅅ과 ㅂㄷㅅ이 있습니다. 선분 ㄱㅂ의 길이 는 6 cm, 선분 ㄱㅁ의 길이는 4 cm입니다. 이때 삼각형 ㅁㄷㅅ의 넓이는 몇 cm²입니까?

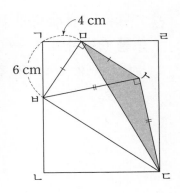

22 넓이가 240 cm²인 평행사변형 ㄱㄴㄷㄹ이 있습니다. 점 ㅁ과 점 ㅂ은 평행사변형의 변 위에 있고, 삼각형 ㄱㄴㅁ의 넓이는 40 cm², 삼각형 ㅁㄷㅂ의 넓이는 56 cm²일 때, 삼각형 ㄱㅁㅂ의 넓이는 몇 cm² 입니까?

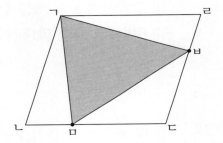

23 오른쪽 그림과 같이 점 O를 중심으로 하는 반지름 25 cm인 반원 안에 정사각형 ABCD가 있습니다. 또 한, 선분 AH와 선분 OD는 수직으로 만납니다. 정사각 형 ABCD의 넓이는 몇 cm²입니까?

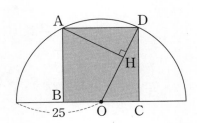

24 다음 그림과 같이 1 m 간격으로 막대가 번호 순으로 놓여 있습니다. 석기는 ①번 막대를 출발하여 ① → ② → ① → ② → ③ → ② → ① → ② → ③ → ④ → ③ → ② → ① → ② → …와 같이 막대에 수직인 방향으로 움직이고 있습니다. 다음 물음에 답하시오.

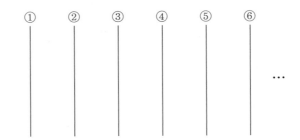

(1) ①번 막대를 출발하여 ⑧번 막대까지 갔다가 ①번 막대로 돌아왔을 때 움직인 거리는 몇 m입니까?

(2) 출발하여 100 m를 걸었을 때 몇 번 막대의 위치에 있게 됩니까?

(3) 6번째로 ⑫번 막대에 도착하려면 몇 m를 걸어야 합니까?

25 원 둘레에 같은 간격으로 12개의 점이 있습니다. 두 점씩 짝지어 6개의 선분을 그으려고 합니다. 돌리거나 뒤집어서 같은 모양은 한 가지로 볼 때, 6개의 선분 중 a가 4개일 때, 연결 상태를 있는 대로 모두 그리시오.

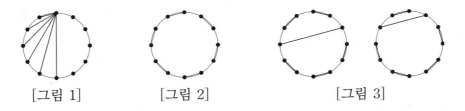

[그림 1]   [그림 2]   [그림 3]

> • [그림 1]의 경우 두 점을 연결한 선분의 길이는 6종류이며 이때 가장 짧은 선분을 a라 합니다.
> • 6개의 선분이 모두 a일 때, 연결 방법은 [그림 2]와 같이 1가지입니다.
> • 6개의 선분 중 a가 5개일 때, 연결 방법은 [그림 3]과 같이 2가지입니다.

올림피아드 기출문제

1 두 자리 수인 두 수의 최대공약수는 12이고, 최소공배수는 672입니다. 이 두 수의 차는 얼마입니까?

2 오른쪽 그림은 쌓기나무를 쌓아 한 모서리의 길이가 6 cm인 정육면체를 만든 것입니다. 정육면체의 모든 겉면에 페인트를 칠할 때, 어느 한 면도 페인트가 칠해지지 않은 쌓기나무는 몇 개입니까?

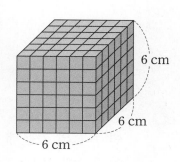

3 가, 나, 다 세 수가 있습니다. 가를 나로 나누면 $\frac{4}{9}$이고, 가를 다로 나누면 $2\frac{1}{4}$입니다. 나를 다로 나누면 $\square\frac{\triangle}{\stackrel{}{\bigstar}}$일 때 $\square + \triangle + \bigstar$의 값 중 가장 작은 값은 얼마입니까?

4 하루에 $\frac{7}{20}$ cm씩 자라는 식물이 있습니다. 어느 날 이 식물의 키를 잰 후 정확히 20일 후에 다시 재어 보니 처음 잰 키의 15배였습니다. 처음 키를 쟀을 때의 식물의 키는 몇 mm였겠습니까?

5 다음 그림은 두꺼운 종이로 만든 뚜껑 없는 그릇을 앞과 위에서 본 모양입니다. 이 그릇을 만드는 데 들어간 종이는 몇 cm²입니까?

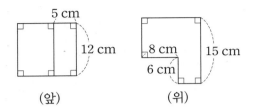

(앞)　　　　　　(위)

6 오른쪽 직사각형 ㄱㄴㄷㄹ에서 점 ㅁ과 점 ㅂ은 각각 변 ㄱㄴ과 변 ㄷㄹ의 가운데 점이고, 선분 ㅅㄹ의 길이는 선분 ㅁㅅ의 길이의 2배입니다. 삼각형 ㅅㅁㅇ의 넓이가 60 cm²일 때, 삼각형 ㄹㅅㄷ의 넓이는 몇 cm²입니까?

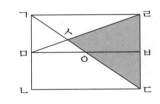

7 예슬이는 집에서 역까지 가는 데 자전거로 가면 30분이 걸리고, 걸어서 가면 1시간 30분이 걸립니다. 역에는 자전거 놓는 곳이 없어서 집과 역 사이에 있는 할아버지 댁까지 자전거로 가고, 할아버지 댁에서 역까지는 걸어서 갔더니 모두 40분이 걸렸습니다. 자전거 놓는 시간은 생각하지 않을 때, 할아버지 댁에서 역까지는 몇 분이 걸렸습니까?

8 자연수 ㉠이 있습니다. (㉠+2)는 4의 배수이고, (㉠-2)는 9의 배수일 때, 세 자리 자연수 ㉠ 중에서 가장 작은 수는 얼마입니까?

9 다음을 계산한 값을 □라 할 때, □×20은 얼마입니까?

$$\frac{1}{10} + \frac{1}{40} + \frac{1}{88} + \frac{1}{154} + \frac{1}{238} + \frac{1}{340}$$

10 60개가 들어 있는 사과 한 상자를 20000원에 사 와서 보니 전체의 0.2가 썩었습니다. 썩지 않은 사과를 팔아서 사 온 금액의 $\frac{1}{5}$만큼 이익을 얻으려면 사과 한 개에 얼마씩 팔면 되겠습니까?

11 □ 안에 들어갈 수 있는 수 중에서 가장 큰 수는 얼마입니까? (단, □ 안에 들어갈 수는 60보다 작습니다.)

$$\frac{7}{12} = \frac{1}{\square} + \frac{1}{\square} + \frac{1}{\square} + \frac{1}{\square} + \frac{1}{\square}$$

12 [그림 1]과 같이 평행한 계단이 2개인 사다리에는 평행한 선분이 1쌍 있습니다. 이 사다리에 [그림 2]와 같이 평행한 계단을 1개 더 만들면 평행한 선분이 3쌍 있습니다. [그림 1]의 사다리에 [계단 1]과 평행한 계단을 겹치지 않게 몇 개 더 만들어서 평행한 선분을 325쌍 만들려고 한다면, 계단을 몇 개 더 만들어야 합니까?

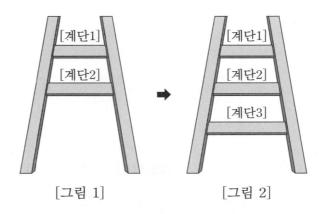

[그림 1]　　　　[그림 2]

13 오른쪽 그림은 밑변이 24 cm인 평행사변형을 ㉮, ㉯, ㉰, ㉱ 네 부분으로 나눈 것입니다. ㉮는 ㉰보다 80 cm² 더 넓고, ㉯의 넓이는 64 cm²입니다. 평행사변형 ㄱㄴㄷㄹ의 넓이는 몇 cm²입니까?

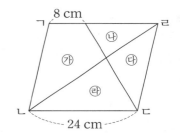

14 가영, 효근, 예슬 3명의 어린이가 문제를 풀었습니다. 가영이는 효근이보다 5분 더 오래 걸렸고 효근이는 예슬이보다 5분 더 오래 걸렸습니다. 가영이는 효근이보다 1분에 1문제씩 적게 풀었고, 예슬이는 효근이보다 1분에 2문제씩 더 많이 풀었습니다. 효근이와 예슬이는 푼 문제 수가 같고, 가영이는 효근, 예슬이보다 5문제 더 많이 풀었습니다. 가영이는 몇 문제를 풀었습니까?

15 신영이는 과일 가게에서 복숭아 몇 개를 샀습니다. 산 복숭아 전체의 평균 무게는 150 g 이고 142 g, 144 g, 145 g, 146 g, 147 g, 151 g의 6개의 복숭아를 먹었더니, 남은 복숭아의 평균 무게는 151 g이 되었습니다. 처음에 산 복숭아는 모두 몇 개입니까?

16 2, 2008, 2006, 2, 2004, 2002, …와 같이 수가 나열되어 있습니다. 3번째 수부터는 바로 앞의 두 수의 차를 나타낸 것입니다. 1001번째 수는 무엇입니까?

17 정육면체의 각 모서리를 3등분하면 작은 정육면체 27개로 27등분됩니다. [그림 1]과 같이 27개의 작은 정육면체 중 중앙의 정육면체와 함께 처음 정육면체의 각 면의 중앙에 있는 정육면체를 빼내고 이것을 첫 번째 시행이라 합니다. 남아 있는 20개의 정육면체도 같은 방법으로 [그림 2]와 같이 각각 27등분하고, 중앙의 정육면체와 정육면체의 각 면의 중앙에 있는 정육면체를 모두 빼내고 이것을 두 번째 시행이라 합니다. 이와 같은 시행을 6번 했을 때 정육면체는 모두 A개로 나누어집니다. A÷1000000은 얼마입니까?

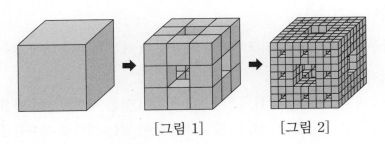

[그림 1]   [그림 2]

18 부둣가에 매여져 있는 배에서 물이 새는 것을 발견했습니다. 이미 물이 조금 들어왔고 현재 물은 같은 속도로 배 안으로 들어오고 있습니다. 만약 12명이 물을 퍼내면 4시간 이면 모두 퍼낼 수 있고, 6명이 물을 퍼내면 10시간이면 모두 퍼낼 수 있습니다. 만약 2시간 만에 물을 퍼내야 한다면 모두 몇 명이 필요하겠습니까?

19 은정이가 가지고 있는 수학책의 1쪽부터 9쪽까지의 각 자리 숫자를 더하면 $1+2+3+\cdots+9=45$이고, 같은 방법으로 10쪽부터 14쪽까지의 각 자리의 숫자를 더하면 $1+0+1+1+1+2+1+3+1+4=15$가 됩니다. 그렇다면 이 수학책의 1쪽부터 몇 쪽까지의 각 자리 숫자를 더해야 그 결과가 795가 됩니까?

20 들어 있는 사탕의 개수가 서로 다른 네 바구니 A, B, C, D가 있습니다. 다음과 같은 순서로 사탕을 옮겼더니, 네 바구니의 사탕의 개수가 모두 128개로 같아졌다고 합니다. 처음 A 바구니에 들어 있던 사탕의 개수는 몇 개입니까?

> ① A 바구니에서 $\frac{1}{3}$을 버리고, 남은 사탕을 B, C, D 바구니에 들어 있는 사탕의 개수만큼 각각 옮깁니다.
>
> ② B 바구니에서 $\frac{1}{2}$을 버리고, 남은 사탕을 A, C, D 바구니에 들어 있는 사탕의 개수만큼 각각 옮깁니다.
>
> ③ C 바구니의 사탕을 A, B, D 바구니에 들어 있는 사탕의 개수만큼 각각 옮깁니다.
>
> ④ D 바구니의 사탕을 A, B, C 바구니에 들어 있는 사탕의 개수만큼 각각 옮깁니다.
>
> ⑤ A, B, C, D 네 바구니에 남은 사탕의 개수는 각각 128개입니다.

21 다음 그래프는 A 도시와 B 도시 사이를 각각 일정한 빠르기로 자동차가 서로 마주 보고 동시에 출발하였을 때 걸린 시간과 거리의 관계를 나타낸 것입니다. 두 자동차가 만난 곳은 A 도시로부터 몇 km 떨어진 지점입니까?

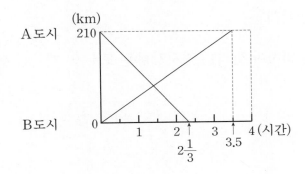

22 오른쪽 도형에서 굵은 선으로 둘러싸인 부분의 넓이는 몇 cm²입니까?

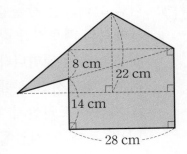

23 무게가 다른 A, B, C 세 종류의 사탕이 여러 개 있습니다. A 하나의 무게는 20 g, B 하나의 무게는 A 하나의 무게의 $\frac{3}{4}$, C의 하나의 무게는 B 하나의 무게의 $\frac{4}{5}$입니다. 사탕은 모두 74개이며 총 무게는 1200 g이고 C의 개수는 B의 개수의 $\frac{5}{6}$일 때, 사탕 B는 몇 개입니까?

24 오른쪽과 같이 큰 직사각형을 한 변의 길이가 1 cm인 여러 개의 정사각형으로 나눈 뒤 두 대각선을 그었습니다. 물음에 답하시오.

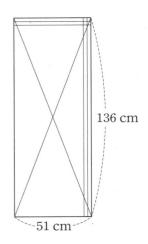

(1) 대각선을 하나 그었다면, 대각선에 의하여 잘리는 정사각형은 모두 몇 개입니까?

(2) 두 대각선에 의하여 잘리는 정사각형은 모두 몇 개입니까?

25 다음 그래프는 강물을 따라 12 km 떨어져 있는 하류 A 지점과 상류 B 지점을 잔잔한 물에서의 빠르기가 같은 두 배 P, Q가 8시 정각에 각각 B, A 지점을 출발하여 왕복한 것을 나타낸 것입니다. Q는 도중에 C 지점에서 15분간 머물렀고 그 사이 강을 따라 내려온 P와 8시 35분에 만났는데 그것은 C 지점에 도착한지 5분 뒤였습니다. 또한 Q는 B 지점에 도착한지 10분 뒤 A 지점을 향하여 출발하였고, P는 B 지점을 출발한지 1시간 뒤에 A 지점에 도착하여 25분 뒤 다시 B 지점을 향하여 출발하였습니다.

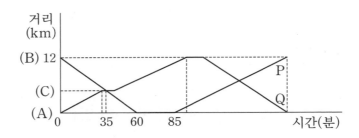

(1) Q가 B로 갈 때의 빠르기는 한 시간에 몇 km입니까?

(2) P와 Q가 두 번째로 만난 것은 출발한지 몇 시간 뒤인지 대분수로 답하시오.

올림피아드 기출문제

1 약수가 4개만 있는 수를 가장 작은 수부터 차례로 나열할 때, 10번째에 놓이는 수는 무엇입니까?

2 가영이는 얼마의 돈을 가지고 물건을 사러 갔습니다. 처음에는 가지고 있던 돈의 $\frac{5}{12}$를 사용했고, 다음에는 1200원어치의 물건을 샀으며, 그 다음에는 나머지 돈의 $\frac{3}{11}$으로 학용품을 샀더니 남은 돈은 전체의 $\frac{1}{3}$이 되었습니다. 가영이가 처음에 가지고 있던 돈은 얼마입니까?

3 어떤 자연수를 9로 나눈 몫은 소수 첫째 자리에서 반올림하면 15가 되고, 7로 나눈 몫은 소수 첫째 자리에서 반올림하면 19가 됩니다. 이와 같은 자연수들의 합은 얼마입니까?

4 오른쪽은 합동인 삼각형을 점 ㅇ을 중심으로 시계 반대 방향으로 계속해서 그려 나간 것을 나타낸 그림입니다. 처음으로 첫 번째 삼각형과 완전히 포개어지는 것은 몇 번째 삼각형입니까?

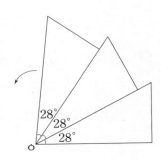

5 A523BC는 여섯 자리의 자연수이고, 4와 5와 9로 나누면 나누어떨어집니다. 이때 A＋B＋C의 값 중 가장 큰 것은 얼마입니까?

6 석기는 A마을에서 B마을까지 자전거를 타고 가려고 합니다. 매시 10 km의 빠르기로 가면 예정 시각보다 30분 빨리 도착하고, 매시 6 km의 빠르기로 가면 예정 시각보다 1시간 30분 늦게 도착합니다. A마을에서 B마을까지의 거리는 몇 km입니까?

7 다음을 계산하여 기약분수로 나타내면 $\dfrac{\text{ⓛ}}{\text{ⓒ}}$입니다. 이때, ⓒ＋ⓛ의 값은 얼마입니까?

$$\frac{1}{4}+\frac{1}{12}+\frac{1}{24}+\frac{1}{40}+\frac{1}{60}+\frac{1}{84}$$

8 어떤 정사각형의 가로를 5.5 cm, 세로를 2.5 cm만큼 늘여서 직사각형을 만들었더니 넓이가 처음 정사각형보다 77.75 cm²만큼 더 늘어났습니다. 처음 정사각형의 한 변의 길이는 몇 cm입니까?

9 합동인 10개의 정사각형을 다음 그림과 같이 붙여 놓았을 때, 각 ㉮와 각 ㉯의 크기의 합은 몇 도입니까?

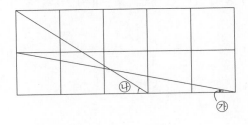

10 다음과 같이 한 변의 길이가 5.4 cm인 합동인 모양의 마름모 9개를 일정한 간격으로 겹쳐 놓았을 때, 생긴 도형의 둘레의 길이는 몇 cm입니까?

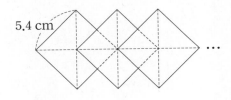

11 오른쪽 삼각형 ㄱㄴㄷ의 넓이는 $210 \, cm^2$이고 선분 ㄹㄷ의 길이는 선분 ㄴㄹ의 길이의 3배입니다. 또한 선분 ㄹㅁ과 선분 ㅁㄱ의 길이가 같을 때 색칠한 부분의 넓이는 몇 cm^2입니까?

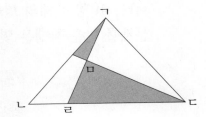

12 오른쪽 그림과 같이 바둑돌을 5줄씩 늘어놓아 가운데가 빈 정사각형을 만들었습니다. 사용된 바둑돌이 820개였다면 가장 바깥쪽 정사각형의 한 변에는 몇 개의 바둑돌이 놓였습니까?

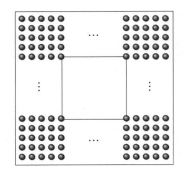

13 오른쪽은 한 모서리의 길이가 1 cm인 정육면체를 쌓아 만든 직육면체입니다. 이 직육면체에서 찾을 수 있는 크고 작은 직육면체는 모두 몇 개입니까?

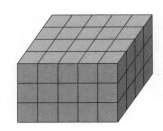

14 다음은 40명의 수학 시험 결과를 나타낸 표입니다. 문제 수는 3문제이고 각각의 문제를 맞추었을 때, 1번은 10점, 2번은 20점, 3번은 30점을 받게 되고 부분 점수는 없습니다. 40명 전체의 평균 점수가 34.75점이고, 1번 문제를 맞춘 학생이 21명일 때, 2번 문제를 맞춘 학생은 몇 명입니까?

점수(점)	60	50	40	30	20	10	0
학생 수(명)	3	7	10		5		1

15 다음은 수직선을 같은 간격으로 각각 나눈 것입니다. ㉠에 알맞은 분수를 구하시오.

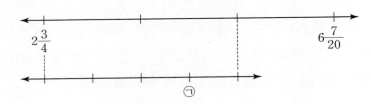

16 분수 $\dfrac{가}{나}$ 는 분모에서 70, 분자에서 15를 빼도 크기는 변하지 않습니다. 가와 나의 최소 공배수가 294일 때, 자연수 가, 나의 합을 구하시오.

17 $3!=3\times2\times1$, $4!=4\times3\times2\times1$, $5!=5\times4\times3\times2\times1$을 뜻합니다. 다음 식의 값을 $㉠\dfrac{㉢}{㉡}$이라고 할 때 $㉠+㉡+㉢$의 최솟값을 구하시오.

$$\frac{13!-12!}{11!-10!}+\frac{10!+9!}{9!+8!}=㉠\frac{㉢}{㉡}$$

18 겉면에 검은색 페인트를 칠한 정육면체가 있습니다. 이 정육면체의 가로, 세로, 높이를 각각 두 번씩 같은 간격으로 자르면 27개의 작은 정육면체가 생기고, 그 중에서 한 면도 색칠이 되지 않은 작은 정육면체는 1개입니다. 한 면도 색칠이 되지 않은 작은 정육면체가 216개가 되도록 잘랐을 때, 한 면만 색칠된 정육면체는 몇 개입니까?

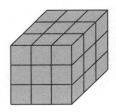

19 7, 9, 12, 15, 19, 24의 수가 똑같은 순서로 배열된 정육면체 3개를 오른쪽 그림과 같이 쌓아 놓았습니다. 12와 마주 보고 있는 수와 12의 곱은 얼마입니까?

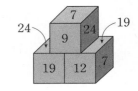

20 1부터 10까지의 번호가 적혀 있는 10개의 상자가 있습니다. 각각의 상자 안에서 상자 번호만큼 사탕을 꺼내어 무게를 달았더니 사탕 전체의 무게가 464 g이 되었습니다. 사탕의 무게는 1개에 8 g씩인데 어느 한 상자만이 사탕의 무게가 12 g씩입니다. 12 g짜리 사탕이 들어 있는 상자의 번호는 몇 번입니까?

21 ㉮, ㉯ 2개의 직사각형 모양의 테이프가 있습니다. ㉮는 1 cm, ㉯는 $\frac{15}{16}$ cm 간격으로 각각 0, 1, 2, …, 30이라고 눈금이 매겨져 있습니다. 아래의 그림은 그 일부를 나타낸 것으로 화살표가 있는 곳에서 정확히 ㉮와 ㉯의 눈금이 일치하고 있습니다. ㉮와 ㉯의 눈금이 일치하고 있는 또 다른 곳의 ㉮눈금과 ㉯눈금을 각각 ㉠, ㉡이라고 할 때, ㉠+㉡의 값을 구하시오.

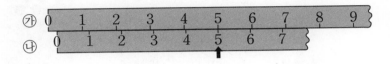

22 0, 1, 2, 4, 8의 숫자가 각각 적힌 5장의 숫자 카드가 있습니다. 이 중에서 세 장의 숫자 카드를 사용하여 세 자리 수를 만들 때, 이 수가 4의 배수가 될 가능성을 $\frac{㉡}{㉠}$이라고 하면 ㉠+㉡의 최솟값은 얼마입니까?

23 오른쪽 그림과 같은 직사각형 모양의 종이 ㄱㄴㄷㄹ 위에 1 cm 간격으로 선을 그어 한 변의 길이가 1 cm인 정사각형을 만들어 모눈 종이를 만들었습니다. 만들어진 모눈 종이 위에 대각선 ㄴㄹ을 그었을 때, 이 대각선이 그림에서 ㉮와 같은 모눈의 꼭짓점을 몇 개나 지나겠습니까? (단, 점 ㄴ과 점 ㄹ은 제외하고 생각합니다.)

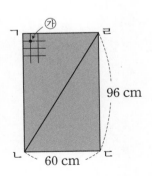

24 다음 그림은 흰색 바둑돌과 검은색 바둑돌을 어떤 규칙에 의해서 늘어놓은 것입니다. 다음 물음에 풀이 과정을 쓰고 답을 구하시오.

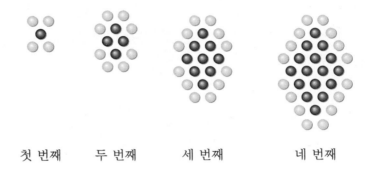

첫 번째   두 번째   세 번째   네 번째

(1) 8번째의 흰색 바둑돌과 검은색 바둑돌의 합은 몇 개입니까?

(2) 10번째의 검은색 바둑돌의 수는 몇 번째의 흰색 바둑돌의 수와 같습니까?

(3) 검은색 바둑돌 한 개의 무게는 $4\,\mathrm{g}$, 흰색 바둑돌 한 개의 무게는 $7\,\mathrm{g}$일 때, 검은색 바둑돌의 무게의 합과 흰색 바둑돌의 무게의 합이 같은 것은 몇 번째입니까?

25 다음 그림은 점 ㅇ을 중심으로 하는 원통 거울의 단면을 나타낸 것입니다. 어떤 점 ㅈ으로부터 나온 빛은 직진하여 원에 닿으면 [그림 1]과 같이 각 ㅈㅊㅇ과 각 ㅇㅊㅋ의 크기가 같게 반사됩니다. [그림 2]와 같이 원 위의 점 ㄱ에서 선분 ㄱㅇ과 66° 방향으로 빛이 나와 몇 번 반사하였더니 다시 점 ㄱ에 도착하였습니다. 다음 물음에 풀이 과정을 쓰고 답을 구하시오.

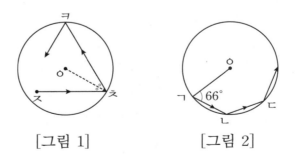

[그림 1]   [그림 2]

(1) 이 빛은 점 ㄱ에 돌아올 때까지 원을 최소 몇 바퀴 돌았습니까?

(2) 이 빛은 점 ㄱ에 돌아올 때까지 최소 몇 번 반사하였습니까?

올림피아드 기출문제

1 ㉮와 ㉯의 □ 안에 공통으로 들어갈 수 있는 자연수를 찾아 합을 구하시오.

> ㉮ $360 \div 3 - 4 \times 5 > 96 \div 12 \times \square$
>
> ㉯ $36 \times 3 + 27 \div 9 < 84 \div 6 \times \square$

2 그림과 같은 규칙으로 바둑돌을 늘어놓을 때 125번째에 놓이는 모양에서 흰색 바둑돌과 검은색 바둑돌의 개수의 차를 구하시오.

3 유승이는 한 시간에 $3\frac{3}{5}$ km를 가는 빠르기로 ㉮에서 출발하고, 같은 시각에 한솔이는 유승이보다 $1\frac{1}{3}$배의 빠르기로 ㉯에서 출발하여 2시간 30분 만에 두 사람이 만났습니다. ㉮와 ㉯ 사이의 거리를 구하시오.

4 영수와 가영이의 몸무게의 합을 반올림하여 십의 자리까지 나타내면 120 kg이고, 영수의 몸무게를 올림하여 십의 자리까지 나타내면 70 kg입니다. 가영이의 몸무게가 가장 가벼울 때의 몸무게를 구하시오.

5 두꺼운 종이로 만든 뚜껑이 없는 상자를 정면과 위에서 본 모양이 다음 그림과 같습니다. 이 상자를 만드는 데 들어간 종이의 넓이를 구하시오.

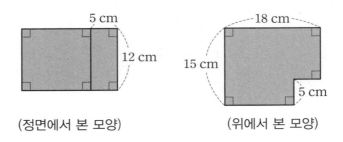

(정면에서 본 모양)   (위에서 본 모양)

6 오른쪽 그림에서 색칠한 부분과 ①～⑩까지의 면 중 1개를 골라 입체도형의 전개도를 만들려고 합니다. 입체도형의 전개도가 될 수 있는 면을 모두 찾아 면에 있는 번호의 합을 구하시오.

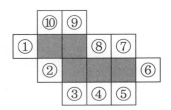

7 가로가 17.5 m, 세로가 14 m인 직사각형 모양의 공원 둘레에 동백나무와 버드나무를 교대로 같은 간격으로 심으려고 합니다. 동백나무와 버드나무는 각각 40그루씩 있고, 4개의 모퉁이에는 반드시 동백나무를 심으려고 할 때, 동백나무와 버드나무를 최대 몇 그루씩 심을 수 있습니까? (단, 나무의 두께는 생각하지 않습니다.)

8 그림과 같이 직사각형 안에 정사각형을 계속해서 순서대로 만들었습니다. 같은 번호의 정사각형의 크기는 같을 때, 색칠한 정사각형의 넓이를 구하시오.

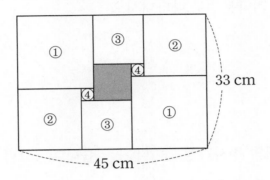

9 소수 한 자리 수 가와 나가 있습니다. 가와 나의 합은 13.1이고, 가에서 나를 뺄 때 가의 소수점을 빠뜨리고 계산해서 69.4가 되었습니다. 가와 나의 곱을 구하시오.

10 다음 식의 가, 나, 다, 라에는 4장의 숫자 카드 2, 4, 5, 9 중 하나가 들어갑니다. 네 자리 수 가나다라를 구하시오. (단, 가>나)

$$8\boxed{가}+23\boxed{나}=7\boxed{다}\times(20\div\boxed{라})$$

11 1부터 9까지의 숫자 카드가 9장 있습니다. 이 중에서 한 장을 뽑아 십의 자리에 놓고 나머지 카드 중에서 한 장을 뽑아 일의 자리에 놓아 두 자리 수를 만들 때 만든 수가 65 보다 클 가능성을 기약분수로 나타내시오.

12 크기가 다른 두 개의 정사각형 ㉮, ㉯가 있습니다. [그림 1]과 같이 ㉯의 두 대각선이 만나는 점에 ㉮의 한 꼭짓점을 겹쳤더니, 겹쳐진 부분의 넓이가 ㉮의 넓이의 $\frac{1}{9}$이 되었습니다. 이때, [그림 2]와 같이 ㉮와 ㉯를 반대로 하여 겹치면, 겹쳐진 부분의 넓이는 ㉯의 넓이의 몇 분의 몇이 됩니까?

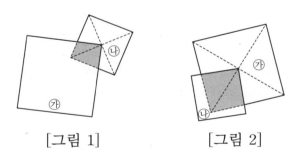

[그림 1]   [그림 2]

13 다음 식에서 ㉠은 30보다 작은 자연수이고 ㉡은 500보다 작은 자연수일 때, ㉡이 될 수 있는 수는 모두 몇 개입니까? (단, ★은 ㉠보다 작은 자연수입니다.)

$$2310 \times \frac{★}{㉠} = ㉡$$

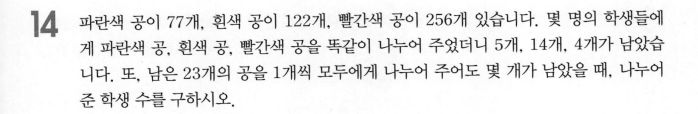
14 파란색 공이 77개, 흰색 공이 122개, 빨간색 공이 256개 있습니다. 몇 명의 학생들에게 파란색 공, 흰색 공, 빨간색 공을 똑같이 나누어 주었더니 5개, 14개, 4개가 남았습니다. 또, 남은 23개의 공을 1개씩 모두에게 나누어 주어도 몇 개가 남았을 때, 나누어 준 학생 수를 구하시오.

15 4장의 숫자 카드 $\boxed{2}$, $\boxed{3}$, $\boxed{6}$, $\boxed{7}$을 한 번씩 사용하여 $\frac{\square}{\square}$인 분수를 만들려고 합니다. 만들 수 있는 분수 중 기약분수는 모두 몇 개입니까?

16 어떤 수 ■는 다음과 같은 관계가 있습니다. 어떤 수 ■를 나누어떨어지게 하는 세 자리 수 중 가장 작은 수를 구하시오.

$$■ = 344 \times 367 \times 498 + 344 \times 367 \times 498$$

17 분수를 가장 작은 수부터 차례로 늘어놓은 것입니다. ㉮, ㉯에 알맞은 자연수를 찾아 ㉮＋㉯의 값을 구하시오.

$$\frac{5}{8}, \ \frac{6}{㉮}, \ \frac{8}{11}, \ \frac{3}{㉯}, \ \frac{4}{5}$$

18 ㉠, ㉡에 알맞은 수를 찾아 (㉠, ㉡)으로 나타낸다면 (㉠, ㉡)은 모두 몇 가지입니까?
(단, ㉠, ㉡은 자연수입니다.)

$$\frac{㉠}{4} + \frac{5}{㉡} = 6$$

19 오른쪽 그림은 직각삼각형 ㄱㄴㄷ입니다. 선분 ㄱ
ㄹ을 접는 선으로 하여 접으면 점 ㄷ은 점 ㅁ과 포개
어지고, 선분 ㅂㄹ과 선분 ㄴㄷ은 수직입니다. 이때
삼각형 ㅂㄴㄷ의 넓이를 구하시오.

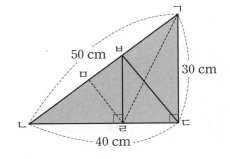

20 오른쪽 그림은 크기가 같은 정사각형 9개로 만든 도형입니다.
선분 ㄱㄴ의 길이가 10 cm일 때, 도형의 넓이를 구하시오.

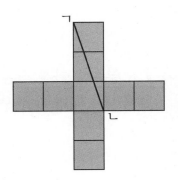

21 서로 다른 주사위 4개를 동시에 던져서 나온 눈의 수로 네 자리 수를 만들었습니다. 백의 자리에서 반올림하여 5000이 되는 수는 십의 자리에서 반올림하여 3500이 되는 수보다 몇 개 더 많습니까?

22 오른쪽 그림의 사각형 ㄱㄴㄷㄹ은 정사각형입니다. 선분 ㄱㅅ과 선분 ㄴㅁ은 점 ㅂ에서 수직으로 만납니다. 선분 ㅁㅂ, 선분 ㄱㅂ, 선분 ㄴㅂ의 길이가 각각 9 cm, 21 cm, 49 cm일 때, 삼각형 ㅅㄴㄷ의 넓이를 구하시오.

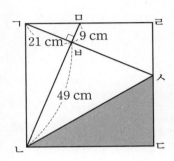

23 다음 그래프는 한솔이가 자전거를 타고 ㉮ 지점을 출발하여 ㉰ 지점을 통과해서 ㉯ 지점까지 갔다가 돌아온 것을 나타낸 것입니다. 갈 때의 빠르기는 올 때의 빠르기의 $1\frac{1}{5}$ 배이고, ㉯ 지점에서 몇 분 동안 머물렀습니다. 11시 35분에 통과한 지점은 ㉮ 지점으로부터 5 km 떨어진 지점이었습니다. 갈 때는 한 시간에 몇 km씩 가는 빠르기입니까?

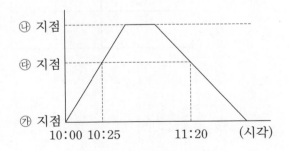

24 다음 사각형 ㄱㄴㄷㄹ은 한 변의 길이가 20 cm인 정사각형입니다. 점 ㅈ은 정사각형 안에 있는 한 점이며 선분 ㅇㄹ과 선분 ㄴㅂ은 8 cm, 선분 ㄹㅁ과 선분 ㄴㅅ은 6 cm 일 때, 색칠한 부분의 넓이를 구하려고 합니다. 풀이 과정을 쓰고 답을 구하시오.

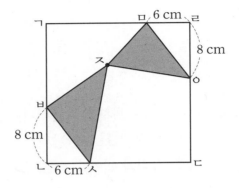

25 1부터 8까지 8개의 수를 다음의 빈칸에 배열할 때, 왼쪽의 수가 오른쪽의 수보다 작고, 위쪽의 수가 아래쪽의 수보다 작게 하려고 합니다. 배열할 수 있는 방법은 모두 몇 가지 인지 풀이 과정을 쓰고 답을 구하시오.

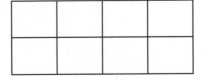

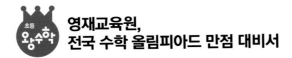

영재교육원,
전국 수학 올림피아드 만점 대비서

올림피아드
왕수학

정답과 풀이

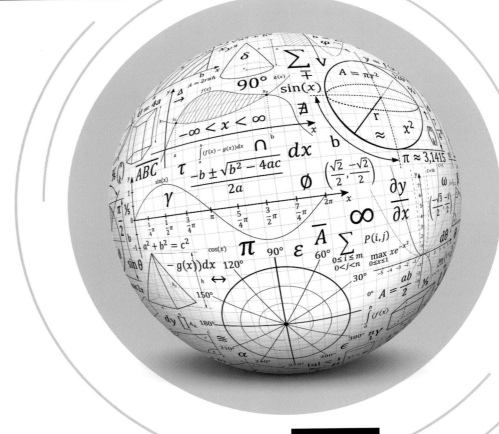

5 학년

(주)에듀왕
www.eduwang.com

올림피아드 왕수학

정답과 풀이

Olympiad

올림피아드 예상문제

제1회 예상문제 7~14

1 5, 8, 20 또는 6, 8, 12	**2** 5, 8, 10, 20, 40
3 16, 81, 625	**4** 248마리
5 112.5 cm^2	**6** 10시 $9\frac{3}{13}$분
7 55 cm	
8 5학년 : 45명, 6학년 : 75명	
9 E, F, A	**10** 28가지
11 9006, 9116, 9226, 9556, 9696, 9886, 9966	
12 500 cm^2	**13** 22
14 10시간	**15** 2시간 26분
16 96개	**17** 36명
18 500개	**19** 120회
20 4500원	**21** 480 m
22 750 m	**23** 19
24 3분	**25** 360가지

1 • $\frac{3}{8}=\frac{2}{8}+\frac{1}{8}=\frac{1}{4}+\frac{1}{8}=\frac{5}{20}+\frac{1}{8}=\frac{4}{20}+\frac{1}{20}+\frac{1}{8}$
$=\frac{1}{5}+\frac{1}{8}+\frac{1}{20}$

• $\frac{3}{8}=\frac{9}{24}=\frac{4}{24}+\frac{3}{24}+\frac{2}{24}=\frac{1}{6}+\frac{1}{8}+\frac{1}{12}$

따라서 ㄱ=5, ㄴ=8, ㄷ=20 또는 ㄱ=6, ㄴ=8,
ㄷ=12입니다.

2 예를 들면 27과 57은 10으로 나누었을 때 나머지가 모
두 7입니다.

이것은 27−7=20과 57−7=50이 10으로 나누어떨
어짐을 뜻합니다.

이때 50과 20의 차인 30도 10으로 나누어떨어지는데
이 차는 57과 27의 차에서도 나옵니다.

위의 내용으로 어떤 자연수로 나누어 나머지가 같아지
는 수들은 그 수들끼리의 차를 어떤 자연수로 나누면
나누어떨어진다는 것을 알 수 있습니다.

따라서 228−148=80, 348−228=120,
348−148=200에서 80, 120, 200은 어떤 자연수로
나누어떨어지게 됩니다.

어떤 자연수 중 가장 큰 수가 최대공약수 40이 되므로
그 약수들은 1, 2, 4, 5, 8, 10, 20, 40입니다. 문제의

조건에서 나머지가 0이 아니므로 어떤 자연수는 1, 2,
4를 제외한 5, 8, 10, 20, 40입니다.

3 2×2=4, 3×3=9, 5×5=25와 같이 약수가 2개인
수가 두 번 곱해진 수의 약수의 개수는 3개이고,
2×2×2×2=16, 3×3×3×3=81,
5×5×5×5=625와 같이 약수가 2개인 수가 네 번
곱해진 수의 약수의 개수는 5개입니다.
따라서 구하는 수는 16, 81, 625입니다.

4 남아 있는 물고기는 4의 배수, 5의 배수, 6의 배수, 7
의 배수, 9의 배수이어야 합니다. 그런데 분수 중 틀린
곳이 있다고 하였으므로 남아 있는 물고기 수는 4, 5,
6, 7의 최소공배수 420의 배수이거나, 4, 5, 6, 9의 최
소공배수 180의 배수이거나, 4, 5, 7, 9의 최소공배수
1260의 배수이거나, 4, 6, 7, 9의 최소공배수 252의
배수이거나, 5, 6, 7, 9의 최소공배수 630의 배수가 되
어야 합니다. 그런데 떠내려 간 물고기 수가 200마리
보다 많고 300마리보다 적다고 하였으므로 남아 있는
물고기 수는 200마리보다 많고 300마리보다 적어야
합니다.

따라서 조건에 적합한 경우는 4, 6, 7, 9의 최소공배수
인 252이므로 떠내려 간 물고기 수는
500−252=248(마리)입니다.

5 선분 ㄱㄴ의 길이는 2 : 1로
나누어지므로 D의 넓이
는 $225\times\frac{1}{2}=112.5(\text{cm}^2)$
입니다.

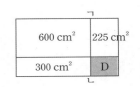

6 10시 정각일 때 두 바늘이 이루는 작은 쪽의 각은 60°
이고, 짧은바늘은 매분 0.5°씩, 긴바늘은 매분 6°씩 움
직이므로 □분 뒤의 짧은바늘과 12가 이루는 각은
60°−0.5°×□, 긴바늘과 12가 이루는 각은 6°×□입
니다. 이 두 각이 같을 때 긴바늘과 짧은바늘은 12를
끼고 대칭인 위치가 되므로

$60°-0.5°\times\square=6°\times\square$, $\square=9\frac{3}{13}$입니다.

따라서 10시 $9\frac{3}{13}$분입니다.

7 다음 그림에서 빗금친 부분의 넓이는

$60\times80-\left(1300+40\times80\times\frac{1}{2}\right)=1900(\text{cm}^2)$

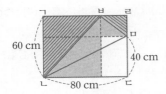

색칠한 부분 전체의 넓이는 빗금친 부분의 2배가 되므로 $1900 \times 2 = 3800 (\text{cm}^2)$입니다.

따라서 선분 ㅂㄹ의 길이는

$(60 \times 80 - 3800) \div 40 = 25 (\text{cm})$, 선분 ㄱㅂ의 길이는 $80 - 25 = 55 (\text{cm})$입니다.

8 6학년만 120명 참가한 것으로 가정하면 심은 나무는 $120 \times 6 = 720 (\text{그루})$가 됩니다. 실제로는 630그루이므로 $720 - 630 = 90 (\text{그루})$의 차이가 납니다.

따라서 5학년 학생 수는 $90 \div (6-4) = 45 (\text{명})$,
6학년 학생 수는 $120 - 45 = 75 (\text{명})$입니다.

9 [그림 1]과 [그림 3]에서 B와 접해 있는 면의 문자는 A, C, D, F이므로 B의 반대편에는 E가 쓰여 있습니다.

[그림 1]과 [그림 2]에서 C와 접해 있는 면의 문자는 A, B, D, E이므로 C의 반대편에는 F가 쓰여 있습니다.

[그림 2]와 [그림 3]에서 D가 접해 있는 면의 문자는 B, C, E, F이므로 D의 반대편에는 A가 쓰여 있습니다.

별해

각각의 정육면체의 문자를 나타내면 오른쪽 그림과 같습니다.
따라서 B의 반대편에 E, C의 반대편에 F, D의 반대편에 A가 있습니다.

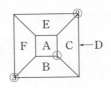

10 분모가 9인 두 대분수의 합이 9가 되려면 자연수 부분의 합은 8, 분수 부분의 합은 1이 되어야 합니다.

(1) $1\frac{1}{9} + 7\frac{8}{9}$, $1\frac{2}{9} + 7\frac{7}{9}$, $1\frac{3}{9} + 7\frac{6}{9}$, $1\frac{4}{9} + 7\frac{5}{9}$,

$1\frac{5}{9} + 7\frac{4}{9}$, $1\frac{6}{9} + 7\frac{3}{9}$, $1\frac{7}{9} + 7\frac{2}{9}$, $1\frac{8}{9} + 7\frac{1}{9}$

➡ 8가지

(2) 자연수 부분이 (2, 6), (3, 5)인 경우도 각각 8가지씩입니다.

(3) (4, 4)인 경우는 $4\frac{1}{9} + 4\frac{8}{9}$, $4\frac{2}{9} + 4\frac{7}{9}$,

$4\frac{3}{9} + 4\frac{6}{9}$, $4\frac{4}{9} + 4\frac{5}{9}$로 4가지입니다.

(1)~(3)에 의해 모두 $8 \times 3 + 4 = 28 (\text{가지})$입니다.

11 천의 자리가 9로 시작되므로 일의 자리는 6이어야 합니다. 이러한 수들 중에서 처음의 수를 180° 회전시켰을 때 똑같은 수로 나타나는 경우는 다음과 같습니다.

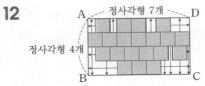

12

위의 그림과 같이 생각하면 둘레의 길이는 직사각형 ABCD의 둘레의 길이와 굵은 선으로 표시한 부분의 길이의 합과 같습니다.

도형의 둘레의 길이가 140 cm이므로 정사각형의 한 변의 길이는 $140 \div (22 + 6) = 5 (\text{cm})$입니다.

따라서 도형의 넓이는 $25 \times 20 = 500 (\text{cm}^2)$입니다.

13 ㉠㉡.4×2를 계산한 결과는 소수 한 자리 수이고, 소수 첫째 자리의 숫자가 8이므로 6.㉢㉣×8의 계산 결과도 소수 한 자리 수이어야 한다.

6.㉢㉣×8의 계산 결과가 소수 한 자리 수가 되려면 ㉣은 5가 되어야 하고, 계산 결과의 소수 첫째 자리의 숫자가 8이 되려면 ㉢은 3 또는 8이 되어야 한다.

① ㉢=3일 때
$6.35 \times 8 = 50.8$에서 ㉠㉡.4×2=50.8
따라서 ㉠=2, ㉡=5이고 ㉡=㉣=5이므로 조건에 맞지 않습니다.

② ㉢=8일 때 $6.85 \times 8 = 54.8$에서
㉠㉡.4×2=54.8
따라서 ㉠=2, ㉡=7이므로
㉠+㉡+㉢+㉣=2+7+8+5=22입니다.

14 30명이 6시간 일한 총 시간은 180시간이므로 한 사람이 1시간에 물건을 $\frac{1}{3}$개씩 만든 셈입니다.

따라서 기계의 능력은 사람의 $20 \div \frac{1}{3} = 60 (\text{배})$가 되므로 $150 \times 8 \div 2 \div 60 = 10 (\text{시간})$ 걸립니다.

15 한 마리가 두 마리로 분열하는 데 2분이 걸리므로 2분 후 가 병의 유산균 수는 2분 전 나 병의 유산균 수와

같게 됩니다. 단지 똑같이 가득 차는 데는 2분의 차이일 뿐입니다.

따라서 2시간 26분입니다.

16 두 번째에서 흰 구슬이 24개 남았으므로 시행치 못한 횟수는 $24 \div 3 = 8$(회)입니다. 빨간 구슬을 5개씩 꺼냈다면 남게 되는 구슬은 $5 \times 8 + 8 = 48$(개)인데 7개씩 꺼냈으므로 빨간 구슬이 없게 되었습니다. 따라서 빨간 구슬을 7개씩 꺼낸 횟수는 $48 \div (7-5) = 24$(회)가 되므로 처음의 흰 구슬 수는 $24 \times 3 + 24 = 96$(개)입니다.

별해

빨간 구슬을 7개씩 꺼낸 횟수를 □회라 하면 빨간 구슬을 5개씩 꺼낸 횟수는 (□+8)회가 되므로 $7 \times □ = 5 \times (□+8) + 8$에서 □=24입니다.

따라서 흰 구슬은 $24 \times 3 + 24 = 96$(개)입니다.

17 오른쪽 그림에서 전체 학생 수는 $10+8+5+4+(A+B+C)$가 됩니다.

$A+B = 19 - (10+4) = 5 \cdots$ ①
$A+C = 18 - (8+4) = 6 \cdots$ ②
$B+C = 16 - (5+4) = 7 \cdots$ ③

이므로 ①, ②, ③을 변끼리 더하면
$2 \times (A+B+C) = 18$, $A+B+C = 9$입니다.

따라서 학생 수는 $10+8+5+4+9 = 36$(명)입니다.

18 6으로 나누었을 때 몫의 범위는 450 이상 550 미만이므로 어떤 자연수는 2700 이상 3300 미만입니다.

7로 나누었을 때 몫의 범위는 400 이상 500 미만이므로 어떤 자연수는 2800 이상 3500 미만입니다.

따라서 어떤 자연수의 범위는 2800 이상 3300 미만이므로 가장 큰 자연수는 3299이고 가장 작은 자연수는 2800입니다. 그러므로 어떤 자연수의 개수는 $3299 - 2800 + 1 = 500$(개)입니다.

19 한 걸음에 두 계단씩 오를 때 1.5초씩 걸리므로 한 계단 평균 $1.5 \div 2 = 0.75$(초) 걸리는 것으로 생각해 봅니다. 0.75초씩 200계단 오를 때 걸리는 시간은 $0.75 \times 200 = 150$(초)인데 실제로 걸린 시간은 180초이므로 한 계단씩 오른 횟수는 $(180-150) \div (1-0.75) = 120$(회)가 됩니다.

20 $\{(입장료) \times 2 + (교통비) \times 3 + (점심값) \times 3\} \div 3$
$= (입장료) \times 2 - 1500$
$(입장료) \times 2 + (교통비) \times 3 + (점심값) \times 3$
$= (입장료) \times 6 - 4500$
$(입장료) \times 2 + \underbrace{\{(교통비) + (점심값)\} \times 3}_{(입장료)}$
$= (입장료) \times 6 - 4500$
$(입장료) \times 5 = (입장료) \times 6 - 4500$
그러므로 (입장료)=4500원

21 그래프에서 기차의 길이는 120 m인 것을 알 수 있습니다. 기차의 1초당 빠르기는 $120 \div 8 = 15$(m)이므로 철교의 길이는 $(40-8) \times 15 = 480$(m)입니다.

22 을이 1분당 간 거리는 갑이 1분당 간 거리의 3배입니다.

따라서 처음 둘이 만났을 때

갑은 $400 \times \frac{1}{4} = 100$(m), 을은 $400 \times \frac{3}{4} = 300$(m) 걸었습니다. 을은 또다시 B지점으로 300 m를 되돌아 갔으며 이때 갑은 A지점에서 200 m 떨어진 지점에 있게 됩니다. 갑과 을이 두 번째로 만나는 데 을이 걷게 되는 거리는

$200 \times \frac{3}{4} = 150$(m)입니다.

따라서 을이 걸은 총 거리는
$300 + 300 + 150 = 750$(m)입니다.

23 3장의 숫자 카드에 적혀 있는 한 자리 수를 각각 ㉠, ㉡, ㉢(㉠>㉡>㉢)이라고 하면

$\frac{㉠}{㉡} + \frac{㉠}{㉢} + \frac{㉡}{㉢} = 4\frac{2}{15}$에서

$\frac{㉠}{㉡} + \frac{㉠+㉡}{㉢} = \frac{㉠ \times ㉢ + ㉠ \times ㉡ + ㉡ \times ㉡}{㉡ \times ㉢} = \frac{62}{15}$

입니다.

㉡×㉢은 15의 배수이므로 ㉡과 ㉢의 곱이 15의 배수인 두 수는 (5, 3), (6, 5), (9, 5)입니다.

① ㉡=5, ㉢=3일 때

$\frac{㉠ \times 3 + ㉠ \times 5 + 25}{5 \times 3} = \frac{62}{15}$에서 $8 \times ㉠ = 37$인데

이때 한 자리 수인 ㉠을 찾을 수 없습니다.

② ㉡=6, ㉢=5일 때

$\frac{㉠ \times 5 + ㉠ \times 6 + 6 \times 6}{6 \times 5} = \frac{62}{15} = \frac{124}{30}$

$㉠ \times 11 = 88$, $㉠ = 8$

③ ㉡=9, ㉢=5일 때 9보다 큰 한 자리 수 ㉠을 찾을 수 없습니다.

따라서 조건을 만족하는 ㉠, ㉡, ㉢은 ㉠=8, ㉡=6, ㉢=5이므로 ㉠+㉡+㉢=8+6+5=19입니다.

24 A관에서 물이 나오는 속력은 매분 2 L, A와 B를 합하여 물이 나오는 속력은 매분 (42−6)÷4=9(L)입니다.

따라서 B는 매분 7 L의 물을 넣습니다. B관만 그대로 두고 C관을 열어 물을 내보냈더니 4분 만에 12 L의 물이 감소하였으므로 매분 12÷4=3(L)씩 감소한 셈인데 이것은 매분 C관에서 B관보다 3 L씩 더 물이 빠졌기 때문입니다.

따라서 C관은 매분 7+3=10(L)씩 내보내므로 남은 물 30 L는 30÷10=3(분) 만에 없어집니다.

25 소수 둘째 자리의 숫자가 5인 소수와 소수 둘째 자리의 숫자가 2, 4, 6, 8인 소수의 곱은 받아올림이 있어 곱의 소수 넷째 자리의 숫자는 0이 됩니다.

소수 둘째 자리의 숫자가 5인 수는 0.05, 0.15, 0.25, …, 0.95로 10개이고, 소수 둘째 자리의 숫자가 2, 4, 6, 8인 수는 0.02, 0.04, 0.06, 0.08, 0.12, 0.14, …, 0.96, 0.98로 4×10=40(개)이므로 소수 2개를 고르는 경우는 10×40=400(가지)입니다.

그런데 0.25×0.04=0.01, 0.75×0.04=0.03과 같이 0.25와 0.75에 소수 둘째 자리의 숫자가 4의 배수인 수는 곱이 소수 두자리 수가 되므로 제외되며 제외되는 수는 2×20=40(가지)입니다.

따라서 두 소수의 계산 결과가 소수 세 자리 수가 되는 경우는 400−40=360(가지)입니다.

제2회 예 상 문 제 15~22

1 501237

2 ㉮ : 7, ㉯ : 5

3 1.795

4 ㉮ 마을 : 168명, ㉯ 마을 : 182명, ㉰ 마을 : 73명

5 $\frac{5}{11}$

6 풀이 참조

7 흰색, 990개

8 44 cm

9 594 m^2

10 15.5 cm^2

11 $\frac{4}{5}$배

12 580 g

13 20 kg

14 1710 cm^2

15 80개

16 7분

17 5 g짜리 : 4개, 10 g짜리 : 7개, 20 g짜리 : 8개

18 9개

19 34

20 10개

21 12개

22 5분 50초

23 2시간 15분

24 40개

25 A : 80개, B : 120개, C : 180개

1 가장 작은 여섯 자리 수를 50123□로 예상해 봅니다.

501230÷11=45566.3 ⋯

➡ 45566×11=501226이므로 501226보다 큰 11의 배수를 찾아봅니다. 501226보다 11 큰 수는 501237로 조건을 만족하는 수가 됩니다.

별해

11의 배수는 홀수 자리의 숫자의 합과 짝수 자리의 숫자의 합의 차가 0 또는 11의 배수가 됩니다.

5㉠㉡㉢㉣㉤이 가장 작은 수가 되기 위해 ㉠, ㉡, ㉢, ㉣을 각각 0, 1, 2, 3으로 하면 ㉤은 7로 결정되어 (5+1+3)−(0+2+7)=0이 되므로 11의 배수가 됩니다

따라서 구하는 수는 501237입니다.

2 소수 첫째 자리의 곱 5×㉮의 소수 둘째 자리의 숫자가 ㉯이므로 ㉯는 0 또는 5입니다. 그런데, ㉯는 십의 자리의 숫자도 되므로 ㉯는 5입니다.

7.5×㉮.㉮=5㉮.㉮5이므로 ㉮는 7 또는 8입니다.

7.5×7.7=57.75이므로 ㉮는 7입니다.

3 반올림하여 23이 되는 수를 A라 하면 A는 22.5부터 23.49까지입니다.
어떤 수 중 가장 작은 수를 구하므로 A는 22.5입니다.
22.5÷9－0.7＝2.5－0.7＝1.8
소수 셋째 자리에서 반올림하여 1.8이 되는 수는 1.795부터 1.804입니다.
따라서 어떤 수 중 가장 작은 수는 1.795입니다.

4 ㉮ 마을의 인구는 2, 3, 4의 최소공배수 12와 6, 7, 8의 최소공배수 168의 공배수가 됩니다. 그런데 ㉮ 마을 인구는 200명을 넘지 않으므로 12와 168의 최소공배수 168이 ㉮ 마을의 인구가 됩니다. 따라서 ㉯ 마을 인구는 $168 \times \left(\frac{1}{2} + \frac{1}{3} + \frac{1}{4} \right) = 182$(명), ㉰마을 인구는 $168 \times \left(\frac{1}{6} + \frac{1}{7} + \frac{1}{8} \right) = 73$(명)입니다.

5 분모에 따라 분자가 될 수 있는 수를 차례로 쓰고, 각 분모를 가진 분수의 개수를 구하면 다음과 같습니다.

분모	분자	분수의 개수(개)	분수의 개수의 총합(개)
2	1	1	1
3	1, 2	2	3
4	1, 3	2	5
5	1, 2, 3, 4	4	9
6	1, 5	2	11
7	1, 2, 3, 4, 5, 6	6	17
8	1, 3, 5, 7	4	21
9	1, 2, 4, 5, 7, 8	6	27
10	1, 3, 7, 9	4	31
11	1, 2, 3, 4, 5, 6, 7, 8, 9, 10	10	41

따라서 25번째 분수는 $\frac{5}{9}$이고, 40번째 분수는 $\frac{9}{11}$이므로 두 분수의 곱은 $\frac{5}{9} \times \frac{9}{11} = \frac{5}{11}$입니다.

6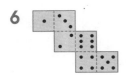

7 흰색 삼각형과 검은색 삼각형의 개수가 똑같이 1, 2, 3, …개씩 놓이는 규칙입니다. 1에서 44까지의 수의

합이 990이므로 검은색과 흰색 삼각형은 $990 \times 2 = 1980$(개) 놓이고, $1980 + 45 = 2025$이므로 2003번째 삼각형은 흰색입니다. 또, 2003번째까지 검은색 삼각형은 990개입니다.

8 선분 ㄱㅅ은 사각형 ㄱㄴㅁㄹ의 높이가 되므로 선분 ㄱㄴ의 길이는 $108 \div 6 = 18$(cm), 선분 ㅅㅁ의 길이는 $18 - 8 = 10$(cm)입니다. 사각형 ㄱㅂㄷㄹ의 넓이도 108 cm²이기 때문에 마찬가지로 선분 ㄹㅅ은 높이가 되므로 선분 ㄹㄷ의 길이는 $108 \div 8 = 13.5$(cm), 선분 ㅅㅂ의 길이는 $13.5 - 6 = 7.5$(cm)입니다.
따라서 사각형 ㄱㄴㄷㄹ의 둘레의 길이는
$18 + 13.5 + 12.5 + 10 \times 3 = 74$(cm),
삼각형 ㅅㅁㅂ의 둘레의 길이는
$10 + 12.5 + 7.5 = 30$(cm)이므로
$74 - 30 = 44$(cm)입니다.

9

직사각형 가로의 길이를 □ m라고 할 때,
가＋나＋다＋$2 \times 2 = □ \times 2$,
㉠＋㉡＝$2 \times 20 = 40$(m²)
①＋②＝$2 \times 9 = 18$(m²)이므로
(가＋나＋다)＋(㉠＋㉡)＋(①＋②)
＝$(□ \times 2 - 4) + 40 + 18 = 126$,
□＝36
(길을 제외한 부분의 넓이)
＝$36 \times 20 - 126 = 594$(m²)

10 오른쪽 그림에서 선분 ㄱㄴ과 선분 ㄷㄹ은 평행하고 길이가 같으므로 사각형 ㄱㄴㄷㄹ은 평행사변형입니다. 평행사변형 ㄱㄴㄷㄹ의 넓이는 $40 - (15 + 6) = 19$(cm²)가 되므로 색칠한 부분의 넓이는 $(19 \div 2) + 6 = 15.5$(cm²)입니다.

11 오른쪽에서 삼각형 ㄹㄴㅂ의 넓이는 전체의 $\frac{2}{3} \times \frac{2}{5} = \frac{4}{15}$이고, 삼각형 ㅁㄴㄷ의 넓이는 전체의 $\frac{1}{3}$이므로 $\frac{4}{15} \div \frac{1}{3} = \frac{4}{5}$(배)입니다.

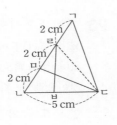

12 금 1 g과 은 1 g을 물 속에 넣으면 금은 $1 \div 20 = \frac{1}{20}(g)$, 은은 $2 \div 21 = \frac{2}{21}(g)$이 가벼워집니다. 금만 1 kg을 물 속에 넣었다고 가정하면 $\frac{1}{20} \times 1000 = 50(g)$ 가벼워집니다.

실제로 69 g 가벼워졌으므로 은의 무게는 $(69 - 50) \div \left(\frac{2}{21} - \frac{1}{20}\right) = 420(g)$입니다.

따라서 금의 무게는 580 g입니다.

13 평균 몸무게가 35 kg일 때와 40 kg일 때 5명 전체 몸무게의 차는 $(40 - 35) \times 5 = 25(kg)$입니다.

잘못 기록된 학생의 몸무게가 실제로는 45 kg이었으므로 $45 - 25 = 20(kg)$으로 잘못 기록한 것입니다.

14 점 ㅁ을 지나며 선분 ㄷㄹ에 평행한 직선을 그을 때 선분 ㄴㄷ과 만나는 점을 ㅅ이라 하고 선분 ㄱㄹ의 연장선과 만나는 점을 ㅇ이라 하면 삼각형 ㅁㄴㅅ과 삼각형 ㅁㄱㅇ은 세 각이 각각 같고, 선분 ㄱㅁ과 선분 ㅁㄴ의 길이가 같으므로 서로 합동입니다.

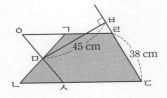

따라서 사다리꼴 ㄱㄴㄷㄹ의 넓이는 평행사변형 ㅇㅅㄷㄹ의 넓이와 같으므로 $38 \times 45 = 1710(cm^2)$입니다.

15 A는 전체의 $\frac{1}{4}$보다 3개 많게, B는 전체의 $\frac{1}{4}$보다 8개 많게, C는 전체의 $\frac{2}{5}$보다 4개 적게 가졌으므로 $3 + 8 - 4 = 7$(개)는 전체의 $1 - \left(\frac{1}{4} + \frac{1}{4} + \frac{2}{5}\right) = \frac{1}{10}$보다 1개 적은 셈입니다.

따라서 전체의 $\frac{1}{10}$은 8개가 되므로 전체는 $8 \div \frac{1}{10} = 80$(개)입니다.

16 (A가 달린 거리)$= 1.5 \times 4 = 6(km)$이면 (B가 달린 거리)$= 1.5 \times 3.5 = 5.25(km)$입니다.

A는 1분당 $1500 \div 5 = 300(m)$의 빠르기로 달리고, B는 1분당 $300 \times 5250 \div 6000 = 262.5(m)$의 빠르기로 달립니다.

따라서 $(262.5 \times 1) \div (300 - 262.5) = 7$(분) 후에 따라잡습니다.

17 5 g짜리와 20 g짜리 저울추의 개수의 차를 구합니다. $(250 - 190) \div (20 - 5) = 4$(개)이고, 개수를 거꾸로 하면 무게가 줄고 있으므로 20 g짜리 저울추가 5 g짜리보다 4개 많다는 것을 알 수 있습니다.

20 g짜리 저울추 4개를 빼면 $19 - 4 = 15$(개)이고 $250 - 20 \times 4 = 170(g)$입니다.

20 g짜리와 5 g짜리 1개씩의 무게의 평균은 $(20 + 5) \div 2 = 12.5(g)$이므로 15개 모두 12.5 g씩으로 가정하면 $12.5 \times 15 = 187.5(g)$이지만 실제로는 170 g입니다. 따라서 10 g짜리는 $(187.5 - 170) \div (12.5 - 10) = 7$(개), 5 g짜리는 $(15 - 7) \div 2 = 4$(개)이므로 20 g짜리는 8개입니다.

18 9의 배수가 되려면 각 자리의 숫자의 합이 9의 배수가 되어야 합니다.

따라서 ㉠+㉡+㉠+㉡+㉠은 5, 14, 23, 32, 41이어야 합니다.

(1) ㉠+㉡+㉠+㉡+㉠=5인 경우는 없습니다.

(2) ㉠+㉡+㉠+㉡+㉠=14일 때
(㉠, ㉡) ➡ (4, 1), (2, 4), (0, 7) ➡ 3가지

(3) ㉠+㉡+㉠+㉡+㉠=23일 때
(㉠, ㉡) ➡ (7, 1), (5, 4), (3, 7) ➡ 3가지

(4) ㉠+㉡+㉠+㉡+㉠=32일 때
(㉠, ㉡) ➡ (8, 4), (6, 7) ➡ 2가지

(5) ㉠+㉡+㉠+㉡+㉠=41일 때
(㉠, ㉡) ➡ (9, 7) ➡ 1가지

따라서 4㉠㉡㉠㉡㉠이 9의 배수가 될 수 있는 수는 모두 $3 + 3 + 2 + 1 = 9$(개)입니다.

19 분모 60의 약수는 1, 2, 3, 4, 5, 6, 10, 12, 15, 20, 30, 60입니다. 이 약수들 중 4개의 합이 37인 경우를 알아봅니다.

$$(30, 4, 2, 1) = \frac{1}{2} + \frac{1}{15} + \frac{1}{30} + \frac{1}{60}$$

$$(20, 12, 4, 1) = \frac{1}{3} + \frac{1}{5} + \frac{1}{15} + \frac{1}{60}$$

$$(20, 12, 3, 2) = \frac{1}{3} + \frac{1}{5} + \frac{1}{20} + \frac{1}{30}$$

$$(20, 10, 6, 1) = \frac{1}{3} + \frac{1}{6} + \frac{1}{10} + \frac{1}{60}$$

$$(20, 10, 5, 2) = \frac{1}{3} + \frac{1}{6} + \frac{1}{12} + \frac{1}{30}$$

$$(20, 10, 4, 3) = \frac{1}{3} + \frac{1}{6} + \frac{1}{15} + \frac{1}{20}$$

$$(15, 12, 6, 4) = \frac{1}{4} + \frac{1}{5} + \frac{1}{10} + \frac{1}{15}$$

따라서 ㉠+㉡+㉢+㉣의 최솟값은
$4+5+10+15=34$입니다.

20 십의 자리에 놓일 수 있는 숫자는 숫자 카드 중 점대칭 도형인 숫자 카드이므로 ⓪, ①, ②, ⑤, ⑧ 입니다. 일의 자리와 백의 자리에 놓이는 숫자 카드는 180˚ 돌려서 같은 숫자가 되는 카드의 쌍을 찾으면 (⑥, ⑨), (⑨, ⑥)입니다.
따라서 점대칭인 세 자리 수는 모두 $5 \times 2 = 10$(개)입니다.

21 한솔이가 가지고 있는 돈을 1로 하면 사과 1개의 값은 $\frac{1}{60}$, 배 1개의 값은 $\frac{1}{40}$입니다. 배를 44개 모두 샀다고 가정하면 드는 비용은 $\frac{1}{40} \times 44 = \frac{11}{10}$입니다.
실제로는 1이 사용되었으므로 사과의 개수는 $\left(\frac{11}{10} - 1\right) \div \left(\frac{1}{40} - \frac{1}{60}\right) = 12$(개)입니다.

22 A 마을과 B 마을의 거리를 □ m라 하면
$$\frac{□}{300} - \frac{□}{420} = 4 에서$$
$$\frac{7 \times □}{2100} - \frac{5 \times □}{2100} = 4, □ = 4200(m)$$
따라서 A마을과 B 마을 사이의 거리는 4200 m이고, 두 배가 만나는 데 걸리는 시간은
$$4200 \div (420 + 300) = 5\frac{5}{6}(분)입니다.$$
따라서 5분 50초 후입니다.

23 반 이상 온 지점에서 계속 한 시간에 40 km의 빠르기로 달렸다면 예정 시간에 꼭 맞았겠지만 한 시간에 60 km의 빠르기로 달려 15분 일찍 목적지에 도착한 것이므로 한 시간에 60 km의 빠르기로 계속 달렸다면 목적지보다 $60 \times \frac{15}{60} = 15$(km) 더 가게 됩니다.
$15 \div (60 - 40) = \frac{3}{4}$(시간)이므로 60 km로 달린 거리는 $60 \times \left(\frac{3}{4} - \frac{1}{4}\right) = 30$(km), 40 km로 달린 거리는 $30 + 40 = 70$(km)입니다.
따라서 $(30 + 70) \div 40 - \frac{15}{60} = 2\frac{1}{4}$(시간)이므로 2시간 15분 걸립니다.

24

2개   4개   4개
$(2+2)-2$ $2+3-1$ $2+4-2$
$=2$(개) $=4$(개) $=4$(개)

위 그림에서 규칙을 알아보면
(세로에 놓인 개수)+(가로에 놓인 개수)
　－(가로의 개수와 세로의 개수의 최대공약수)
＝(대각선이 지나가는 사각형의 개수)입니다.
따라서 가로로 20개, 세로로 30개의 정사각형이 있을 경우 대각선이 지나가는 개수는
$20 + 30 - 10 = 40$(개)입니다.

25 구슬을 옮기고 빼낸 뒤 A 주머니와 B 주머니의 구슬 수가 같고, C 주머니의 구슬 수는 A 주머니 구슬 수의 $3\frac{1}{3}$배가 되었으므로 A 주머니의 구슬 수를 1로 하면 B 주머니도 1이 되고, C 주머니는 $3\frac{1}{3}$이 됩니다. 그런데 처음의 B 주머니에서 $\frac{1}{2}$의 구슬을 빼낸 것이 있으므로 전체 구슬 수는
$1 + (1+1) + 3\frac{1}{3} = 6\frac{1}{3}$이 되며 이것이 380개를 뜻하므로 $380 \div 6\frac{1}{3} = 60$(개)가 1만큼이 됩니다.
따라서 처음의 A 주머니 속의 구슬의 개수는
$60 + 20 = 80$(개), B 주머니 속의 구슬의 개수는
$60 \times 2 = 120$(개), C 주머니 속의 구슬의 개수는
$380 - (80 + 120) = 180$(개)가 됩니다.

제3회 예상문제 23~30

1 93, 4408, 93, 2584
2 266
3 (1) 297 (2) 421
4 12.5
5 8
6 8개
7 490
8 26가지
9 93조각
10 풀이 참조
11 ②, ③
12 예

1	2		
	4	20	5
			10

13 15가지
14 189
15 27 cm²
16 24 cm²
17 240 cm
18 152 m²
19 ㉠ : 16, ㉡ : 6.5
20 11쌍
21 A : 150명, B : 200명, C : 400명
22 풀이 참조
23 기차비 : 9700원, 버스비 : 4400원,
　　식사비 : 6200원
24 25.2 km
25 ㉠ : 26, ㉡ : 136

---

1 74□□6은 17과 29의 최소공배수인 493으로 나누어 떨어지며 그 몫의 일의 자리의 숫자는 2가 됩니다.
$74006 \div 493 = 150.113 \cdots$이므로 나누어지는 수는 $493 \times 152 + 2 = 74938$입니다.
그러므로 $74938 \div 17 = 4408 \cdots 2$,
$74938 \div 29 = 2584 \cdots 2$입니다.

2 6과 8의 최소공배수는 24이므로 늘어놓은 자연수를 24개씩 묶을 때 남아 있는 수의 개수는
$24 - 4 - 3 + 1 = 18$(개)입니다.
$200 \div 18 = 11 \cdots 2$이므로 24개씩 12번째 묶음의 2번째 수는 $24 \times 11 + 2 = 266$입니다.

3 (1) $\{A\} = 421 - 124 = 297$
(2) $\{A\} + <A>$
$= A_1 - A_2 + A_1 + A_2 = 2 \times A_1 = 842$
이므로 $A_1 = 421$입니다.
따라서 A 중 가장 큰 수는 421이 됩니다.

---

4 $5 + 3 + 1.8 + 1.08 + \cdots$을 □로 놓으면,

$$\begin{array}{r} \square = 5 + 3 + 1.8 + 1.08 + \cdots \\ -\underline{)\ 0.6 \times \square = \quad\ 3 + 1.8 + 1.08 + \cdots} \\ 0.4 \times \square = 5 \end{array}$$

따라서 □=12.5가 됩니다.

5 $\dfrac{2}{3}, \dfrac{4}{4}, \dfrac{8}{5}, \dfrac{16}{6}, \dfrac{32}{7}$, □와 같은 규칙으로 분모는 1씩 커지고, 분자는 2배씩 커지는 것을 알 수 있습니다.
따라서 □는 $\dfrac{64}{8}$이므로 8입니다.

6

6	7	8	9	10	11	12	13	1	2	3	4	5
8	9	10	11	12	13	1	2	3	4	5	6	7
7	8	9	10	11	12	13	1	2	3	4	5	6

위의 표에서 알 수 있듯이 두 수의 합이 홀수인 부분을 짝수가 되도록 만들 때, 세 수의 합이 짝수가 되는 경우는 최대가 됩니다. 따라서 8개입니다.

7 몫의 범위는 3.45 이상 3.55 미만입니다.
$35 \times 3.45 = 120.75$이고 $35 \times 3.55 = 124.25$이므로 구하고자 하는 자연수는 120.75 이상 124.25 미만인 수이므로 121, 122, 123, 124이고, 이 수들의 합은 490입니다.

8 (1) 분모의 차가 1일 때 두 단위분수의 차는 단위분수입니다.
$\dfrac{1}{2} - \dfrac{1}{3} = \dfrac{1}{6}$, $\dfrac{1}{3} - \dfrac{1}{4} = \dfrac{1}{12}$, $\cdots$,
$\dfrac{1}{11} - \dfrac{1}{12} = \dfrac{1}{132}$ ➡ 10개

(2) 분모의 차가 2일 때 분모가 짝수이면 차는 단위분수입니다.
$\dfrac{1}{2} - \dfrac{1}{4} = \dfrac{1}{4}$, $\dfrac{1}{4} - \dfrac{1}{6} = \dfrac{1}{12}$, $\dfrac{1}{6} - \dfrac{1}{8} = \dfrac{1}{24}$,
$\dfrac{1}{8} - \dfrac{1}{10} = \dfrac{1}{40}$, $\dfrac{1}{10} - \dfrac{1}{12} = \dfrac{1}{60}$ ➡ 5개

(3) 분모의 차가 3일 때 분모가 3의 배수이면 차는 단위분수입니다.
$\dfrac{1}{3} - \dfrac{1}{6} = \dfrac{1}{6}$, $\dfrac{1}{6} - \dfrac{1}{9} = \dfrac{1}{18}$,
$\dfrac{1}{9} - \dfrac{1}{12} = \dfrac{1}{36}$ ➡ 3개

(4) 분모의 차가 4일 때 분모의 두 수의 곱이 4의 배수이면 단위분수입니다.

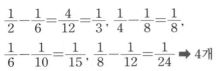

$$\frac{1}{2}-\frac{1}{6}=\frac{4}{12}=\frac{1}{3}, \ \frac{1}{4}-\frac{1}{8}=\frac{1}{8},$$

$$\frac{1}{6}-\frac{1}{10}=\frac{1}{15}, \ \frac{1}{8}-\frac{1}{12}=\frac{1}{24} \Rightarrow 4개$$

(5) 분모의 차가 5일 때 분모의 두 수의 곱이 5의 배수
이면 단위분수입니다.

$$\frac{1}{5}-\frac{1}{10}=\frac{1}{10} \Rightarrow 1개$$

(6) 분모의 차가 6일 때 분모의 두 수의 곱이 6의 배수
이면 단위분수입니다.

$$\frac{1}{6}-\frac{1}{12}=\frac{1}{12} \Rightarrow 1개$$

(7) 분모의 차가 7일 때는 없습니다.

(8) 분모의 차가 8일 때 분모의 두 수의 곱이 8의 배수
이면 단위분수입니다.

$$\frac{1}{4}-\frac{1}{12}=\frac{1}{6} \Rightarrow 1개$$

(9) 분모의 차가 9일 때 : $\frac{1}{3}-\frac{1}{12}=\frac{1}{4} \Rightarrow 1개$

따라서 모두 $10+5+3+4+1+1+1+1=26$(가지)
입니다.

9 원의 수에 따라 나누어지는 조각의 수를 알아봅니다.

원이 1개일 때 ➡ 5조각 ⎫ +4
원이 2개일 때 ➡ 9조각 ⎫ +6
원이 3개일 때 ➡ 15조각 ⎫ +8
원이 4개일 때 ➡ 23조각 ⎫ +10
원이 5개일 때 ➡ 33조각 ⎫ +12
원이 6개일 때 ➡ 45조각 ⎫ +14
원이 7개일 때 ➡ 59조각 ⎫ +16
원이 8개일 때 ➡ 75조각 ⎫ +18
원이 9개일 때 ➡ 93조각 ⎭

10

 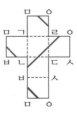

위의 그림과 같이 겨냥도의 각 꼭짓점에 기호를 쓰고
전개도에도 대응되도록 기호를 쓴 다음 띠가 지나간
자리를 그려 나갑니다.

11 전개도와 겨냥도에 기호를 써 넣어 보면 [그림 2]와 같
은 위치는 다음과 같이 2가지로 생각할 수 있습니다.

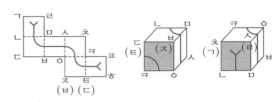

12 1~20까지의 자연수 중에서 3쌍의 곱이 모두 같아지
는 경우는 약수의 개수가 6개인 수입니다. 1~20 중에
서 약수의 개수가 6개인 수는 12, 18, 20이므로 가능
한 큰 곱은 1×20, 2×10, 4×5입니다.

따라서 왼쪽 그림과 같이 가와 마,
나와 라는 마주 보는 면이므로 1과
20을 제외한 나머지 면에 2와 10,
4와 5를 써넣어 여러 가지 전개도
를 만들 수 있습니다.

13 만든 모양이 점대칭도형이면서
대칭축이 4개인 선대칭도형이
되어야 하므로 오른쪽 그림과
같이 4개의 직선을 따라 접었을
때 완전히 겹쳐야 합니다.

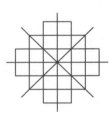

따라서 ⬚ 모양에 색칠하여 선대칭도형이 되도록
하는 방법과 같습니다.

• 1칸에 색칠하는 방법 : ②, ⑥ ➡ 2가지
• 2칸에 색칠하는 방법 : (②, ⑥),
(①, ④), (③, ⑤) ➡ 3가지

• 3칸에 색칠하는 방법 : (①, ②, ④), (①, ⑥, ④),
(③, ②, ⑤), (③, ⑥, ⑤) ➡ 4가지

• 4칸에 색칠하는 방법 : (①, ③, ④, ⑤),
(②, ③, ⑤, ⑥), (①, ②, ④, ⑥) ➡ 3가지

• 5칸에 색칠하는 방법 : (①, ②, ③, ④, ⑤),
(①, ③, ④, ⑤, ⑥) ➡ 2가지

• 6칸에 색칠하는 방법 : 1가지

따라서 $2+3+4+3+2+1=15$(가지)입니다.

14 삼각형의 세 변의 길이 중 가장 긴 변의 길이는 나머지
두 변의 길이의 합보다 작아야 합니다.

□	20	19	…	10	9	8	7	6
□+3	23	22	…	13	12	11	10	9
15	15	15	…	15	15	15	15	15

(×)

따라서 □ 안에 들어갈 수 있는 가장 큰 자연수는 20
이고 가장 작은 자연수는 7이므로 □ 안에 들어갈 수 있는
모든 자연수의 합은 $(20+7) \times 14 \times \frac{1}{2} = 189$입니다.

15 변 ㄱㄹ을 밑변으로 하는 삼각형 ㄱㄹㅁ의 높이는
$(10+8) \div 2 = 9 (cm)$입니다.
따라서 삼각형 ㄱㄹㅁ의 넓이는 $6 \times 9 \div 2 = 27 (cm^2)$
입니다.

16
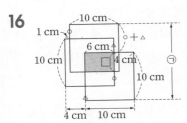

$\bigcirc = (60 \div 2) - (4+10) = 16 (cm)$이고
$\circ + \triangle = 16 - 10 = 6 (cm)$입니다.
$\triangle + \square + \circ = 10 cm$이므로 $\square = 10 - 6 = 4 (cm)$
따라서 세 장 모두 겹친 부분의 넓이는
$6 \times 4 = 24 (cm^2)$입니다.

17 오른쪽 그림과 같이 작은 정사
각형으로 나누면 43개의 정사
각형이 생기고 한 개의 넓이는
$2418.75 \div 43 = 56.25 (cm^2)$
입니다.
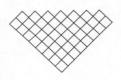
$7.5 \times 7.5 = 56.25$이므로 작은 정사각형의 한 변의 길
이는 7.5 cm이고 이 도형의 둘레의 길이는
$7.5 \times 32 = 240 (cm)$입니다.

18 B는 A, B, C의 평균이 되므로,
$A + B + C = 3 \times B = 3 \times 142 = 426 (m^2)$
$D + E + F = 822 - 3 \times 142 = 396 (m^2)$
$C = 396 \div 3 = 132 (m^2)$
따라서 $A = 822 - (132 \times 4) - 142 = 152 (m^2)$입니
다.

19 2, 3, 4번에 각각 답한 학생 수의 합은
$20 \times 2 = 40 (명)$이므로 $\bigcirc + 14 + 10 = 40$에서
$\bigcirc = 16$입니다. 평균이 20.9점이므로
$14 \times \bigcirc$
$= 20.9 \times 20 - (8.1 \times 20 + 7.0 \times 16 + 5.3 \times 10)$
$\bigcirc = 91 \div 14 = 6.5$입니다.

20 합동인 삼각형의 쌍
(1) 삼각형 6개짜리 : 삼각형
ㄹㄱㄴ과 삼각형 ㅁㄴㄱ
(2) 삼각형 4개짜리 : 삼각형
ㄹㄷㄴ과 삼각형 ㅁㄷㄱ
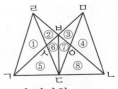
(3) 삼각형 3개짜리 : 삼각형 ㄹㄷㅇ과 삼각형 ㅁㄷㅅ
(4) 삼각형 2개짜리 :
①+②와 ④+③, ①+⑤와 ④+⑧, ⑤+⑥과
⑧+⑦, ②+⑥과 ③+⑦ ➡ 4쌍
(5) 삼각형 1개짜리 :
①과 ④, ②와 ③, ⑤와 ⑧, ⑥과 ⑦ ➡ 4쌍
따라서 찾을 수 있는 합동인 삼각형은 모두 11쌍입니다.

21 B, C석의 평균 요금은
$(8000 + 5000 \times 2) \div 3 = 6000 (원)$입니다.
팔린 표가 모두 A석이라고 가정하면 실제 판매 금액
과의 차는 $15000 \times 750 - 5850000 = 5400000 (원)$입
니다.
따라서 B, C석의 합계는
$5400000 \div (15000 - 6000) = 600 (장)$이 되므로
A석은 150명, B석은 200명, C석은 400명이 입장하
였습니다.

22 왼쪽 끝의 세로열의 합계는 250원이므로 이 열은 모
두 50원짜리 동전으로만 결정됩니다. 또한 맨 위의 가
로열의 합은 1650원이므로 결정되어진 한 곳을 뺀 나
머지 4군데의 합은 1600원입니다.

왕	수	수	수	학	1650
왕					300
왕					450
왕					350
왕					800
250	900	1250	750	400	

따라서 3군데는 500원짜리 한 군데는 100원짜리가
놓입니다. 그런데 오른쪽 끝 세로열의 합계가 400원
이므로 오른쪽 끝 위 칸에는 100원짜리 동전으로 결
정됩니다.
다음에 왼쪽 끝과 위 끝 열을 제외한 표를 만듭니다.
먼저 왼쪽 끝의 세로열 합계를 보면 400원입니다. 그
런데 4개의 동전으로 400원이 되는 것은 4개 모두

100원짜리 동전일 때 뿐입니다. 따라서 왼쪽 끝의 세로열의 동전은 모두 100원짜리 동전이라고 결정됩니다. 그러면 위에서 2번째의 가로열 합계도 400원이므로 여기에도 100원짜리 동전이 모두 들어갑니다.

오른쪽 표에서 맨 위의 가로열 합계는 250원입니다.

학	왕	왕	왕	250
학	학	학	학	400
학		왕		300
학		왕		750
400	750	250	300	

그러면 왼쪽 끝에는 100원짜리 동전이 들어가므로 나머지 3개의 합계는 150원입니다. 동전 3개로 150원이 되는 것은 3개 모두 50원짜리 동전일 때뿐입니다. 또, 오른쪽에서 2번째의 세로열 합계도 250원이므로 1개의 100원짜리 동전을 제외하면 나머지 3개의 합계는 150원이 되어 빈칸에도 모두 50원짜리 동전이 들어갑니다. 위의 표는 여기까지의 결과를 써 넣은 것입니다. 이상으로 남은 동전은 4개입니다. 왼쪽부터 2번째 세로열을 보면 나머지 2개의 동전 합계는 600원입니다. 또 아래 끝의 가로열의 2개의 동전 합계도 600원입니다. 그런데 2개의 동전으로 600원이 되는 것은 500원짜리 동전과 100원짜리 동전이 1개씩일 때 뿐입니다. 이것으로 남는 4개 중 3개가 결정되며, 끝의 1개도 자동적으로 결정됩니다. 다음 표는 이렇게 써 넣은 최종 결과입니다.

왕	수	수	수	학	1650
왕	학	왕	왕	왕	300
왕	학	학	학	학	450
왕	학	학	왕	왕	350
왕	학	수	왕	학	800
250	900	1250	750	400	

23 A가 낸 돈은 $6500+18000=24500$(원)이므로 B가 낸 식사비는 $24500+6500=31000$(원)입니다.
따라서 1인당 식사비는 $31000÷5=6200$(원)입니다.
C가 낸 뱃삯은 $4200×5=21000$(원)이므로 C가 E에게 준 돈은 $24500-21000=3500$(원)이며 이 돈은 D가 E에게 준 돈의 1.4배이므로 D가 E에게 준 돈은 $3500÷1.4=2500$(원)입니다.
따라서 D가 낸 버스비는
$24500-2500=22000$(원)이므로 1인당 버스비는

$22000÷5=4400$(원)이고 1인당 기차비는
$(24500+18000+2500+3500)÷5=9700$(원)입니다.

24 A 마을에서 B 마을로 가는 자동차를 가, B 마을에서 A 마을로 가는 자동차를 나로 하면 가의 속력은 한 시간당 $42÷2\frac{1}{3}=18$(km), 나의 속력은 한 시간당 $42÷3.5=12$(km)입니다.
두 자동차가 만날 때까지 걸린 시간은
$42÷(18+12)=1.4$(시간)이므로 두 자동차가 만난 곳은 A 마을로부터 $18×1.4=25.2$(km) 떨어진 지점입니다.

25 상류로 올라갈 때 배는 한 시간에 $6÷\frac{1}{3}=18$(km)씩 가고, 이것은 B 지점에서 다시 상류로 오를 때의 속력과 같으므로 B 지점에서부터 을 마을에 도착하는 데 걸린 시간은
$(24-5.4)÷18=1\frac{1}{30}$(시간) ➡ 62분입니다.
따라서 ㉠은 $88-62=26$입니다.
엔진이 정지한 시간은 6분이므로 강물은 한 시간에 $0.6÷\frac{6}{60}=6$(km)씩 흐릅니다. 하류로 내려올 때 배는 한 시간에 $18+6×2=30$(km)씩 가므로 내려오는 데 걸리는 시간은
$24÷30=0.8$(시간) ➡ 48분입니다.
따라서 ㉡은 $88+48=136$입니다.

제4회 예 상 문 제 31 ~ 38

1 $\{(554+70)\div6+8\}\div2=56$, 56명
2 14가지
3 33개
4 2519개
5 99559955
6 15개
7 490개
8 540개
9 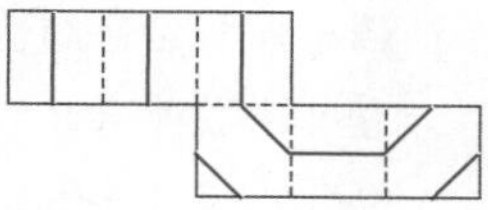
10 풀이 참조
11 39번째
12 120°
13 111°
14 6 cm²
15 9
16 ㉠ : 60, ㉡ : 92, ㉢ : 64, ㉣ : 8
17 66.6
18 64분
19 $5617\frac{1}{2}$
20 25 km
21 156 cm²
22 30 m
23 3 km
24 48 km
25 404

1 (전교 학생 수)=(5학년 학생 수)×6−70에서
(5학년 학생 수)={(전교 학생 수)+70}÷6이고,
(5학년 남학생 수)={(5학년 학생 수)+8}÷2이므로
$\{(554+70)\div6+8\}\div2=56$(명)

2 $1\times2\times60$, $1\times3\times40$, $1\times4\times30$, $1\times5\times24$, $1\times6\times20$, $1\times8\times15$, $1\times10\times12$, $2\times3\times20$, $2\times4\times15$, $2\times5\times12$, $2\times6\times10$, $3\times4\times10$, $3\times5\times8$, $4\times5\times6$
따라서 모두 14가지입니다.

3 앞의 두 수의 합이 다음 수가 되는 규칙입니다.
3, 3, ⑥, 9, 15, ㉔, 39, 63, ⑩②, …
짝수는 세 수마다 한 번씩 나타납니다.
따라서 짝수는 모두 33개 있습니다.

4 어떠한 단위로 포장을 하더라도 모두 마지막 봉지는 1개가 부족한 셈이므로 최소한의 귤 수는 10, 9, 8, 7, 6, 5, 4, 3, 2의 최소공배수보다 1 작은 수가 됩니다.
최소공배수는 2520이므로 $2520-1=2519$(개)입니다.

5 구하는 수를 ABCDABCD로 놓으면
$ABCDABCD=ABCD\times10001$이 되어 10001은 구하는 수의 약수가 됩니다.
또, 문제에서 24797도 구하는 수의 약수가 되므로 이 두 수의 최대공약수를 구하면,
$24797\div10001=2\cdots4795$
$10001\div4795=2\cdots411$
$4795\div411=11\cdots274$
$411\div274=1\cdots137$
$274\div137=2$
따라서 137이 최대공약수가 됩니다.
$24797\div137=181$에서 181은 구하는 수의 약수입니다.
그러므로 구하는 수 $ABCD\times10001$은 181의 배수가 되고 10001은 181의 배수가 아니므로 ABCD가 181의 배수가 됩니다.
$9999\div181=55.24\cdots$이므로 ABCD는 $55\times181=9955$임을 알 수 있습니다.
따라서 구하는 수는 99559955입니다.

별해
10001과 24797의 최소공배수 1810181을 구한 다음,
$99999999\div1810181=55.24\cdots$에서
$1810181\times55=99559955$를 찾는 방법도 생각할 수 있습니다.

6 5ABABA가 6의 배수가 되려면 2의 배수이면서 동시에 3의 배수가 되어야 합니다.
2의 배수가 되려면 A에 올 수 있는 수는 0, 2, 4, 6, 8로 5가지이고, 각각의 A에 대해
$5+A+B+A+B+A=5+3\times A+2\times B$가 3의 배수가 되는 경우의 B는 2, 5, 8로 3가지가 있습니다.
따라서 6의 배수인 5ABABA는 모두 $5\times3=15$(개) 있습니다.

7 문제의 도형은
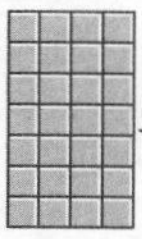 와 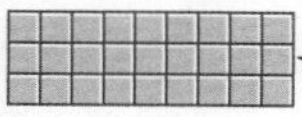 을 겹쳐 만든 모양이므로
각각에서 직사각형의 개수를 구한 뒤 중복된 부분의 개수를 빼면 됩니다.
$(4+3+2+1)\times(7+6+5+4+3+2+1)=280$,

$(9+8+7+6+5+4+3+2+1)\times(3+2+1)$
$=270$
중복된 부분은 $(4+3+2+1)\times(3+2+1)=60$
이므로 $280+270-60=490$(개)입니다.

8 직육면체를 위에서 보았을 때 찾을 수 있는 직사각형의
개수는 $(5+4+3+2+1)\times(3+2+1)=90$(개)이
므로 높이를 생각하여 직육면체를 찾아보면
$90\times(3+2+1)=540$(개)입니다.

9 문제의 겨냥도에서 4개의 면은 고무줄이 모서리에 수직
으로 되어 있고, 나머지 두 개의 면에는 고무줄이 2개
씩 평행하게 지남에 착안하여 답을 찾습니다.

10 우선 겨냥도에 단면을 나타냅니다. 모서리 ㄱㄴ과 모서
리 ㅌㅋ은 평행하므로 단면은 점 ㅌ을 지납니다. 또 단
면의 꼭짓점은 모서리 ㄷㅅ, ㄹㅊ의 중점을 지납니다.
전개도에서 대응하는 꼭짓점을 먼저 써서 생각해 보면
색칠한 부분과 같이 됩니다.

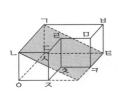 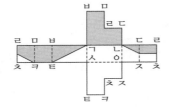

11 $\left(\dfrac{1}{2}\right)$, $\left(\dfrac{1}{3},\dfrac{2}{2}\right)$, $\left(\dfrac{1}{4},\dfrac{2}{3},\dfrac{3}{2}\right)$, $\left(\dfrac{1}{5},\dfrac{2}{4},\dfrac{3}{3},\dfrac{4}{2}\right)$, …

이와 같은 방법으로 묶어가면 $\dfrac{3}{8}$은 9번째 묶음의 세
번째 수가 됩니다. 따라서 8번째 묶음까지의 개수는
$1+2+3+\cdots+8=36$이므로 $36+3=39$(번째)입
니다.

12 각 ㄴㅂㄷ은 직각이 되므로 두 삼각형
ㅁㄴㄷ과 ㅁㄹㄷ은 서로 합동입니다.
각 ㄴㅁㄷ은 60°이므로 각 ㄴㅁㄹ은
$60°\times2=120°$입니다.

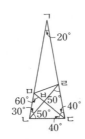

13 삼각형 ㅂㄴㅁ과 삼각형 ㅂ
ㅇㅁ, 삼각형 ㅅㄷㅁ과 삼각
형 ㅅㅈㅁ은 각각 합동이므로
(각 ㅇㅁㅂ)+(각 ㅈㅁㅅ)

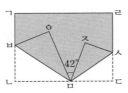

$=(180°-42°)\div2=69°$입니다.
따라서 $69°+42°=111°$입니다.

14 오른쪽 그림에서 삼각형
㉮의 높이를 ■, 삼각형
㉯의 높이를 ▲라 하면
㉮+㉯=■+▲입니다.
■+▲의 값은 선분 ㄴㄷ의

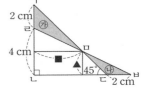

길이의 값과 같으므로 6 cm가 됩니다.
따라서 넓이는 6 cm^{2}입니다.

15 ㉮의 넓이는
$(7+\square)\times\dfrac{7}{8}\times14\times\dfrac{1}{2}$,
㉯의 넓이는
$10\times7\times\dfrac{1}{2}=35$,
㉰의 넓이는 $\square\times18\times\dfrac{1}{2}=9\times\square$,
㉱의 넓이는 $(7+\square)\times\dfrac{1}{8}\times6\times\dfrac{1}{2}$이므로
$164=\{24\times(7+\square)\}-(㉮+㉯+㉰+㉱)$에서
$\square=9$입니다.

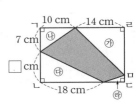

16

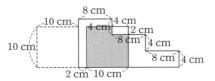

3초 후 겹쳐진 부분의 넓이는 $6\times10=60(\text{cm}^2)$

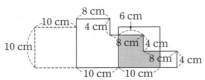

6초 후 겹쳐진 부분의 넓이는
$10\times10-4\times2=92(\text{cm}^2)$

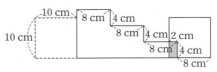

10초 후 겹쳐진 부분의 넓이는
$10\times4+6\times4=64(\text{cm}^2)$

16초 후 겹쳐진 부분의 넓이는 $2×4=8(cm^2)$

17 만들 수 있는 모든 소수의 합은
$36.9+39.6+69.3+63.9+96.3+93.6=399.6$
입니다. 이때 $3996÷6=666$이므로
$399.6÷6=66.6$입니다.

18 분침이 1분당 $360°÷72=5°$씩 움직이고, 시침은 1분당 $36°÷72=0.5°$씩 움직이므로 분침이 시침을 따라가 겹치는 데 걸리는 시간은
$(36°×8)÷(5°-0.5°)=64(분)$입니다.
따라서 8시 64분입니다.

19 분모가 2인 분수는 1개, 분모가 3인 분수는 2개, 분모가 4인 분수는 3개, …, 분모가 15인 분수는 14개이므로 모든 분수의 개수는
$1+2+3+\cdots+14=(1+14)×14×\dfrac{1}{2}=105(개)$
입니다.
따라서 대분수의 자연수 부분의 합은 1부터 105까지의 자연수의 합이므로 $(1+105)×105÷2=5565$입니다.

분수 부분의 합은 분모가 2일 때 $\dfrac{1}{2}$, 분모가 3일 때 $\dfrac{2}{2}$, 분모가 4일 때 $\dfrac{3}{2}$, …이므로 분모가 15일 때 분수 부분의 합은 $\dfrac{14}{2}$이므로 모든 분수 부분의 합은
$\dfrac{1}{2}×(1+2+3+\cdots+14)=\dfrac{105}{2}$입니다.
따라서 주어진 분수의 합은
$5565+\dfrac{105}{2}=5617\dfrac{1}{2}$입니다.

20 가조는 나조보다 하루에 0.4 km씩 더 많이 연결하므로 도로를 연결하는 데 걸린 날수는 $2÷0.4=5(일)$입니다. 따라서 도로의 총 길이는
$5×(2.7+2.3)=25(km)$입니다.

21 삼각형 ㄱㅁㄹ의 넓이는 삼각형 ㄱㄴㄹ의 넓이의 2배이고 삼각형 ㅁㄱㅇ의 넓이는 삼각형 ㅁㄱㄹ의 넓이의 3배이므로 삼각형 ㅁㄱㅇ의 넓이는 삼각형 ㄱㄴㄹ의 넓이의 6배입니다.

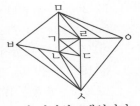

같은 방법으로 삼각형 ㅂㅅㄷ은 삼각형 ㄴㄷㄹ의 6배이고 삼각형 ㅁㅂㄴ은 삼각형 ㄱㄴㄷ의 6배, 삼각형 ㅇㄹㅅ은 삼각형 ㄹㄴㄷ의 6배입니다.
(삼각형 ㄱㄴㄷ의 6배)+(삼각형 ㄱㄷㄹ의 6배)
=(사각형 ㄱㄴㄷㄹ의 6배)
(삼각형 ㄱㄴㄹ의 6배)+(삼각형 ㄴㄷㄹ의 6배)
=(사각형 ㄱㄴㄷㄹ의 6배)
이므로 사각형 ㅁㅂㅅㅇ의 넓이는
(사각형 ㄱㄴㄷㄹ의 6배)×2+(사각형 ㄱㄴㄷㄹ)이므로 사각형 ㄱㄴㄷㄹ의 넓이의 13배와 같습니다.
따라서 사각형 ㅁㅂㅅㅇ의 넓이는
$12×13=156(cm^2)$입니다.

22 계속 반복하여 튀어오르면서 멈출 때까지 움직이므로 움직인 거리는
$10+5+5+2.5+2.5+1.25+1.25+\cdots$가 됩니다.
$10+2×(5+2.5+1.25+\cdots)$에서
$A=5+2.5+1.25+\cdots$라고 놓으면
$$\begin{array}{r} A=5+2.5+1.25+\cdots \\ -\ )\ \dfrac{1}{2}×A=\quad\ 2.5+1.25+\cdots \\ \hline \dfrac{1}{2}×A=5\ \blacktriangleright\ A=10 \end{array}$$
따라서 구하는 답은 $10+(2×10)=30(m)$입니다.

23 두 자동차가 충돌하기까지의 시간은
$3÷(50+50)=\dfrac{3}{100}(시간)$입니다. 파리는 $\dfrac{3}{100}$시간 동안 한 시간에 100 km의 빠르기로 날아다니므로 파리가 날아다닌 거리는 $100×\dfrac{3}{100}=3(km)$입니다.

24 한 시간에 60 km의 빠르기로 2시간 동안 더 달린다고 가정하면 목적지에서 120 km를 더 간 셈입니다. 달린 시간은 한 시간에 45 km의 빠르기로 달린 것과 같지만 달린 거리는 120 km의 차이가 났으므로 한 시간에 45 km의 빠르기로 달린 시간은
$120÷(60-45)=8(시간)$입니다.
따라서 목적지까지의 거리는 $45×8=360(km)$이고 출발 시각은 오후 2시이므로
$360÷(9.5-2)=48(km)$의 빠르기로 차를 몰아야 합니다.

25 • 10행 1열의 수는 $10 \times 10 = 100$이므로 10행 10열의 수는 $100 - 9 = 91$입니다.
따라서 ⓒ$=91+1=92$, ㉠$=91-1=90$

• 10행 10열의 바로 아래의 수 ㉡은 11행 10열의 수이고, 1행 11열의 수는 $11 \times 11 = 121$입니다.
따라서 11행 11열의 수는 $121 - 10 = 111$이므로 ㉡$=111-1=110$입니다.

• 10행 10열의 바로 오른쪽 수 ㉣은 10행 11열의 수이므로 ㉣$=111+1=112$입니다.
➡ ㉠$+$㉡$+$ⓒ$+$㉣$=90+110+92+112=404$

| 제5회 | **예 상 문 제** | 39 ~ 46 |

1 385	**2** 66
3 3쌍	**4** 972
5 12	**6** 21개
7 6가지	**8**
9 8번째	
10 8 cm²	
11 18	
12 $7\frac{1}{7}$ cm	**13** 5 cm
14 4.3 cm	**15** $\frac{5}{8}$
16 석기, 36일	**17** 25 cm²
18 5배 : 2회, $\frac{1}{2}$배 : 1회, $\frac{1}{3}$배 : 2회	
19 6시간	**20** 7가지
21 7초 후	**22** 5 L
23 14	**24** 28250원
25 10가지	

1 $4 \times 5 \times 11 \times 14 \times 18 \times 20$
$=(2 \times 2) \times 5 \times 11 \times (2 \times 7) \times (2 \times 3 \times 3) \times (2 \times 2 \times 5)$
이므로 두 수의 공통되는 수는 5, 7, 11입니다.
따라서 최대공약수는 $5 \times 7 \times 11 = 385$입니다.

2 $2*3 = 2 \times 3 + 3 = 9$
$5*7 = 5 \times 3 + 7 = 22$
$9*3 = 9 \times 3 + 3 = 30$
따라서 $12*30 = (12 \times 3) + 30 = 66$입니다.

3 쌍이 되는 두 기약분수는 진분수인 동시에 $\frac{1}{2}$보다 큰 분수이어야 합니다.
따라서 $\frac{3}{4}$, $\frac{3}{5}$, $\frac{4}{5}$, $\frac{5}{6}$, $\frac{4}{7}$, $\frac{5}{7}$, $\frac{6}{7}$, $\frac{5}{8}$, $\frac{7}{8}$, $\frac{5}{9}$, $\frac{7}{9}$, $\frac{8}{9}$ 중에서 곱이 $\frac{1}{2}$이 되는 두 분수를 찾으면 $\frac{3}{5}$과 $\frac{5}{6}$, $\frac{4}{5}$와 $\frac{5}{8}$, $\frac{4}{7}$와 $\frac{7}{8}$ 세 쌍이 됨을 알 수 있습니다.

4 ㉮를 9라고 생각하면 $\frac{5}{9}$와 $\frac{7}{9}$ 사이에는 $\frac{6}{9}$ 밖에 없습니다. ➡ 1개
㉮를 18이라고 생각하면 $\frac{5}{9}\left(=\frac{10}{18}\right)$와 $\frac{7}{9}\left(=\frac{14}{18}\right)$ 사이에는 $\frac{11}{18}$, $\frac{12}{18}$, $\frac{13}{18}$이 있습니다. ➡ 3개
㉮를 27이라고 생각하면 $\frac{5}{9}\left(=\frac{15}{27}\right)$와 $\frac{7}{9}\left(=\frac{21}{27}\right)$ 사이에는 $\frac{16}{27}$, $\frac{17}{27}$, $\cdots$, $\frac{20}{27}$이 있습니다. ➡ 5개
㉮를 36이라고 생각하면 $\frac{5}{9}\left(=\frac{20}{36}\right)$와 $\frac{7}{9}\left(=\frac{28}{36}\right)$ 사이에는 $\frac{21}{36}$, $\frac{22}{36}$, $\cdots$, $\frac{27}{36}$이 있습니다. ➡ 7개
따라서 ㉮를 $(9 \times \square)$라고 생각할 때 $\frac{5}{9}$와 $\frac{7}{9}$ 사이에는 $(2 \times \square - 1)$개의 분수가 있으므로 $\frac{5}{9}$와 $\frac{7}{9}$ 사이에 215개의 분수가 있으려면 $2 \times \square - 1 = 215$, $2 \times \square = 215 + 1$
$\square = (215 + 1) \div 2 = 108$
그러므로 ㉮는 $9 \times 108 = 972$

5 $1925 = 5 \times 5 \times 7 \times 11$이고
$1 \times 2 \times 3 \times \cdots \times 11$
$= 12 \times 12 \times 12 \times 12 \times 5 \times 5 \times 7 \times 11$
이므로 1부터 11까지의 곱을 12로 계속 4번 나누면 몫은 1925가 됩니다. 따라서 1부터 최대 12까지의 곱을 12로 나누면 몫은 1925가 됩니다.

6 $10101=10000+100+1$이며
10000점은 $2\times2\times2\times2=16$(개), 100점은 4개,
1점은 1개이므로 $16+4+1=21$(개) 나왔습니다.

7 ♥가 24이면 $\dfrac{5}{◆}$는 0이어야 하므로

♥는 1에서 23까지의 수가 될 수 있습니다.
♥에 1부터 23까지의 수들을 차례대로 넣었을 때 ◆가
자연수인 경우는

$\dfrac{4}{4}+\dfrac{5}{1}=6$, $\dfrac{14}{4}+\dfrac{5}{2}=6$, $\dfrac{19}{4}+\dfrac{5}{4}=6$,

$\dfrac{20}{4}+\dfrac{5}{5}=6$, $\dfrac{22}{4}+\dfrac{5}{10}=6$, $\dfrac{23}{4}+\dfrac{5}{20}=6$

으로 모두 6가지입니다.

8 문제의 도형은 24개의 정사각형으로 나누어져 있으므
로 정사각형 $24\div4=6$(개)씩으로 나누어야 함에 착안
합니다.

9 3각형 ➡ 4각형 ➡ 6각형 ➡ 9각형 ➡ …
　　　 └─+1─┘ └─+2─┘ └─+3─┘
$3+(1+2+3+\cdots+\square)=39$, $\square=8$
따라서 8번째에 만들어집니다.

10 정사각형의 넓이는 (한 변의 길이)×(한 변의 길이)
입니다. 또한, 정사각형을 대각선으로 나누어
(대각선의 길이)×(대각선의 길이)÷2와 같이
구할 수 있습니다.
정사각형의 넓이가 $32\,\text{cm}^2$이므로 한 변의 길이가 자
연수가 아닙니다. 만약 대각선의 길이를 이용하여 구
하면 $32\times2=64$이고, 대각선의 길이는 8 cm입니다.
마름모의 한 대각선의 길이가 6 cm이므로 삼각형의
넓이를 이용하여 마름모의 넓이를 구하면
$(3\times4\div2)\times4=24(\text{cm}^2)$입니다.
따라서 색칠한 부분의 넓이는
$32-24=8(\text{cm}^2)$입니다.

11 먼저 $\dfrac{1}{3}$과 $\dfrac{1}{2}$을 분모의 최소공배수로 통분하면

$\dfrac{2}{6}$, $\dfrac{3}{6}$이 됩니다.

따라서 통분한 분모는 6의 배수입니다.
예상하여 확인하면
분모가 12인 경우 $\dfrac{4}{12}<\dfrac{\bigcirc}{12}<\dfrac{\bigcirc}{12}<\dfrac{6}{12}$이므로

4, ㉠, ㉡, 6은 연속된 자연수가 될 수 없습니다. 분모
가 18인 경우 $\dfrac{6}{18}<\dfrac{\bigcirc}{18}<\dfrac{\textcircled{2}}{18}<\dfrac{9}{18}$이므로 6, ㉡, ㉣,
9는 6, 7, 8, 9로 연속된 자연수가 될 수 있습니다.
따라서 통분한 분수는 $\dfrac{6}{18}$, $\dfrac{7}{18}$, $\dfrac{8}{18}$, $\dfrac{9}{18}$로 분모는
18입니다.

12 (사다리꼴 ㄱㄴㄷㄹ의 넓이)
　　$=(6+14)\times6\times\dfrac{1}{2}=60(\text{cm}^2)$

(삼각형 ㄱㄴㄹ의 넓이)$=6\times6\times\dfrac{1}{2}=18(\text{cm}^2)$

(삼각형 ㄹㄴㅁ의 넓이)$=30-18=12(\text{cm}^2)$

(선분 ㅁㄷ의 길이)$=10\times\dfrac{30}{42}=7\dfrac{1}{7}(\text{cm})$

13
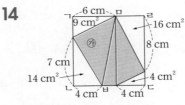

삼각형 ㄱㄷㅁ은 이등변삼각
형이 되므로 선분 ㅁㄷ의 길
이는 선분 ㄱㅁ의 길이와 같
습니다. 삼각형 ㉮의 넓이를
②라고 하면 삼각형 ㄱㄷㅁ
의 넓이는 ②.5입니다.
(선분 ㅁㄷ의 길이)=(선분 ㄱㅁ의 길이)
　　　　　　　$=9\div④.5\times②.5=5(\text{cm})$

14

색칠한 부분의 넓이가 $100-43=57(\text{cm}^2)$이므로
색칠한 부분의 넓이의 $\dfrac{1}{2}$은 $28.5\,\text{cm}^2$입니다.
삼각형 ㉮의 넓이는 $27\,\text{cm}^2$이므로 점 ㅂ에서
$(28.5-27)\times2\div10=0.3(\text{cm})$ 떨어진 지점을 지
나야 합니다.
따라서 $4+0.3=4.3(\text{cm})$인 지점을 지납니다.

15 [그림 1]에서 겹쳐진 부분의 넓이는 B의 $\dfrac{1}{4}$이 되므로
A의 넓이를 ⑤라 하면 B의 넓이는 ②입니다.
[그림 2]에서 겹쳐진 부분의 넓이는 A의 $\dfrac{1}{4}$이 되므로

B의 $\dfrac{1}{4}\times\dfrac{5}{2}=\dfrac{5}{8}$가 됩니다.

16 한별이와 석기가 하루씩 하는 일의 합은 전체의

$$\frac{1}{32}+\frac{1}{40}=\frac{9}{160}$$ 입니다.

$$\frac{9}{160}\times17+\frac{7}{160}=1,\ \frac{7}{160}-\frac{1}{32}=\frac{1}{80}$$ 이므로

마지막 날 일을 하는 사람은 석기이고 일을 끝내는데
는 $34+2=36$(일) 걸립니다.

17 사각형 ㅂㄷㅁㄹ의 넓이는 삼각형 ㄱㄴㅂ의 넓이와 같
으므로 사각형 ㄱㄷㅁㄹ의 넓이는 삼각형 ㄱㄴㄹ의 넓
이와 같습니다. 삼각형 ㄱㄴㄹ은 이등변삼각형이고 각
ㄱㄴㄹ의 크기는 $30°$입니다.

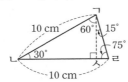

점 ㄱ에서 선분 ㄴㄹ에 수선을 그으면 선분 ㄱㅅ의 길
이는 $5\,\mathrm{cm}$입니다.

(사각형 ㄱㄷㅁㄹ의 넓이)
=(삼각형 ㄱㄴㄹ의 넓이)
$$=10\times5\div2=25(\mathrm{cm}^2)$$

18 $\frac{1}{50}$ 의 축소를 $\frac{1}{36}$ 의 축소로 만들려면

$$\frac{1}{2\times5\times5}\times\square=\frac{1}{2\times2\times3\times3}$$ 이므로 □ 안에 들어

갈 수는 $\left(5\times5\times\frac{1}{2}\times\frac{1}{3}\times\frac{1}{3}\right)$ 이 되어야 합니다.

따라서 5배를 2회, $\frac{1}{2}$ 배를 1회, $\frac{1}{3}$ 배를 2회 하면 됩
니다.

19 잔잔한 물에서의 배의 속력이 매시 $6\,\mathrm{km}$이므로 강물
의 속력을 매시 □$\,\mathrm{km}$라 하면
올라갈 때의 속력은 매시 $6-\square(\mathrm{km})$,
내려올 때의 속력은 매시 $6+\square(\mathrm{km})$입니다.
이 두 속력의 합은 매시 $12\,\mathrm{km}$이고 내려올 때의 속력
이 올라갈 때의 속력의 2배이므로 올라갈 때의 속력
은 $12\times\frac{1}{3}=4(\mathrm{km})$, 내려올 때의 속력은

$12\times\frac{2}{3}=8(\mathrm{km})$입니다.

따라서 왕복 시간은 $(16\div4)+(16\div8)=6$(시간)이
됩니다.

20 $\square+8\times\triangle=630$이고, 630은 자연수이므로
$8\times\triangle$도 자연수입니다.
$8\times\triangle$가 자연수인 경우는
$8\times0.125=1,\ 8\times0.25=2,\ 8\times0.375=3,$
$8\times0.5=4,\ 8\times0.625=5,\ 8\times0.75=6,$
$8\times0.875=7$로 7가지입니다.
따라서 $\square+8\times\triangle=630$인 경우는
$(629, 0.125),\ (628, 0.25),\ (627, 0.375),$
$(626, 0.5),\ (625, 0.625),\ (624, 0.75),$
$(623, 0.875)$로 모두 7가지입니다.

21 가, 나가 각각 □초씩 움직였다면 움직인 거리는 가는
$2\times\square\,\mathrm{cm}$, 나는 □$\,\mathrm{cm}$이므로 사각형 ㄱㄴ가나의 넓
이는 $\{(2\times\square)+(18-\square)\}\times12\times\frac{1}{2}=150$에서

□$=7$입니다.

22 물통 A에서 나오는 물의 속도는 1분당
$15\div(20-5)=1(\mathrm{L})$이므로 물통 B로 들어가는 물
의 속도 역시 1분당 $1\,\mathrm{L}$입니다.
따라서 그래프에서 물통 A에서 5분간 나온 물의 양은
물통 B로 5분간 들어간 물의 양 $5\,\mathrm{L}$와 같아지게 되므
로 두 물통의 물의 양은 각각 10분 후 $10\,\mathrm{L}$로 같아집
니다. 그러므로 처음에 물통 B에 들어 있던 물의 양은
$5\,\mathrm{L}$가 됩니다.

23 ① 유승 : 정삼각형이므로 세 변의 길이를 알 수 있어
서 합동인 삼각형을 그릴 수 있습니다.
② 상수 : 세 각의 크기만 알아서는 합동인 삼각형을
그릴 수 없습니다.
③ 승철 : 두 변의 길이와 그 사이에 끼인각일 때만 합
동인 삼각형을 그릴 수 있습니다. 만약 끼인각이
아니면 작도할 수 없으므로 항상 가능한 것은 아닙
니다.
④ 국진 : 가장 긴 변의 길이가 $4\,\mathrm{cm}$이고, 직각삼각형
이므로 $90°$, $35°$, $55°$ 세 각의 크기를 알 수 있습니
다. 따라서 한 변의 길이와 양 끝각을 알 수 있으므
로 항상 그릴 수 있습니다.
⑤ 희영 : 한 변과 세 각의 크기는 알 수 있으나 $4\,\mathrm{cm}$
인 변이 어느 변인지 모르므로 합동인 삼각형을 항
상 그릴 수 없습니다.
따라서 ①, ④번은 합동인 삼각형을 항상 그릴 수 있
으므로 14입니다.

24 C가 갖기 전의 금액은 $900 \div \frac{3}{5} = 1500$(원),

B가 갖기 전의 금액은 $(1500+600) \div \frac{2}{5} = 5250$(원)

A가 갖기 전의 금액은

$(5250+400) \div \frac{1}{5} = 28250$(원)입니다.

따라서 전체 금액은 28250(원)입니다.

25 만들 수 있는 모든 경우를 그려 보면

① 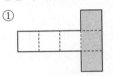 ②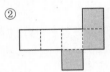

③ 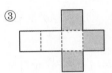 ④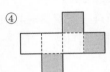

⑤ 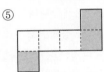 ⑥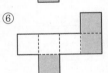

⑦ 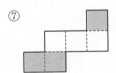 ⑧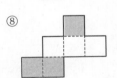

⑨ 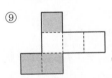 ⑩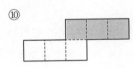

모두 10가지입니다.

제6회 예 상 문 제	47~54

1 $6\frac{33}{37}$ **2** $<$

3 14번째   **4** 1998

5 10 cm²   **6** 120°

7 8개   **8** 73마리

9 2 km   **10** ▨

11 6개

12 43.5 cm²   **13** 3

14 2.5 cm   **15** 30 cm²

16 8초

17 (1) 60 cm²   (2) 80 cm²

18 200 cm²   **19** 6가지

20 5번

21 효근 : 22살, 석기 : 15살, 동민 : 8살

22 44   **23** 160문제

24 180개   **25** 18가지

---

1 $3\frac{32}{51} \times \frac{\triangle}{\Box}$, $1\frac{63}{85} \times \frac{\triangle}{\Box}$의 계산 결과가 모두 자연수가

되려면 $\Box$는 185와 148의 공약수가 되어야 하고, $\triangle$는

51과 85의 공배수가 되어야 합니다.

그런데 $\frac{\triangle}{\Box}$는 가장 작은 분수가 되어야 하므로, $\triangle$는

51과 85의 최소공배수이고, $\Box$는 185와 148의 최대공

약수이어야 합니다.

따라서 가장 작은 분수는 $\frac{255}{37} = 6\frac{33}{37}$입니다.

2 통분을 하여 비교합니다.

$\frac{66662 \times 77777}{66665 \times 77777}$, $\frac{77775 \times 66665}{77777 \times 66665}$

$77777 = 77775+2$, $66665 = 66662+3$으로 고치면

분자는 각각

$66662 \times 77777 = 66662 \times (77775+2)$

$\qquad\qquad = 66662 \times 77775 + 66662 \times 2$

$77775 \times 66665 = 77775 \times (66662+3)$

$\qquad\qquad = 77775 \times 66662 + 77775 \times 3$

따라서 $66662 \times 2 < 77775 \times 3$이므로

$\frac{66662}{66665} < \frac{77775}{77777}$입니다.

3 1부터 55까지의 자연수의 곱에서 5의 배수는 5, 10, 15, …, 55로 11개입니다. 이 중 25와 50은 두 번씩 나눌 수 있으므로 총 $11+2=13$(번) 나눌 수 있습니다. 따라서 처음으로 소수점 아래 자리 수가 되는 것은 14번째부터입니다.

4
$$\frac{1998}{1999} \times 2000 = \frac{1998}{1999} \times (1+1999)$$
$$= \frac{1998}{1999} + 1998$$

5 대칭축이 4개이므로 사각형 ㄱㄴㄷㄹ과 ㅁㅂㅅㅇ은 모두 정사각형입니다. 정사각형 ㄱㄴㄷㄹ의 넓이가 $45\,\text{cm}^2$이므로 정사각형 ㅁㅂㅅㅇ의 넓이는 $45 \div 9 = 5(\text{cm}^2)$입니다. 따라서 사각형 ㄱㅁㅇㄹ의 넓이는 $(45-5) \div 4 = 10(\text{cm}^2)$입니다.

6 삼각형 ㄹㄱㄷ과 ㅁㄷㄴ은 정삼각형이므로 (각 ㄹㄷㅁ)$=180°-60°\times2=60°$이고, 삼각형 ㄱㄷㅁ과 삼각형 ㄹㄷㄴ은 두 변의 길이와 그 사이의 각의 크기가 같으므로 합동입니다.
(각 ㄱㅁㄷ)$=$(각 ㄹㄴㄷ)$=$㉠,
(각 ㅁㄱㄷ)$=$(각 ㄴㄹㄷ)$=$㉡이라 하면
(각 ㄱㄷㅁ)$=180°-60°=120°$이므로
㉠$+$㉡$+120°=180°$에서 ㉠$+$㉡$=60°$입니다.
따라서 (각 ㄱㅂㄴ)$=180°-60°=120°$입니다.

7 다음에서 크고 작은 사각형을 찾는 규칙은

사각형 1개로 이루어진 사각형 : 4개
사각형 2개로 이루어진 사각형 : 3개
사각형 3개로 이루어진 사각형 : 2개
사각형 4개로 이루어진 사각형 : 1개
이므로 모두 $4+3+2+1=10$(개)입니다.
따라서 사각형 안에 그려진 선분의 개수를 □라고 하면
$1+2+3+\cdots+(□+1)=55$에서 □$=9$입니다.
따라서 선분의 개수는 모두 9개이고 이미 선분 ㅁㅂ이 있으므로 8개의 선분을 더 그은 것입니다.

8 소가 200마리를 넘지 않고 소의 마릿수의 $\frac{1}{6}$, $\frac{1}{7}$, $\frac{1}{8}$의 합이 돼지의 마릿수이므로 소의 마릿수는 6, 7, 8의 최소공배수인 168마리입니다.

따라서 돼지의 마릿수는
$$168 \times \left(\frac{1}{6}+\frac{1}{7}+\frac{1}{8}\right)=73(\text{마리})$$

9 강물이 한 시간에 □ km의 빠르기로 흘러간다면 배가 내려갈 때 진행한 거리는 $12\times6+□\times6$이고, 배가 올라갈 때 진행한 거리는 $8\times14-□\times14$입니다.
두 거리는 같으므로 $72+□\times6=112-□\times14$에서 □$=2$입니다.

10 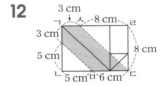 왼쪽 도형에서 ㉮의 위치는 1을 나타내고, ㉯의 위치는 2, ㉰의 위치는 4, ㉱의 위치는 8을 나타냅니다.
따라서 13은 $8+4+1$이므로 ㉮, ㉰, ㉱ 부분에 색칠하면 됩니다.

11 그림에서 1층에서 잘리지 않는 정육면체는 3개입니다. 2층에서도 이와 같은 정육면체가 3개 있으므로 잘리지 않는 정육면체는 모두 $3\times2=6$(개)입니다.

12

색칠한 부분이 구하는 넓이가 됩니다.
➡ $11\times8-(5\times5+8\times8)\div2=43.5(\text{cm}^2)$

13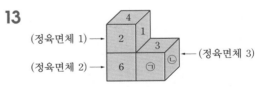

(정육면체 1)에서 4와 마주 보는 면에 적힌 숫자는 3이므로 (정육면체 2)에서 (정육면체 1)과 겹쳐진 면에 적힌 숫자는 4입니다. [그림 1]의 정육면체에서
3과 마주 보는 면에는 4, 1과 마주 보는 면에는 6, 5와 마주 보는 면에는 2가 각각 적혀 있습니다.
따라서 (정육면체 2)에서 (정육면체 3)과 겹쳐진 면에 적힌 숫자는 와 같이 2이고 (정육면체 3)에서
(정육면체 2)와 겹쳐진 면에 적힌 숫자는 5입니다.

따라서 (정육면체 3)에서 와 같이 ㉠은 1,
㉡은 2이므로 ㉠+㉡=1+2=3입니다.

14

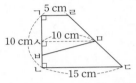

사다리꼴 ㄱㄴㄷㄹ의 넓이는

$(5+15)\times 10\times\frac{1}{2}=100(cm^2)$입니다.

(사각형 ㄱㅂㅁㄹ)=(사각형 ㅂㄴㄷㅁ)=50(cm²)
입니다. 그림에서 선분 ㅅㅁ의 길이는

$(5+15)\div 2=10(cm)$이고, 선분 ㄱㅅ의 길이는

선분 ㄱㄴ의 길이의 $\frac{1}{2}$이므로 5 cm입니다.

사다리꼴 ㄱㅅㅁㄹ의 넓이는

$(5+10)\times 5\times\frac{1}{2}=37.5(cm^2)$이므로

삼각형 ㅅㅂㅁ의 넓이는 $50-37.5=12.5(cm^2)$입니다.
따라서 선분 ㅅㅂ의 길이는 $12.5\times 2\div 10=2.5(cm)$
이므로 선분 ㅂㄴ의 길이는 $5-2.5=2.5(cm)$입니다.

15

삼각형 ㉮와 삼각형 A의 마주 보고
있는 두 각의 합은 180°가 되므로 삼
각형 A를 90° 돌리면 그 넓이는 왼
쪽 그림과 같이 밑변의 길이와 높이
가 같아지므로 삼각형 ㉮의 넓이와

같게 됩니다. 따라서 A=10 cm²입니다.
이와 같이 B, C의 넓이도 각각 10 cm²이므로 세 개
의 삼각형의 넓이의 합은 30 cm²입니다.

16

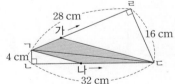

(사각형 ㄱㄴㄷㄹ의 넓이)
=(삼각형 ㄱㄷㄹ의 넓이)+(삼각형 ㄱㄴㄷ의 넓이)
=224+64=288(cm²)

$\left(\text{사각형 ㄱㄴㄷㄹ의 넓이의 }\frac{1}{3}\right)$

$=288\times\frac{1}{3}=96(cm^2)$

가와 나가 출발하기 전은 삼각형 ㄱㄴㄷ의 넓이이고
이 넓이는 64 cm²이었습니다. 가는 출발 후 매초
8 cm²씩 증가하고 나는 출발 후 매초 4 cm²씩 감소하
므로 가와 나가 동시에 출발 후 매초 8-4=4(cm²)
씩 증가하는 셈이 됩니다.
따라서 사각형 ㄱㄴㄷㄹ가의 넓이가 사각형 ㄱㄴㄷㄹ의

넓이의 $\frac{1}{3}$이 되는 것은 (96-64)÷4=8(초) 후입니다.

별해

□초 후의 선분 ㄴ나의 길이는 2×□이므로 선분
나ㄷ의 길이는 32-2×□입니다.
따라서 삼각형 ㄱ나ㄷ의 넓이는

$(32-2\times\square)\times 4\times\frac{1}{2}=64-4\times\square$이고, □초 후의

삼각형 ㄱ가ㄷ의 넓이는 $\square\times 16\times\frac{1}{2}=8\times\square$입니다.

따라서 (64-4×□)+(8×□)=96, □=8입니다.

17

왼쪽 그림과 같이 나누어 생각하면
정육각형은 넓이가 같은 삼각형 18
개로 나누어집니다.
(1) 정삼각형 ㄱㄷㅁ의 넓이는

$120\times\frac{1}{2}=60(cm^2)$입니다.

(2) 색칠한 부분의 넓이는 $120\times\frac{2}{3}=80(cm^2)$입니다.

18

10 cm, 10 cm, 45°, 45°, 45°, 45°, 가, 10 cm, 10 cm

그림과 같이 보조선을 그어 보면 가운데 사각형의 넓
이는 색칠한 직각이등변삼각형들의 넓이의 합과 같게
됩니다.

따라서 $10\times 10\times\frac{1}{2}\times 4=200(cm^2)$입니다.

19 2개의 면을 더 그리면

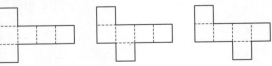

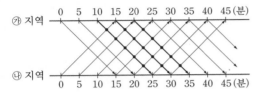

모두 6가지입니다.

20 만나는 경우를 그림으로 나타내면 다음과 같습니다.

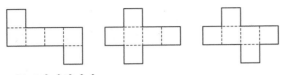

굵은 선처럼 가장 많이 만나는 경우는 5번입니다.

21 $2640=2\times2\times2\times2\times3\times5\times11$
따라서 효근이는 $2\times11=22$(살), 석기는
$3\times5=15$(살), 동민이는 $2\times2\times2=8$(살)일 때
세 사람의 나이 차는 같게 됩니다.

22 식으로 나타내면
$92.4\div$[가]$=$(소수 한 자리 수)
$92.4=$[가]$\times$(소수 한 자리 수)
위 식은 $924\div$[가]$=$(자연수)로 고칠 수 있습니다.
[가]는 924의 약수이므로 924를 두 수의 곱으로 나타
내어 10번째로 큰 수를 찾으면
924×1, 462×2, 308×3, 231×4, 154×6,
132×7, 84×11, 77×12, 66×14, 44×21, $\cdots$
이므로 10번째로 큰 수는 44입니다.

23 석기가 240문제를 푸는 데 $240\times20=4800$(분)이 걸
렸으므로 동민이도 4800분 걸립니다. 동민이가 B 문
제유형만 240문제 풀었다고 가정하면 걸리는 시간은
$240\times30=7200$(분)입니다.
따라서 실제로는 4800분 걸렸으므로 A문제유형 수는
$(7200-4800)\div(30-15)=160$(문제)입니다.

24 한솔이는 효근이보다 구슬이 많은 것이 확실하므로 효
근이가 한솔이에게 5개를 주었을 때의 구슬 차가 30개
인 점에서 볼 때 그림에서 살펴보면 효근이가 한솔이
에게 구슬을 주기 전에는 20개의 차이가 있었음을 알
수 있습니다.

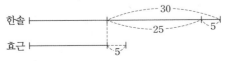

또, 한솔이가 효근이에게 6개를 주었다면 두 사람의
구슬 수의 차는 아래 그림에서와 같이 8개의 차이가
납니다.

이때, 효근이는 한솔이의 $\frac{7}{8}$이므로 처음 한솔이가 갖
고 있던 구슬은 $8\times8+6=70$(개), 효근이가 갖고 있
던 구슬은 $8\times7-6=50$(개)입니다.
한솔이가 석기에게 10개를 주면 석기가 한솔이의
$1\frac{1}{6}$이 된다고 하였는데 한솔이가 구슬을
$70-10=60$(개)를 가지고 있으므로 석기가 가지고
있는 구슬 수는 70개가 되며, 석기가 처음에 갖고 있
던 구슬 수는 $70-10=60$(개)입니다.
따라서 세 사람이 가지고 있는 구슬 수의 합은
$70+50+60=180$(개)입니다.

25 (1) 가로, 세로만 연결해서 만들 수 있는 모양 : 1가지

(2) 대각선을 사용하여 만들 수 있는 모양 : 17가지

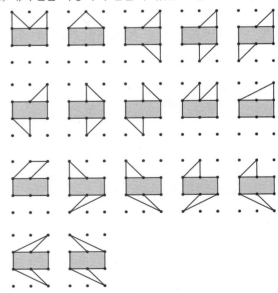

따라서 모두 18가지입니다.

제7회 예 상 문 제   55~62

1 72	**2** 955
3 6가지, 21	**4** 22개
5 559	**6** 650가마니
7 6가지	**8** 8 cm
9 7번	**10** 135 cm^2
11 $\dfrac{37}{41}$	**12** 28개
13 101	**14** 275
15 A : 32, E : 62	**16** 180 km
17 58	**18** 75점
19 315	**20** 9
21 17.5초	**22** 80개
23 15 cm	**24** 5배
25 13가지	

1 a, b의 최대공약수는 9, 최소공배수는 360이므로
$a=9\times\square$, $b=9\times\triangle$, $9\times\square\times\triangle=360$이 됩니다.
따라서 $\square\times\triangle=40$이며, $\square$와 $\triangle$는 1 이외에 공약수
가 없는 수이어야 합니다. 이때 ($\square$, $\triangle$)를 구하면
$(1, 40)$, $(5, 8)$, $(8, 5)$, $(40, 1)$입니다. 나머지 조
건을 만족하는 경우는 $\square$는 8, $\triangle$는 5일 때이므로
$a=9\times8=72$, $b=9\times5=45$입니다.

2 6으로 나누면 1, 8로 나누면 3, 15로 나누면 10이 남
는 수는 각각의 수로 나눌 때 나누어떨어지는 수보다 5
가 부족한 수입니다. 이러한 수는 6, 8, 15의 공배수인
120의 배수보다 5 작은 수입니다. 그 중 1000에 가장
가까운 수는 $120\times8-5=955$입니다.

3 $a\times b=24$, $b\times c=36$, $b\times d=84$에서
b는 24, 36, 84의 약수입니다.

```
12 ) 24  36  84
        2   3   7
```
b의 최대값은 12이므로 b가 될 수 있는 수는 1, 2, 3,
4, 6, 12입니다. a, c, d는 b의 값에 따라 결정되므로
모두 6가지 경우가 있습니다.
$b=1 \Rightarrow a=24$, $c=36$, $d=84$
$b=2 \Rightarrow a=12$, $c=18$, $d=42$

$b=3 \Rightarrow a=8$, $c=12$, $d=28$
$b=4 \Rightarrow a=6$, $c=9$, $d=21$
$b=6 \Rightarrow a=4$, $c=6$, $d=14$
$b=12 \Rightarrow a=2$, $c=3$, $d=7$
따라서 a, b, c, d의 합이 가장 작아지는 때는
$b=12$일 때이므로 $c\times d=3\times7=21$입니다.

4 $2\square\square5\square$는 5의 배수이므로 일의 자리 수는 0 또는 5
이고, 9의 배수이므로 각 자리의 숫자의 합이 9의 배수
이어야 합니다.
• 일의 자리 수가 0인 경우
$2\boxed{ㄱ}\boxed{ㄴ}50$에서 $\boxed{ㄱ}+\boxed{ㄴ}$은 2, 11이 되어야 합니다.
2인 경우 : $(2, 0)$, $(1, 1)$, $(0, 2)$
11인 경우 : $(2, 9)$, $(3, 8)$, $(4, 7)$, $(5, 6)$,
$(6, 5)$, $(7, 4)$, $(8, 3)$, $(9, 2)$
• 일의 자리 수가 5인 경우
$2\boxed{ㄱ}\boxed{ㄴ}55$에서 $\boxed{ㄱ}+\boxed{ㄴ}$은 6, 15가 되어야 합니다.
6인 경우 : $(0, 6)$, $(1, 5)$, $(2, 4)$, $(3, 3)$,
$(4, 2)$, $(5, 1)$, $(6, 0)$
15인 경우 : $(6, 9)$, $(7, 8)$, $(8, 7)$, $(9, 6)$
따라서 모두 $3+8+7+4=22$(개)입니다.

5 1 이상 10 미만인 수 : 1, 7 $\Rightarrow$ 2개
10 이상 20 미만인 수 : 11, 13, 17, 19 $\Rightarrow$ 4개
20 이상 30 미만인 수 : 23, 29 $\Rightarrow$ 2개
30 이상 40 미만인 수 : 31, 37 $\Rightarrow$ 2개
끝자리 수가 1, 7로 다시 반복됩니다.
즉, 30 간격으로 일의 자리 수는 1, 7, 1, 3, 7, 9, 3, 9
로 8개씩 반복됩니다.
따라서 $150\div8=18\cdots6$이므로 $18\times30=540$까지는
$18\times8=144$(개)의 수가 나옵니다.
따라서 150번째 수는 540보다 19가 큰 559입니다.

6 거꾸로 생각하여 문제를 해결하면,
50일째에 쌀 가마니 : 13
49일째에 남은 쌀 가마니 : $13\div\dfrac{1}{2}$
48일째에 남은 쌀 가마니 : $13\div\dfrac{1}{2}\div\dfrac{2}{3}$
47일째에 남은 쌀 가마니 : $13\div\dfrac{1}{2}\div\dfrac{2}{3}\div\dfrac{3}{4}$
이와 같은 규칙을 이용하면 처음의 쌀 가마니는

$$13 \div \frac{1}{2} \div \frac{2}{3} \div \frac{3}{4} \div \cdots \div \frac{47}{48} \div \frac{48}{49} \div \frac{49}{50}$$

$$= 13 \times 2 \times \frac{3}{2} \times \frac{4}{3} \times \cdots \times \frac{48}{47} \times \frac{49}{48} \times \frac{50}{49}$$

$$= 13 \times 50 = 650(\text{가마니})$$

7

➡ 6가지

8

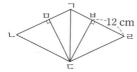

사각형 ㄱㄴㄷㄹ은 평행사변형이고 선분 ㄱㄴ과 선분 ㄱㄹ의 길이가 같으므로 마름모입니다. 따라서 합동인 두 삼각형 ㄴㄷㅁ과 삼각형 ㄹㄷㅂ의 넓이의 합은 $320 - 128 = 192(\text{cm}^2)$이므로 선분 ㅂㄷ의 길이는 $192 \div 2 \times 2 \div 12 = 16(\text{cm})$입니다.
삼각형 ㄱㄷㅂ의 넓이는 $128 \div 2 = 64(\text{cm}^2)$이므로 선분 ㄱㅂ의 길이는 $64 \times 2 \div 16 = 8(\text{cm})$입니다.

9 삼각형의 개수를 이용하여 규칙을 찾습니다.
(첫 번째) 4개 ➡ $3 \times 1 + 1$
(두 번째) 13개 ➡ $3 \times 4 + 1$
(세 번째) 40개 ➡ $3 \times 13 + 1$
나누어진 삼각형의 개수는
$3 \times$(바로 전의 나누어진 삼각형의 개수)$+1$임을 알 수 있습니다.
네 번째 : $3 \times 40 + 1 = 121(\text{개})$
다섯 번째 : $3 \times 121 + 1 = 364(\text{개})$
여섯 번째 : $3 \times 364 + 1 = 1093(\text{개})$
일곱 번째 : $3 \times 1093 + 1 = 3280(\text{개})$
따라서 최소 7번 나누어야 작은 삼각형이 3000개 이상이 됩니다.

10 삼각형 ㄱㅁㅈ과 삼각형 ㄷㅈㅅ의 넓이의 합은 전체의 $\frac{1}{4}$, 삼각형 ㅇㅈㄹ과 삼각형 ㄴㅈㅂ의 넓이의 합은 전체의 $\frac{1}{6}$이므로 색칠한 부분의 넓이는
$18 \times 18 \times \left(\frac{1}{4} + \frac{1}{6} \right) = 135(\text{cm}^2)$입니다.

11 $\frac{1}{5} \times \frac{3}{7} \times \frac{5}{9} \times \frac{7}{13} \times \cdots \times \frac{\square - 4}{\square} \times \frac{\square - 2}{\square + 2}$

$$= \frac{3}{\square \times (\square + 2)}$$

계산 결과가 $\frac{1}{500} = \frac{3}{1500}$보다 작아야 하므로
$\square \times (\square + 2)$는 1500보다 커야 합니다.
$\square$는 홀수이므로 $\square = 39$이고 마지막 분수는
$\frac{39 - 2}{39 + 2} = \frac{37}{41}$입니다.

12 이 문제를 해결하기 위해서는 먼저 분자를 모두 같은 수로 고쳐야 합니다. 주어진 식의 분자를 모두 17로 고쳐보면,

$$\frac{11 \div 11 \times 17}{30 \div 11 \times 17} < \frac{17}{\square} < \frac{21 \div 21 \times 17}{23 \div 21 \times 17}$$에서

$$\frac{17}{30 \div 11 \times 17} < \frac{17}{\square} < \frac{17}{23 \div 21 \times 17}$$이 됩니다.

여기서 $30 \div 11 \times 17 = 46\frac{4}{11}$이고,

$23 \div 21 \times 17 = 18\frac{13}{21}$이므로

$18\frac{13}{21} < \square < 46\frac{4}{11}$입니다.

따라서 $\square$ 안에 들어갈 수 있는 자연수의 개수는 모두 $46 - 18 = 28(\text{개})$입니다.

13 거꾸로 해결하면
여섯 번 : $(4, 11, 15)$에서 $4 + 11 = 15$이므로 그 전은 $(4, 11, \square)$입니다. $\square = 11 - 4 = 7$
다섯 번 : $(4, 11, \boxed{7})$
마찬가지 방법으로 해결하면
네 번 : $(4, \boxed{3}, 7)$
세 번 : $(4, 3, \boxed{1})$
두 번 : $(\boxed{2}, 3, 1)$
한 번 : $(2, \boxed{1}, 1)$
처음에는 $(\square, 1, 1)$이 되는데 $\square$ 안에는 어떤 수를 쓰더라도 상관이 없습니다.
따라서 문제에서는 합이 가장 클 때이므로 $\square$는 99이고 그 합은 $99 + 1 + 1 = 101$입니다.

14 구하려는 분수를 $\frac{\bigcirc}{\bigcirc}$으로 나타내면,

$$\frac{\bigcirc}{\bigcirc + 12} = \frac{1}{6}$$이고, $\frac{\bigcirc - 7}{\bigcirc + 4} = \frac{1}{7}$입니다.

$6 \times \bigcirc = \bigcirc + 12$에서 $\bigcirc = 6 \times \bigcirc - 12$이고,

$7 \times (\mathbb{C}-7)=\bigcirc+4$에서 $\bigcirc=7 \times \mathbb{C}-49-4$입니다.

두 식에서 $6 \times \mathbb{C}-12=7 \times \mathbb{C}-53$이므로

$\mathbb{C}=41$, $\bigcirc=6 \times 41-12=234$입니다.

따라서 $\bigcirc+\mathbb{C}=234+41=275$입니다.

15 A를 기준으로 그림을 그려 보면,

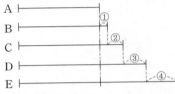

그림에서 B=A+①, C=A+③, D=A+⑥,

E=A+⑩이므로

A+B+C+D+E=5×A+⑳=44×5=220

입니다.

A+④=44이고, B와 C의 평균이 38이므로

2×A+④=38×2=76입니다.

따라서 A=76−44=32이고 ①은 3이므로

E는 32+(10×3)=62입니다.

16 4시간 30분 동안 갑, 을 두 트럭이 달린 거리의 합은 A, B 사이의 거리의 3배가 됩니다. 따라서 두 트럭이 A, B 사이에서 처음 만나는데 걸리는 시간은

4.5÷3=1.5(시간)입니다.

따라서 A, B 사이의 거리는

(55+65)×1.5=180(km)입니다.

17 $\frac{1}{5}-\frac{1}{6}=\frac{1}{30}$이고, $\frac{1}{3}-\frac{1}{4}=\frac{1}{12}$이므로 □ 안에 들

어갈 수 있는 단위분수는 $\frac{1}{29}$, $\frac{1}{28}$, $\frac{1}{27}$, …, $\frac{1}{15}$,

$\frac{1}{14}$, $\frac{1}{13}$입니다. 이 중에서 가장 큰 분수는 $\frac{1}{13}$이고,

가장 작은 분수는 $\frac{1}{29}$이므로

합은 $\frac{1}{13}+\frac{1}{29}=\frac{29+13}{377}=\frac{42}{377}$,

차는 $\frac{1}{13}-\frac{1}{29}=\frac{29-13}{377}=\frac{16}{377}$입니다.

따라서 $\mathbb{C}+\mathbb{e}=42+16=58$입니다.

18 3과목의 총점은 88×3=264(점)이고, 5과목의 총점은 87×5=435(점)이므로 과학과 음악 점수의 합은 435−264=171(점)입니다. 따라서 과학 점수는 (171−21)÷2=75(점)입니다.

19 전체 물고기 양에 대한 각각의 동물들이 받은 물고기의 양을 분수로 나타내면 다음과 같습니다.

북극곰 : $\frac{3}{7}$

물개 : $\left(1-\frac{3}{7}\right) \times \frac{3}{5}=\frac{4}{7} \times \frac{3}{5}=\frac{12}{35}$

돌고래 : $\left(1-\frac{3}{7}-\frac{12}{35}\right) \times \frac{5}{6}=\frac{8}{35} \times \frac{5}{6}=\frac{4}{21}$

펭귄 : $1-\frac{3}{7}-\frac{12}{35}-\frac{4}{21}=\frac{105-45-36-20}{105}$

$$=\frac{4}{105}=\frac{12}{315}$$

따라서 ●에 알맞은 수는 315입니다.

20 표에서 볼 때 A 계산기에 어떤 수 □를 넣었을 때는 (□×□)+1의 수가 나오며, B 계산기에 어떤 수 □를 넣었을 때는 (3×□)−1의 수가 나옵니다.

따라서 B 계산기에 넣기 전의 카드에 쓰여진 수는 (245+1)÷3=82이고, A 계산기에 넣기 전에 카드에 쓰여진 수는 82−1=81=9×9이므로 9입니다.

21 상행 열차에 이어 하행 열차가 두 사람 앞을 지날 때 최장시간 못보므로 상행 열차가 10초 동안 150 m 가는 동안 하행 열차는 200 m를 가야 합니다. 하행 열차는 10초 동안 200 m 가는 셈이므로 1초에 20 m씩 가는 셈입니다.

따라서 한별이가 신영이를 다시 볼 수 있을 때까지 최대한 걸리는 시간은 하행 열차가 200+150=350(m)를 전진했을 때이므로 350÷20=17.5(초) 걸립니다.

22 (1) 가로로

10개의 크고 작은 직사각형이 있습니다.

(2) 세로로 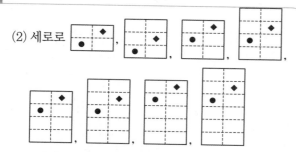,

8개의 크고 작은 직사각형이 있습니다.

(3) 따라서 세로로 8가지 경우에 대하여 각각 가로로 10가지의 경우가 있으므로 ◆와 ●가 모두 들어 있는 크고 작은 직사각형은 $8 \times 10 = 80$(개)가 있습니다.

23 삼각형의 합동의 성질에 의하여 선분 ㄱㄷ의 길이와 선분 ㄱㅁ의 길이가 같으므로 삼각형 ㄱㄷㅁ은 이등변 삼각형입니다.

따라서 각 ㄱㄷㅁ, 각 ㄱㅁㄷ의 크기가 같습니다.

사각형 ㄱㅂㄷㅁ에서 (각 ㅂㄷㅁ)+(각 ㄱㅁㄷ)=180° 이므로 (각 ㄱㅁㄷ)=60°이고 삼각형 ㄱㄹㅁ에서 선분 ㄹㅁ의 길이는 20 cm입니다.

또, 선분 ㄱㄷ의 길이가 10 cm이므로 선분 ㅂㄷ의 길이는 5 cm입니다.

그러므로 선분 ㄴㅂ의 길이는 15 cm입니다.

24 A와 B가 구슬을 서로 교환한 후

A가 갖은 구슬 수는 $\frac{3}{4} \times A + \frac{1}{4} \times B$이고,

B가 갖은 구슬 수는 $\frac{3}{4} \times B + \frac{1}{4} \times A$가 됩니다.

이때, A의 구슬 수는 B의 구슬 수의 2배이므로

$$\frac{3}{4} \times A + \frac{1}{4} \times B = \left(\frac{3}{4} \times B + \frac{1}{4} \times A \right) \times 2$$

$$\frac{1}{4} \times A = \frac{5}{4} \times B$$

$$A = 5 \times B$$

따라서 A가 가지고 있는 구슬 수는 B가 가지고 있는 구슬 수의 5배입니다.

25 가장 긴 변이 4개인 것을 기준으로 1개는 왼쪽에 고정시킨 다음 하나만 위치를 변화시킨 경우(①~⑨)가 9가지, 그 후 왼쪽에 고정시킨 것의 위치를 변화시킨 경

우(⑩~⑬)가 4가지로 모두 13가지입니다.

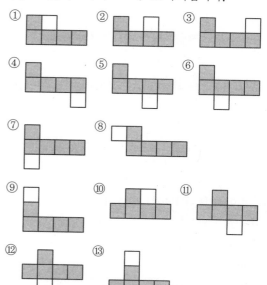

제8회 **예 상 문 제** 　63~70

1 $\frac{1}{30}$	**2** 120
3 226	**4** 35, 36, 37
5 A : 8, B : 16, C : 3, D : 48	
6 A : 126, B : 42	**7** 187
8 22 cm	**9** 72 cm²
10 A : 5400원, B : 9000원	
11 60개	**12** 7.2 km
13 203	**14** 144쌍
15 $\frac{7}{12}$	**16** 42초
17 75명	**18** 4, 8, 16, 24, 28
19 3952번째	**20** 100 cm²
21 144개	**22** 47장
23 5가지	**24** 24가지
25 9가지	

1 분모와 분자의 차가 같은 분수끼리는 분모가 클수록 더 큰 수입니다. 분수를 모두 분모와 분자의 차가 4로 같게 하면 $\frac{5}{6}=\frac{20}{24}$, $\frac{11}{13}=\frac{22}{26}$, $\frac{13}{15}=\frac{26}{30}$, $\frac{21}{25}$입니다.

따라서 가장 큰 수는 $\frac{13}{15}$, 가장 작은 수는 $\frac{5}{6}$이므로

$\frac{13}{15}-\frac{5}{6}=\frac{1}{30}$입니다.

2 A는 6의 배수이면서 8의 배수가 되므로 A는 24의 배수입니다.

A=24×□라 하고,
24×□, 18, 32의 최소공배수를 구하면

```
2 ) 24×□  18  32
4 ) 12×□   9  16       2×4×3×□×3×4=1440
3 )  3×□   9   4              □=5
       □   3   4
```

따라서 A=24×5=120입니다.

3 $3\frac{38}{39}\times\frac{\text{©}}{\text{③}}=\frac{155}{39}\times\frac{\text{©}}{\text{③}}$이 자연수가 되고,

$1\frac{59}{65}\times\frac{\text{©}}{\text{③}}=\frac{124}{65}\times\frac{\text{©}}{\text{③}}$도 자연수가 되도록 하려면

③은 155와 124의 공약수가 되고, ©은 39와 65의 공

배수가 되어야 합니다.

그런데 $\frac{\text{©}}{\text{③}}$은 가장 작은 분수가 되어야 하므로

③은 155와 124의 최대공약수이고, ©은 39와 65의 최소공배수이어야 합니다.

따라서 ③은 155(5×31)와 124(2×2×31)의 최대 공약수인 31이고 ©은 39(3×13)와 65(5×13)의 최소공배수인 3×5×13=195이므로

31+195=226입니다.

4 어떤 자연수를 □라 하면,
6.5≤□÷5<7.5
32.5≤□<37.5 … ③
11.5≤□÷3<12.5
34.5≤□<37.5 … ©
③과 ©에서 □는 35, 36, 37입니다.

5 A+4=B−4=C×4=D÷4=□로 놓으면

A=□−4, B=□+4, C=$\frac{□}{4}$, D=4×□입니다.

A+B+C+D
=(□−4)+(□+4)+$\frac{□}{4}$+(4×□)=75,
□=12

따라서 A=12−4=8, B=12+4=16,
C=12÷4=3, D=12×4=48입니다.

6 588=2×2×3×7×7

$\frac{A}{B\times B\times B}$

$=\frac{1}{2\times2\times3\times7\times7}\times\frac{2\times3\times3\times7}{2\times3\times3\times7}$

$=\frac{2\times3\times3\times7}{(2\times3\times7)\times(2\times3\times7)\times(2\times3\times7)}$

A=2×3×3×7=126, B=2×3×7=42

7 각각의 빈칸이 나타내는 수는 오른쪽과 같습니다.

256	32	4
128	16	2
64	8	1

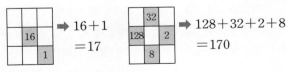

따라서 17+170=187입니다.

8 사각형 ㅅㅂㅇㅁ의 넓이가 64 cm²이고, 선분 ㅁㅂ, 선분 ㅂㅇ, 선분 ㅅㅁ의 길이가 같으므로 64＝8×8에서 선분 ㄱㄴ의 길이는 8 cm입니다.

또, [그림 ②]의 넓이가 112 cm²이므로 [그림 ①]의 넓이는 112＋64＝176(cm²)

따라서 선분 ㄱㄹ의 길이는 176÷8＝22(cm)입니다.

9
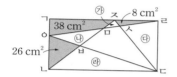

삼각형 ㅇㄷㄹ의 넓이는 사각형 ㄱㄴㄷㄹ의 넓이의 반이므로 38＋8＋26＋㉮＋㉣도 사각형 ㄱㄴㄷㄹ의 넓이의 반입니다.

마찬가지로 삼각형 ㅈㄴㄷ의 넓이는 사각형 ㄱㄴㄷㄹ의 넓이의 반이므로 38＋8＋26＋㉯＋㉰도 사각형 ㄱㄴㄷㄹ의 넓이의 반입니다.

따라서 (사각형 ㄱㄴㄷㄹ의 넓이)
＝38＋8＋26＋㉮＋㉣＋38＋8＋26＋㉯＋㉰이므로
(사각형 ㅁㅂㄷㅅ의 넓이)
＝(사각형 ㄱㄴㄷㄹ의 넓이)
　　　　　　　－(38＋8＋26＋㉮＋㉯＋㉰＋㉣)
＝38＋8＋26＝72(cm²)입니다.

10 A 5개와 B 3개의 값이 같다고 하였으므로 A 10개와 B 6개의 값도 같다는 것을 알 수 있습니다.

따라서 A 7개와 B 6개를 산 것은 A 17개를 산 것과 같으므로 A의 값은 91800÷17＝5400(원), B의 값은 (91800－5400×7)÷6＝9000(원)입니다.

11 분모가 99인 분수는 분자가 3이나 11로 나누어지는 경우는 약분이 되므로 기약분수가 아닙니다.

따라서 주어진 분수 98개 중에서 분자가 3이나 11의 배수인 경우를 빼고, 33의 배수인 경우를 더해주면 됩니다.

즉, 분자가 3의 배수인 경우는 3, 6, 9, …, 93, 96으로 모두 32개이고, 분자가 11의 배수인 경우는 11, 22, 33, 44, 55, 66, 77, 88로 모두 8개, 또, 33의 배수인 경우는 33, 66으로 2개입니다.

따라서 98－32－8＋2＝60(개)입니다.

12 예정 시각을 기준으로 못 가는 거리와 더 가는 거리를 생각해 봅니다. 1분에 120 m의 빠르기로 가면

120×10＝1200(m) 못 가는 셈이고, 1분에 150 m의 빠르기로 가면 150×2＝300(m) 더 가는 셈입니다.

따라서 집에서 A 마을까지 가는 데 걸리는 시간은
(1200＋300)÷(150－120)＝50(분)이므로
집에서 A 마을까지의 거리는
150×(50－2)＝7200(m)＝7.2(km)입니다.

13 ・두 자리 수에서 같은 숫자가 두 개인 것 :
　　11, 22, 33, …, 99로 모두 9개
・세 자리 수에서 같은 숫자가 두 개인 것 :
　　100~109 : 100, 101 ➡ 2개
　　110~119 : 110~119 ➡ 10개
　　120~199 : 121, 122, 131, 133, …, 191, 199
　　　　　　　➡ 2×8＝16(개)

199까지 ┌ 지워진 수의 개수 :
　　　　│　9＋2＋10＋16＝37(개)
　　　　└ 남아 있는 수의 개수 : 199－37＝162(개)

따라서 164번째 수는 203입니다.

14 처음 암수 한 쌍은 1개월 후 : 2쌍
2개월 후 : 1＋2＝3(쌍)
3개월 후 : 2＋3＝5(쌍)
4개월 후 : 3＋5＝8(쌍)
5개월 후 : 5＋8＝13(쌍)
6개월 후 : 8＋13＝21(쌍)
7개월 후 : 13＋21＝34(쌍)
8개월 후 : 21＋34＝55(쌍)
9개월 후 : 34＋55＝89(쌍)
10개월 후 : 55＋89＝144(쌍)

여기에는 앞의 두 달의 쌍의 합이 다음 달의 쌍의 수가 되는 규칙이 있습니다.

15 두 사람이 주사위를 던져 나오는 모든 경우는 6×6＝36(가지)입니다. 이 중에서 두 주사위의 눈의 합이 5, 6, 7인 경우를 제외한 것이 구하는 가짓수가 됩니다. 합이 5인 경우는 4가지, 합이 6인 경우는 5가지, 합이 7인 경우는 6가지이므로 구하고자 하는 경우의 가짓수는 36－(4＋5＋6)＝21(가지)입니다.

따라서 가능성은 $\frac{21}{36}=\frac{7}{12}$입니다.

16 1회와 2회의 합은 39×2＝78(초)이고,
1, 2, 3회의 합은 36×3＝108(초)이므로

3회는 $108-78=30$(초)입니다.

1~5회의 합은 $37.8\times5=189$(초)이고, 3회는 30초
이므로 1, 2, 4, 5회의 합은 $189-30=159$(초)입니다.

2회와 4회의 합이 $37.5\times2=75$(초)이므로

1회와 5회의 합은 $159-75=84$(초)입니다.

따라서 1회와 5회는 같은 시간이었으므로 5회는
$84\div2=42$(초)입니다.

17 그림을 그려 풀어 보면

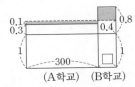

(A학교)　(B학교)

그림에서 색칠한 두 직사각형의 넓이는 같아야 하므로
$\square=(300\times0.1)\div(0.8-0.4)=75$입니다.

별해

B학교의 정원을 $\square$명으로 놓으면

$300\times1.3+\square\times1.8=(300+\square)\times1.4$,
$\square=75$입니다.

18 5개의 자연수를 A, B, C, D, E라 하면

$\dfrac{B+C+D+E}{4}+A=38$ … ㉠

$\dfrac{A+C+D+E}{4}+B=32$

$\dfrac{A+B+D+E}{4}+C=23$

$\dfrac{A+B+C+E}{4}+D=41$

$\dfrac{A+B+C+D}{4}+E=26$에서

양변끼리 더하면

$2\times(A+B+C+D+E)=160$

따라서 $A+B+C+D+E=80$ … ㉡

㉠에서 양변에 4를 곱하면

$B+C+D+E+4\times A=152$,

이므로 정리하면

$80+3\times A=152$, $A=24$입니다.

이와 같이 구하면 $B=16$, $C=4$, $D=28$, $E=8$입니
다. 따라서 5개의 자연수는 4, 8, 16, 24, 28입니다.

19 네 개의 수를 한 묶음씩으로 하면 (1000, 999, 998,
997), (999, 998, 997, 996), …이므로 10이 처음
으로 놓이는 것은 (13, 12, 11, 10)일 때입니다.

따라서 ($1000-13+1)\times4=3952$(번째)입니다.

20 다음 그림과 같이 그림을 바꾸어 보면

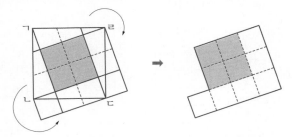

색칠한 부분의 넓이는 전체 넓이의 $\dfrac{4}{10}$에 해당됩니다.

따라서 사각형 ㄱㄴㄷㄹ의 넓이는

$40\div\dfrac{4}{10}=40\times\dfrac{10}{4}=100(\text{cm}^2)$입니다.

21 그림을 그리면 다음과 같습니다.

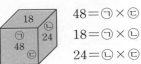

$48=㉠\times㉢$

$18=㉠\times㉡$

$24=㉡\times㉢$이므로

㉠은 48과 18의 공약수이고

㉡은 18과 24의 공약수이며

㉢은 48과 24의 공약수입니다.

따라서 ㉠은 1, 2, 3, 6, ㉡은 1, 2, 3, 6, ㉢은 1, 2,
3, 4, 6, 8, 12, 24입니다. 이 중에서 조건을 만족하
는 것을 찾으면 ㉠$=6$, ㉡$=3$, ㉢$=8$입니다.

따라서 쌓기나무의 개수는 $6\times3\times8=144$(개)입니다.

22 처음 A 상자에는 홀수가 쓰인 카드 50장, B 상자에
는 짝수가 쓰인 카드 50장 있었습니다.

B 상자에서 3의 배수가 쓰인 카드를 A 상자로 옮긴
다는 것은 곧 6의 배수가 쓰인 카드를 옮기는 것과 같
으므로 16장의 카드가 A 상자로 옮겨지고 B 상자에
는 $50-16=34$(장)의 카드가 남습니다.

A 상자에서 5의 배수가 쓰인 카드를 B 상자로 옮김
에 있어서 처음 50장 중 10장, B 상자로부터 온 6의
배수 중 5의 배수는 30, 60, 90의 3장이므로 13장의
카드를 옮기게 됩니다. 따라서 B 상자에는
$34+13=47$(장)의 카드가 있습니다.

23 빨간색 상자, 흰색 상자에 담은 구슬 수를 각각 ○개,
△개로 하면 ○$+$△$=52$입니다. ○는 △의 약수이어
야 하므로 ○는 52의 약수입니다.

이때 ○는 △보다 크면 안되므로 ○는 1, 2, 4, 13, 26

이 될 수 있습니다. 따라서 나누어 담는 방법은
(1, 51), (2, 50), (4, 48), (13, 39), (26, 26)
으로 5가지입니다.

24

(1) 1행에 ○를 3개 표시할 수 있는 방법은

○○○×　○○×○　○×○○

×○○○ 모두 4가지입니다.

(2) 2행에는 (1)의 각 경우에서 ×로 표시된 열에는 무조건 ○를 표시해야 합니다.

따라서 ☐☐☐ 에 ○를 2개 표시할 수 있는 방법은 ○○×　○×○　×○○ 모두 3가지입니다.

(3) 3행에는 ☐☐ 에서 ○을 1개 표시할 수 있는 방법으로 ○×　×○ 모두 2가지입니다.

(4) 4행에는 남은 1칸에 ○를 표시해야 하므로 1가지입니다.

따라서 모두 $4×3×2×1=24$(가지)의 방법이 있습니다.

25

① 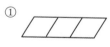　②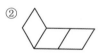

③ 　④

⑤ 　⑥

⑦ 　⑧

⑨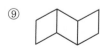

따라서 9가지입니다.

1 1443	**2** 210, 630, 770, 910
3 2	**4** $\frac{5}{211}$, $\frac{4}{169}$, $\frac{3}{127}$
5 66	**6** 6개
7 7장	**8** 45°
9 47 cm²	**10** 11 cm
11 $\frac{47}{1170}$	
12 A : 23, B : 14, C : 80	
13 11, 3, 33, 26	**14** $\frac{37}{64}$
15 15명	**16** 20분
17 256 cm²	**18** 25번째
19 14조 9번째	**20** 16
21 1200만 원	
22 동백나무 : 78그루, 버드나무 : 78그루	
23 36 kg	**24** 18개
25 10분	

1　ABABAB＝AB×10101
　　☐×7＝10101, ☐＝1443

2　2, 5, 7로 나누어떨어지는 수는 세 수의 최소공배수인 70의 배수입니다. 세 자리 자연수 140, 210, 280, …, 980 중 4, 25, 49의 배수가 아닌 수는 210, 630, 770, 910입니다.

3　$[1]_1=5-1=4$, $[2]_1=5-2=3$
　　$[1]_2=5-4=1$, $[2]_2=5-3=2$
　　$[1]_3=5-1=4$, $[2]_3=5-2=3$
　　$[1]_4=5-4=1$, $[2]_4=5-3=2$
　➡ $[1]_a$에서 a가 홀수인 경우는 4, 짝수인 경우는 1이고, $[2]_b$에서 b가 홀수인 경우는 3, 짝수인 경우는 2입니다.
　　따라서 $[1]_{2025}=4$, $[2]_{2024}=2$이므로
　　$[1]_{2025}-[2]_{2024}=4-2=2$입니다.

4　문제의 분수들의 분모를 통분하기가 쉽지 않기 때문에 분자를 모두 같게 만들어 봅니다. 분자를 3, 4, 5의 최소공배수인 60으로 만들면

$$\frac{3}{127}=\frac{60}{127\times20}=\frac{60}{2540}$$

$$\frac{4}{169}=\frac{60}{169\times15}=\frac{60}{2535}$$

$$\frac{5}{211}=\frac{60}{211\times12}=\frac{60}{2532}$$입니다.

분자가 같을 때에는 분모가 작을수록 큰 수이므로

$$\frac{60}{2532}>\frac{60}{2535}>\frac{60}{2540}$$입니다.

따라서 $\frac{5}{211}>\frac{4}{169}>\frac{3}{127}$입니다.

5 1번째 수는 $(1+1)\div2=1$,

3번째 수는 $(3+1)\div2=2$,

5번째 수는 $(5+1)\div2=3$,

7번째 수는 $(7+1)\div2=4$,

9번째 수는 $(9+1)\div2=5$,

11번째 수는 $(11+1)\div2=6$이므로

31번째 수는 $(31+1)\div2=16$입니다.

따라서 32번째 수는 $\frac{16}{17}$입니다.

마찬가지로 65번째 수는 $(65+1)\div2=33$이고

66번째 수는 $\frac{33}{34}$입니다.

따라서 $\frac{16}{17}+\frac{33}{34}=\frac{65}{34}=1\frac{31}{34}$이므로

㉠＋㉡＋㉢＝$1+34+31=66$입니다.

6 세 수를 어떤 수로 나누었을 때 나머지가 모두 같으므로 세 수 중 두 수의 차는 각각 어떤 수로 나누어떨어집니다. 즉,

$498-378=120, 578-498=80, 578-378=200$

따라서 어떤 수 중 가장 큰 수는 120, 80, 200의 최대공약수인 40이므로 40의 약수인 1, 2, 4, 5, 8, 10, 20, 40으로 나누어도 나머지는 모두 같습니다. 이 중 1과 2로 나누면 나머지가 0이므로 어떤 수는 4, 5, 8, 10, 20, 40으로 모두 6개입니다.

7 [풀이 1]

거꾸로 생각하여 7의 배수를 모두 쓴 다음 5의 배수는 ○, 3의 배수는 △, 2의 배수는 □로 표시하여 순서대로 지워 나가면 7, ⬜14, △21, ⬜28, ○35, △⬜42, 49, ⬜56, △63, ○⬜70, 77, △⬜84, 91, ⬜98, ○105, ⬜112, 119, △⬜126, 133, ○△140, △147, ⬜154, 161, △⬜168, ○175, ⬜182, △189, ⬜196입니다. 남아 있는 것 중에서 7의 배수는 7, 49,

77, 91, 119, 133, 161로 7장입니다.

[풀이 2]

(7의 배수)－{(2와 7의 공배수)＋(3과 7의 공배수)
＋(5와 7의 공배수)}＋(2, 3, 7의 공배수)
＋(2, 5, 7의 공배수)＋(3, 5, 7의 공배수)
$=28-(14+9+5)+4+2+1$
$=7(장)$

8

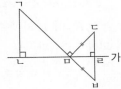

그림에서 직선 가를 대칭축으로 하여 점 ㄷ을 대칭이동시킨 점을 ㅂ이라고 하면 점 ㄱ과 점 ㅂ을 연결하는 선분을 그어 직선 가와 만나는 점을 점 ㅁ으로 할 때 (선분 ㄱㅁ)＋(선분 ㄷㅁ)의 길이는 최소가 됩니다.

이때 선분 ㄴㅁ의 길이는 선분 ㄴㄹ의 길이의 $\frac{2}{3}$가 되므로 선분 ㄴㅁ의 길이는 $15\times\frac{2}{3}=10(cm)$입니다.

따라서 삼각형 ㄱㅁㄴ은 직각이등변삼각형이 되어 각 ㄱㅁㄴ은 45°가 됩니다.

9

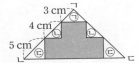

그림에서 삼각형 ㄱㄴㄷ도 직각이등변삼각형이므로 삼각형 ㄱㄴㄷ의 넓이에서 ㉠, ㉡, ㉢의 직각이등변삼각형들의 넓이를 빼서 구합니다.

선분 ㄱㄴ의 길이는 $3+4+5=12(cm)$이므로 구하는 넓이는

$12\times12\div2-(5\times5\div2+4\times4\div2+3\times3\div2)$
$=47(cm^2)$

10

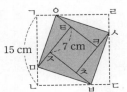

정사각형 ㄱㄴㄷㄹ의 넓이는 $15\times15=225(cm^2)$이므로 색칠되지 않은 삼각형의 넓이의 합은

$225-137=88(cm^2)$입니다.

따라서 정사각형 ㅈㅊㅋㅌ의 넓이는
$137-88=49(\text{cm}^2)$이고, 한 변의 길이는 7 cm입니다.
선분 ㄱㅁ의 길이와 선분 ㅁㄴ의 길이의 합은 15 cm
이고 길이의 차는 7 cm이므로 선분 ㄱㅁ의 길이는
$(15+7)\div2=11(\text{cm})$입니다.

11 약분하여 가장 큰 단위분수가 되기 위해서는 ㉠7㉡이
가장 작은 15의 배수가 되어야 하고, 약분하여 가장
작은 단위분수가 되기 위해서는 ㉠7㉡이 가장 큰 15
의 배수가 되어야 합니다. 또한 ㉠7㉡이 15의 배수가
되려면 3의 배수, 5의 배수가 되어야 합니다.

따라서 가장 큰 단위분수는 $\frac{15}{270}=\frac{1}{18}$, 가장 작은

단위분수는 $\frac{15}{975}=\frac{1}{65}$이므로 두 단위분수의 차는

$\frac{1}{18}-\frac{1}{65}=\frac{65-18}{18\times65}=\frac{47}{1170}$입니다.

12 A, B, C를 각각 수직선으로 나타내어 생각해 봅니다.

$A+B+C=117$이므로
$\square=(117-3+6)\div(1+1+4)=20$입니다.
따라서 $A=20+3=23$, $B=20-6=14$,
$C=20\times4=80$이 됩니다.

별해

A에서 3을 뺀 수, B에 6을 더한 수, C를 4로 나눈 수
가 모두 같으므로
$A-3=B+6=C\div4$ …①입니다.
①에서 $A-3=B+6=C\div4=\square$라 하면,
$A=\square+3$, $B=\square-6$, $C=4\times\square$이므로
$\square+3+\square-6+4\times\square=117$, $\square=20$입니다.
따라서 $A=23$, $B=14$, $C=80$입니다.

13 학생들의 총점은 $59.6\times50=2980(\text{점})$,
70점인 경우를 제외하면 2210점입니다.
따라서 70점을 얻은 학생은
$(2980-2210)\div70=11(\text{명})$이고,
0점을 얻은 학생은 3명입니다.
50점을 얻은 학생들을 제외하고 2번을 맞은 학생 수
는 $7+10+6=23(\text{명})$입니다.

따라서 2번과 3번을 맞아 50점을 얻은 학생 수는
$27-23=4(\text{명})$이므로 1번을 맞은 학생 수는
$7+10+11+(9-4)=33(\text{명})$, 3번을 맞은 학생 수
는 $7+11+4+4=26(\text{명})$입니다.

14 세 대 모두 명중하지 못할 가능성은
$\frac{3}{4}\times\frac{3}{4}\times\frac{3}{4}=\frac{27}{64}$이므로 어느 하나라도 명중시킬 가

능성은 $1-\frac{27}{64}=\frac{37}{64}$이 됩니다.

15 서로 한 번씩 악수를 하는 경우
2명일 때 1번 ➡ $1\times2\div2$
3명일 때 3번 ➡ $2\times3\div2$
4명일 때 6번 ➡ $3\times4\div2$
5명일 때 10번 ➡ $4\times5\div2$

$\quad\vdots\qquad\vdots\qquad\quad\vdots$

$\square$명일 때 ➡ $(\square-1)\times\square\div2$
$(\square-1)\times\square\div2=105$, $\square=15$입니다.

별해

2명일 때 ➡ 1번
3명일 때 ➡ $(1+2)$번
4명일 때 ➡ $(1+2+3)$번

$\quad\vdots\qquad\qquad\vdots$

15명일 때 ➡ $(1+2+3+\cdots+14)$번
$1+2+3+\cdots+14=105$이므로 15명입니다.

16 처음 양초 A와 양초 B의 길이의 차는 10 cm입니다.

1분 동안 타는 길이는 A는 $30\div40=\frac{3}{4}(\text{cm})$,

B는 $20\div80=\frac{1}{4}(\text{cm})$입니다.

두 양초의 길이가 같아지는 것은 처음의 차 10 cm
를 양초 A가 양초 B를 따라가 없애는 것을 의미하므
로 두 양초의 남은 길이가 같게 되는 시간은 불
을 붙인지 $10\div\left(\frac{3}{4}-\frac{1}{4}\right)=20(\text{분})$ 후입니다.

17 한 번을 접으면 2개의 합동인 직사각형, 두 번을 접으
면 4개의 합동인 직사각형, 세 번을 접으면 8개의 합
동인 직사각형, 네 번을 접으면 16개의 합동인 직사각
형이 만들어집니다.
만든 직사각형의 긴 변의 길이는 짧은 변의 길이의
16배가 되므로 짧은 변의 길이를 1로 하면 둘레의 길

이는 $1+1+16+16=34$이고, 이때 1은 1 cm를 뜻합니다.

따라서 정사각형의 넓이는 $16 \times 16 = 256(\text{cm}^2)$입니다.

18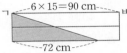

빨간 점과 파란 점은 6 cm마다 1개씩 차이가 나므로 변 ㄱㄴ의 길이는 $6 \times 15 = 90(\text{cm})$입니다.

색칠한 삼각형의 넓이가 전체 직사각형의 $\frac{2}{5}$이므로 밑변의 길이는 $(90+90) \times \frac{2}{5} = 72(\text{cm})$입니다.

따라서 $(72 \div 3)+1 = 25(\text{번째})$의 파란 점을 지납니다.

19 합이 10000이 되는 것은 순서로는 100번째가 되어야 합니다.

$1+2+3+\cdots+13=91$이므로 13조까지의 순서는 91번째가 됩니다.

따라서 14조의 9번째 수까지의 합이 10000이 됩니다.

20 $\frac{1}{㉠}+\frac{1}{㉡}=\frac{㉠+㉡}{㉠\times㉡}$, $\frac{1}{㉢}+\frac{1}{㉣}=\frac{㉢+㉣}{㉢\times㉣}$입니다.

㉠과 ㉡은 짝수, ㉢과 ㉣은 홀수이므로

$\frac{짝수+짝수}{짝수\times짝수}=\frac{홀수+홀수}{홀수\times홀수}$이고, 홀수와 짝수의 성질에 따르면 이것은 불가능합니다.

그러나, $\frac{짝수+짝수}{짝수\times짝수}$를 약분하면 $\frac{짝수}{홀수}$가 될 수 있습니다. 즉, $\frac{㉠+㉡}{㉠\times㉡}$을 약분하여 $\frac{짝수}{홀수}$가 되어야 합니다. ㉠과 ㉡은 서로 다른 짝수이므로 ㉠$\times$㉡은 항상 4의 배수입니다. 그리고 $\frac{㉠+㉡}{㉠\times㉡}$이 $\frac{짝수}{홀수}$이기 위해서는 ㉠$\times$㉡은 $4\times(홀수)$이고 ㉠$+$㉡은 $4\times(짝수)$이어야 합니다. 이러한 수를 찾으면

$\frac{2+6}{2\times6}=\frac{8}{12}=\frac{4\times2}{4\times3}=\frac{2}{3}$, 그러나 $\frac{2}{3}$는 $\frac{1}{3}+\frac{1}{3}$이므로 안됩니다.

$\frac{6+10}{6\times10}=\frac{16}{60}=\frac{4\times4}{4\times15}=\frac{4}{15}$, $\frac{4}{15}=\frac{1}{5}+\frac{1}{15}$이므로 조건에 맞습니다.

따라서 ㉠$+$㉡의 최솟값은 16입니다.

21 C가 낸 돈을 ①로 하여 그림을 그려 생각해 봅니다.

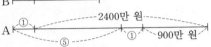

그림에서 A가 C보다 더 낸 2400만 원은 C가 낸 돈의 4배와 B가 낸 돈의 합과 같습니다.

따라서 C가 $(2400-900) \div (4+1) = 300(\text{만 원})$ 냈으므로 B는 1200만 원을 내었습니다.

22 1920과 1200의 최대공약수는 240이므로 공약수는 1, 2, 3, 4, 5, 6, 8, 10, 12, 15, 16, 20, 24, 30, 40, 48, 60, 80, 120, 240입니다. 가급적 많은 나무를 심으려면 간격을 좁게 심어야 하나 모두 200그루가 있으므로 $(1920+1200) \times 2 \div 200 = 31.2(\text{cm})$ 보다 간격이 커야 합니다. 따라서 $6240 \div 40 = 156$이므로 각각 78그루씩 심을 수 있습니다.

23

C가 갖기 전의 설탕은 $(5+1) \times 2 = 12(\text{kg})$입니다.

B가 갖기 전의 설탕은 $(12+2) \div 2 \times 3 = 21(\text{kg})$입니다. 따라서 처음에 있던 설탕은

$(21+3) \div 2 \times 3 = 36(\text{kg})$입니다.

24 오른쪽 그림과 같이 똑같은 모양의 가, 나, 다의 사다리꼴을 그려 보면 가, 나, 다에 나열된 흰 바둑돌 수는 모두 126개이므로 사다리꼴 하나에 $126 \div 3 = 42(\text{개})$씩 나열된 것입니다.

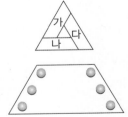

사다리꼴 안의 맨 윗줄에 놓이는 흰 바둑돌 수는 다음 줄에 놓이는 흰 바둑돌 수보다 1개 더 적고, 마찬가지로 가운데 줄의 흰 바둑돌 수는 셋째 줄의 흰 바둑돌 수보다 1개 더 적으므로 가운데 줄의 흰 바둑돌 수는 세 줄에 놓인 흰 바둑돌 수의 평균 수가 됩니다.

따라서 셋째 줄의 흰 바둑돌 수는 $42 \div 3 + 1 = 15(\text{개})$이고, 삼각형의 가장 바깥쪽의 한 변에 나열되어 있는 바둑돌의 수는 $15+3 = 18(\text{개})$입니다.

25 수도관으로 1분간 넣는 물의 양을 1로 하면, 물탱크 안에 들어갈 물의 양은 30입니다.

구멍을 막은 뒤 $34-16=18$(분) 동안 들어간 물의 양은 18이므로 처음 16분 동안 들어간 물의 양은 $30-18=12$입니다.

따라서 1분 동안 $12\div16=\dfrac{3}{4}$씩 들어간 셈이 되어 총 걸리는 시간은 $30\div\dfrac{3}{4}=40$(분)이 되므로 예정 시간보다 $40-30=10$(분) 늦어집니다.

별해

물탱크의 전체의 물의 양을 1이라 하면 수도관으로 1분 동안 들어가는 물의 양은 $1\div30=\dfrac{1}{30}$이고,

1분 동안 새는 물의 양은

$\left\{\dfrac{1}{30}\times(30+4)-1\right\}\div16=\dfrac{1}{120}$입니다.

따라서 물이 계속 새는 상태로 물을 넣었다면

$1\div\left(\dfrac{1}{30}-\dfrac{1}{120}\right)=40$(분)이 걸리므로

예정 시간보다 $40-30=10$(분) 늦어집니다.

제10회 예 상 문 제 `79~86`

1 850	**2** 0
3 2401	**4** $\dfrac{301}{404}$
5 6	**6** 11.5 cm
7 200 cm²	**8** 1 cm
9 490개	**10** 15
11 81개	**12** 850명
13 33.6 kg	**14** 7개
15 $\dfrac{3}{5}$	**16** $\dfrac{17}{21}$배
17 91	**18** 5개
19 9 km	**20** 975
21 516	**22** 4시간
23 150 m	**24** 70마리
25 25 cm²	

1 만들어지는 여섯 자리 자연수 509□□□는 9, 11, 15의 배수가 되므로 9, 11, 15의 최소공배수인 495의 배수입니다.

$509000\div495=1028.28\cdots$

$509999\div495=1030.30\cdots$

이므로 509□□□를 495로 나누었을 때, 몫이 1029 또는 1030이 된다는 것을 알 수 있습니다.

몫이 1029라면 $495\times1029=509355$가 되어 서로 다른 세 숫자를 이어 쓴다는 문제의 조건에 모순이 되므로 $495\times1030=509850$이 되어 509 뒤에 쓸 수 있는 세 자리 수는 850입니다.

2 숫자의 개수를 세어 보면

1~9 ➡ 9개, 10~99 ➡ 180개, 100~132 ➡ 99개

이므로 1부터 132까지 써야 288자리 수가 됩니다.

123, 789와 같이 연속된 세 자연수로 이루어진 세 자리 수는 항상 3의 배수입니다.

따라서 (1 2 3)(4 5 6)(7 8 9)(10 11 12) ⋯ (130, 131, 132)이므로 $132\div3=44$가 되어 44개의 3의 배수가 나오므로 288자리 수는 3의 배수입니다.

따라서 3으로 나누었을 때 나머지는 0이 됩니다.

3 어떤 네 자리 수를 ABCD라 하면

$10 \times 10 \times 10 \times 10 = 10000$(다섯 자리 수)이므로

A＋B＋C＋D는 10보다 작은 자연수이어야 합니다.

$6 \times 6 \times 6 \times 6 = 1296$, $7 \times 7 \times 7 \times 7 = 2401$,

$8 \times 8 \times 8 \times 8 = 4096$, $9 \times 9 \times 9 \times 9 = 6561$

따라서 2＋4＋0＋1＝7이므로 네 자리 수는 2401입니다.

4 다음과 같이 크기가 같은 분수로 고쳐서 보면

$$\frac{1}{4}, \ \frac{1}{2}, \ \frac{7}{12}, \ \frac{5}{8}, \ \frac{13}{20}, \ \frac{2}{3}, \ \frac{19}{28}, \ \frac{11}{16}, \ \cdots$$

$$\downarrow \quad \downarrow \quad \downarrow \quad \downarrow \quad \downarrow \quad \downarrow \quad \downarrow \quad \downarrow$$

$$\frac{1}{4}, \ \frac{4}{8}, \ \frac{7}{12}, \ \frac{10}{16}, \ \frac{13}{20}, \ \frac{16}{24}, \ \frac{19}{28}, \ \frac{22}{32}, \ \cdots$$

분모는 4씩 늘어나고, 분자는 3씩 늘어나는 규칙입니다.

따라서 101번째 분수는 $\dfrac{1+3\times100}{4+4\times100}=\dfrac{301}{404}$입니다.

5 모두 더했을 때

소수 24번째 자리의 숫자 : 3

소수 23번째 자리의 숫자 : 6

소수 22번째 자리의 숫자 : 9

소수 21번째 자리의 숫자 : 2

소수 20번째 자리의 숫자 : 6

소수 19번째 자리의 숫자 : 9

소수 18번째 자리의 숫자 : 2

$\vdots$

여기서 6, 9, 2가 규칙적으로 반복됨을 알 수 있습니다. 따라서 소수 둘째 자리의 숫자는

(24－1－1)÷3＝7 …1이므로 6입니다.

6

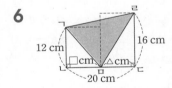

사다리꼴 ㄱㄴㄷㄹ의 넓이는 280 cm²이고, 삼각형 ㄱ ㅁㄹ의 넓이는 143 cm²이므로 삼각형 ㄱㄴㅁ과 삼각형 ㅁㄷㄹ의 넓이의 합은

280－143＝137(cm²)입니다.

그림과 같이 삼각형 ㄱㄴㅁ과 삼각형 ㅁㄷㄹ의 넓이를 각각 두 배로 하는 직사각형을 만들면

△＝(137×2－12×20)÷(16－12)＝8.5(cm)입니다.

따라서 □＝20－8.5＝11.5(cm)입니다.

선분 ㄴㅁ의 길이를 □ cm라 하면 선분 ㅁㄷ의 길이는

(20－□) cm이므로

(12×□÷2)＋16×(20－□)÷2＝137,

□＝11.5입니다.

7

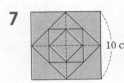

둘째 정사각형의 넓이는 처음 정사각형 넓이의 $\dfrac{1}{2}$이 되고, 셋째 정사각형의 넓이는 둘째 정사각형의 넓이의 $\dfrac{1}{2}$이 됩니다.

이러한 정사각형들의 넓이의 합을 ①이라 하면,

①＝100＋50＋25＋12.5＋⋯입니다.

이 식의 양변에 $\dfrac{1}{2}$을 곱하여 정리하면

$\left(\dfrac{1}{2}\right)$＝50＋25＋12.5＋⋯가 됩니다.

또, 이 두 식을 같은 변끼리 빼면

①$-\left(\dfrac{1}{2}\right)$＝100, $\left(\dfrac{1}{2}\right)$＝100, ①＝200입니다.

따라서 200 cm²입니다.

8

색칠한 사다리꼴의 넓이는

(10＋8)×2÷2＝18(cm²)이고, 삼각형 ㄱㄴㄷ의 넓이는 12×8÷2＝48(cm²)입니다.

삼각형 ㄱㄴㄷ의 넓이의 $\dfrac{1}{3}$은 $48\times\dfrac{1}{3}=16$(cm²)이므로 18－16＝2(cm²)의 넓이를 줄여야 합니다.

삼각형 ㄱㄴㄷ을 선분 ㄴㄷ을 따라 왼쪽으로 이동하면 높이가 2 cm인 평행사변형의 넓이가 줄어듭니다.

따라서 2÷2＝1(cm)를 이동시키면 됩니다.

9 가로, 세로, 높이의 길이를 각각 나누어 생각해 봅니다.

길이가 1 cm인 것이 8×5×6＝240(개)

길이가 2 cm인 것이 7×4×5＝140(개)

길이가 3 cm인 것이 6×3×4＝72(개)

길이가 4 cm인 것이 5×2×3＝30(개)

길이가 5 cm인 것이 4×1×2＝8(개)

따라서 모두 490개입니다.

10 세 면 위의 수의 합이 가장 큰 것은
$6+4+5=15$입니다.

11 점점 흰색 타일의 수가 많아지므로 단계에 따른 타일 수의 차를 구할 때 흰색 타일이 많아지는 6단계부터 구하면 됩니다.

단계	6	7	8	9	10
검은색 타일	6×4	7×4	8×4	9×4	10×4
흰색 타일	5×5	6×6	7×7	8×8	9×9
차	1	8	17	28	41

따라서 흰색 타일의 수는 $9\times9=81$(개)입니다.

12 남학생 수를 □명이라 하여 그림을 그려 보면,

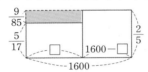

남학생의 $\dfrac{5}{17}$와 여학생의 $\dfrac{2}{5}$의 합이 550명이므로 색칠한 부분의 넓이는 $1600\times\dfrac{2}{5}-550=90$입니다.

따라서 $□=90\div\dfrac{9}{85}$이므로 $□=850$입니다.

별해

남학생 수는 □명, 여학생 수는 $(1600-□)$명이므로
$\dfrac{5}{17}\times□+\dfrac{2}{5}\times(1600-□)=550$에서 $□=850$입니다.

13 전체의 몸무게의 합은
$48.1\times3+39.6\times2=223.5(\text{kg})$입니다.
$A+C+D=39.1\times3 \cdots \text{㉠}$
$B+C+E=46.6\times3 \cdots \text{㉡}$
㉠, ㉡ 식을 변끼리 더하면
$(A+B+C+D+E)+C=257.1(\text{kg})$입니다.
따라서 C는 $257.1-223.5=33.6(\text{kg})$입니다.

별해

$A+C+E=48.1\times3 \cdots \text{㉠}$
$A+C+D=39.1\times3 \cdots \text{㉡}$
$B+C+E=46.6\times3 \cdots \text{㉢}$
$B+D=39.6\times2 \cdots \text{㉣}$
㉡, ㉢의 식을 변끼리 더하면

$(A+B+C+D+E)+C$
$=(39.1+46.6)\times3 \cdots \text{㉤}$이고,
㉠, ㉣식을 변끼리 더하면
$A+B+C+D+E=48.1\times3+39.6\times2 \cdots \text{㉥}$
이므로 ㉥식을 ㉤식에 대입하여 정리하면
$C=33.6(\text{kg})$입니다.

14 ☆의 약수를 △라고 하면, △는 ☆보다 작거나 같습니다. 이러한 수 중 ☆+△=88인 수를 찾으면,
$87+1=88$, $86+2=88$, $85+3=88(\times)$,
$84+4=88$, $83+5=88(\times)$, $82+6=88(\times)$, $\cdots$
이와 같은 수들의 규칙을 찾으면 88의 약수입니다.
따라서 88의 약수는 1, 2, 4, 8, 11, 22, 44, 88이고
$87+1$, $86+2$, $84+4$, $80+8$, $77+11$, $66+22$,
$44+44$이므로 ☆은 87, 86, 84, 80, 77, 66, 44로
모두 7개입니다.

15 우선 A, B, C, D, E 5명의 학생이 한 줄로 서는 경우의 수를 생각하여 봅니다. 그림을 그려 보면

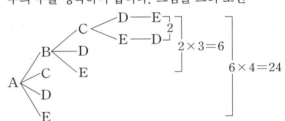

5명의 학생이 한 줄로 서는 경우의 수는
$24\times5=120$(가지)가 됩니다. 이 중에서 A와 B가 항상 이웃하는 경우의 수를 구하여 빼주면 됩니다.
A와 B를 한 사람으로 생각하여 모두 4사람이 한 줄로 서는 경우의 수는 모두 $4\times3\times2\times1=24$(가지)이고, A, B가 줄을 서는 경우의 수는 AB, BA로 2가지이므로 A와 B가 이웃하는 경우의 수는
$24\times2=48$(가지)입니다.
따라서 $120-48=72$(가지)입니다.

➡ $(\text{가능성})=\dfrac{72}{120}=\dfrac{3}{5}$

16 0, 0, 2, 4, 8의 숫자 카드 중에서 3장을 뽑아 세 자리 수를 만드는 경우는

■ ■ ■ ■ **정답과 풀이**

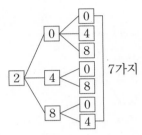

7가지

위와 같은 방법으로 4, 8의 경우에도 각각 7가지씩이 므로 $7 \times 3 = 21$(가지)가 됩니다. 21가지 중 4의 배수 가 아닌 경우는 402, 482, 802, 842로 4가지이므로 4의 배수인 경우는 $21 - 4 = 17$(가지)입니다.

따라서 $\frac{17}{21}$배입니다.

17 $\frac{2\square}{\square5} = \frac{2}{5}$이므로 크기가 같은 분수를 이용하면,

$\frac{2}{5} = \frac{6}{15} = \frac{10}{25} = \frac{14}{35} = \frac{18}{45} = \frac{22}{55} = \frac{26}{65} = \frac{30}{75}$이고,

$\frac{2\boxed{6}}{\boxed{6}5} = \frac{2}{5}$에서 □의 숫자를 지워도 $\frac{2}{5}$이므로

분자는 26, 분모는 65입니다.
따라서 구하는 값은 $65 + 26 = 91$입니다.

18 17개의 말뚝을 박을 때, 말뚝과 말뚝 사이의 간격은 $96 \div (17 - 1) = 6$(m)이고, 13개의 말뚝을 박을 때, 말뚝과 말뚝 사이의 간격은 $96 \div (13 - 1) = 8$(m)입 니다. 따라서 나중 말뚝과 처음 말뚝이 겹쳐지는 부분 은 6 m와 8 m의 공배수인 24 m, 48 m, 72 m, 96 m 부분과 처음 한 부분을 더한 것이 되므로 모두 $4 + 1 = 5$(군데)입니다.
따라서 5개의 말뚝은 뽑지 않고 그대로 놓아둘 수 있 습니다.

19 거리의 $\frac{1}{4}$ 되는 지점에서 시속 5.4 km로 바꿔서 걷고 도중에 쉬지 않았다면 예정 시간보다 $12 + 3 = 15$(분) 일찍 도착합니다.

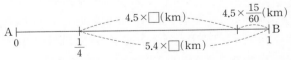

위 수직선에서 한 시간에 5.4 km로 걸은 시간을 □로 놓으면 $\square = \left(4.5 \times \frac{15}{60}\right) \div (5.4 - 4.5) = 1.25$(시간) 입니다.
따라서 총 거리의 $\frac{3}{4}$은 $5.4 \times 1.25 = 6.75$(km)이고,

총 거리는 $6.75 \div \frac{3}{4} = 9$(km)입니다.

20 $9 \times \blacksquare + 4 \times \blacktriangle = 84$이려면 $4 \times \blacktriangle$의 값이 자연수이어 야 합니다. $4 \times \blacktriangle$가 자연수인 경우는 다음과 같이 3가 지입니다.
$4 \times 0.25 = 1$, $4 \times 0.5 = 2$, $4 \times 0.75 = 3$
$9 \times \blacksquare = 84 - (4 \times \blacktriangle)$이므로 $4 \times \blacktriangle = 3$일 때
$9 \times \blacksquare = 81$이고, $\blacksquare = 9$입니다.
따라서 $\blacksquare = 9$, $\blacktriangle = 0.75$이므로
$(\blacksquare + \blacktriangle) \times 100 = (9 + 0.75) \times 100 = 975$입니다.

21 4의 배수인 수를 구해야 하므로 $\frac{1}{4}$을 단위로 하는

수직선에서 보면

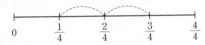

$\frac{1}{4}$과 $\frac{3}{4}$ 사이에는 2칸이고 그 사이에는 1개의 분수가 있습니다. 257개의 분수가 있을 경우는 258개의 칸이

있어야 하므로 $\frac{2}{4} \div 258 = \frac{1}{516}$을 단위로 하는 수직

선을 생각해야 합니다.

즉, $\frac{1}{4} = \frac{129}{516}$, $\frac{3}{4} = \frac{387}{516}$이므로 $\frac{129}{516}$보다 크고

$\frac{387}{516}$보다 작은 분수는 모두 257개입니다.

따라서 ★은 516입니다.

22 A에서 B로 갈 때의 속력을 ⑤라 하면 B에서 A로 갈 때의 속력은 ③이므로 강물은 한 시간에
$(⑤ - ③) \div 2 = 3$(km)의 빠르기에서 ①은 한 시간 에 3 km의 빠르기를 나타냅니다.
따라서 B에서 A로 갈 때의 속력은 한 시간에
$① \times 3 = 9$(km)의 빠르기가 되어 걸리는 시간은
$36 \div 9 = 4$(시간)입니다.

23 A열차의 길이를 ①로 하면 B열차의 길이는 ⑴.⑵입니 다. 그림을 그려 보면

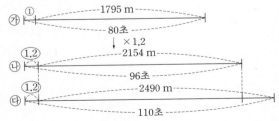

위 수직선 ㉮를 1.2배 하면 수직선 ㉯가 됩니다. 수직선 ㉯와 ㉰를 비교하여 열차의 1초당 빠르기를 구할 수 있습니다.

열차는 1초에

$(2490-2154) \div (110-96) = 24(m)$의

빠르기로 갑니다.

따라서 A열차의 길이는 $80 \times 24 - 1795 = 125(m)$이므로 B열차의 길이는 $125 \times 1.2 = 150(m)$입니다.

24 한 마리의 소가 하루에 먹는 풀의 양을 1이라 하면, 100마리의 소가 6일간 먹는 풀의 양은 600이고, 20일간 먹는 풀의 양은 2000입니다.

20일간 자란 풀의 양은 현재 자라 있는 풀의 양 600을 빼면 되므로 $2000-600=1400$이고, 풀은 하루에 $1400 \div 20 = 70$만큼씩 자랍니다.

따라서 현재 자라 있는 풀의 양이 줄지 않도록 하려면 소를 최대 70마리까지 방목하면 됩니다.

25 정사각형 안에 있는 선분들은 둘레를 구할 때 동시에 2개의 직사각형에 포함되며 정사각형의 네 변은 한 개의 직사각형에만 포함됩니다.

따라서 정사각형의 한 변의 길이를 □cm라고 하면 $\{(5+6) \times 2 + 4\} \times □ = 130$, $26 \times □ = 130$이고 $□ = 5$입니다.

따라서 정사각형의 넓이는 $5 \times 5 = 25(cm^2)$입니다.

---

1 54개	**2** 8990
3 72, 74, 76	**4** 20
5 A : 330, B : 550, C : 555	
6 57 m	**7** 2.25 m
8 $\frac{5}{8}$배	**9** 12 m²
10 14 cm²	**11** $\frac{1}{5}$
12 3.25 km	**13** 소수점 아래 39번째
14 귤 : 32개, 사과 : 18개	**15** 9.02
16 14장	**17** 84개
18 240가지	**19** B 나라
20 효근 : 24시간, 석기 : 40시간	
21 18명	**22** 24 cm
23 18	**24** ㉗, ㉚
25 10가지	

1 200까지의 자연수 중에서

2의 배수는 $200 \div 2 = 100(개)$,

3의 배수는 $200 \div 3 = 66 \cdots 2$에서 66개,

5의 배수는 $200 \div 5 = 40(개)$입니다.

또, 2와 3의 공배수인 6의 배수는

$200 \div 6 = 33 \cdots 2$에서 33개,

2와 5의 공배수인 10의 배수는

$200 \div 10 = 20$에서 20개,

3과 5의 공배수인 15의 배수는

$200 \div 15 = 13 \cdots 5$에서 13개입니다.

또한, 2, 3, 5의 공배수인 30의 배수는

$200 \div 30 = 6 \cdots 20$에서 6개입니다.

따라서 200까지의 자연수 중 2의 배수, 3의 배수, 5의 배수의 각각의 개수를 더하여 6의 배수, 10의 배수, 15의 배수의 각각의 개수를 빼 준 뒤 30의 배수의 개수를 더한 개수가 2 또는 3 또는 5로 나누어떨어지는 수들의 개수이므로 구하는 답은

$200 - \{100 + 66 + 40 - (33 + 20 + 13) + 6\}$

$= 54(개)$입니다.

이것을 그림으로 나타내면 다음과 같습니다.

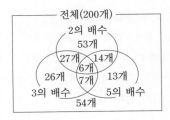

2 $1 \times 2 = \frac{1}{3} \times (1 \times 2 \times 3)$

$2 \times 3 = \frac{1}{3} \times (2 \times 3 \times 4 - 1 \times 2 \times 3)$

$3 \times 4 = \frac{1}{3} \times (3 \times 4 \times 5 - 2 \times 3 \times 4)$

$\vdots \qquad\qquad\qquad \vdots$

$29 \times 30 = \frac{1}{3} \times (29 \times 30 \times 31 - 28 \times 29 \times 30)$

위 29개의 식을 더하면

$1 \times 2 + 2 \times 3 + 3 \times 4 + \cdots + 29 \times 30$

$= \frac{1}{3} \times 29 \times 30 \times 31 = 8990$입니다.

3 연속된 세 짝수의 곱의 일의 자리의 숫자가 8이므로 세 짝수의 일의 자리의 숫자는 각각 2, 4, 6입니다. 또, $70 \times 70 \times 70 = 343000$이고, $80 \times 80 \times 80 = 512000$ 이므로 $72 \times 74 \times 76 = 404928$에서 구하고자 하는 세 짝수는 72, 74, 76 입니다.

4 $\frac{1}{3}$, $\frac{1}{2} = \frac{2}{4}$, $\frac{3}{5}$, $\frac{2}{3} = \frac{4}{6}$, $\frac{5}{7}$, $\frac{3}{4} = \frac{6}{8}$, …이므로 분자는 1, 2, 3, 4, 5, 6, …으로 1씩 커지고, 분모는 분자보다 2씩 더 큰 수입니다.

따라서 $\frac{14}{15} = \frac{28}{30}$이므로 28번째 분수이고 $\frac{24}{25} = \frac{48}{50}$이므로 48번째 분수입니다.

그러므로 ㉠과 ㉡의 차는 $48 - 28 = 20$입니다.

5 B를 □라고 하면 $A = 0.6 \times \square$, $C = \square + 5$이므로 $A + B + C = 0.6 \times \square + \square + \square + 5 = 1435$에서 $\square \times 2.6 = 1430$, $\square = 550$ 따라서 $A = 550 \times 0.6 = 330$, $B = 550$, $C = 550 + 5 = 555$입니다.

6 첫 번째에 전체 길이의 $\frac{1}{3}$보다 6 m 더 사용하였으므로

두 번째에는 전체 길이의 $\frac{1}{3} \times 1\frac{1}{5} = \frac{2}{5}$보다

$6 \times 1\frac{1}{5} = 7.2$(m) 더 사용한 셈입니다.

또, 남은 철사의 길이가 2 m이므로

$6 + 7.2 + 2 = 15.2$(m)는 전체 길이의

$1 - \left(\frac{1}{3} + \frac{2}{5}\right) = \frac{4}{15}$에 해당됩니다.

따라서 철사의 처음 길이는 $15.2 \div \frac{4}{15} = 57$(m)입니다.

별해

철사의 처음 길이를 □ m로 놓으면,

$\frac{1}{3} \times \square + 6 + \left(\frac{1}{3} \times \square + 6\right) \times 1\frac{1}{5} + 2 = \square$, $\square = 57$ 입니다.

7 처음 높이를 1로 보면

A가 두 번째로 튀어오른 높이는 $\frac{2}{3} \times \frac{2}{3} = \frac{4}{9}$,

B가 두 번째로 튀어오른 높이는 $\frac{3}{5} \times \frac{3}{5} = \frac{9}{25}$이므로

그 높이의 차는 $\frac{4}{9} - \frac{9}{25} = \frac{19}{225}$입니다.

이것이 19 cm를 뜻하므로 공을 떨어뜨린 높이는

$19 \div \frac{19}{225} = 225$(cm) $= 2.25$(m)입니다.

8

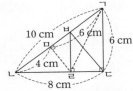

선분 ㅂㄹ을 밑변으로 하는 두 삼각형 ㅂㄹㄱ과 ㅂㄹ ㄷ의 넓이는 같으므로 삼각형 ㅂㄴㄷ의 넓이는 삼각형 ㄱㄴㄹ의 넓이와 같습니다.

(삼각형 ㄱㄴㄷ의 넓이)

$=$(삼각형 ㅁㄴㄹ의 넓이)$+$(삼각형 ㄱㄹㄷ의 넓이)$\times 2$ 이므로

(선분 ㄷㄹ)$=$(선분 ㅁㄹ)$= \square$ cm라 하면

$8 \times 6 \times \frac{1}{2} = 4 \times \square \times \frac{1}{2} + \square \times 6 \times \frac{1}{2} \times 2$,

$\square = 3$(cm)입니다.

따라서 삼각형 ㄱㄴㄹ의 넓이는 삼각형 ㄱㄴㄷ의 넓이의 $\frac{5}{8}$배입니다.

9

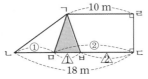

사다리꼴 ㄱㄴㄷㄹ의 넓이가 84 m^2이므로 높이는
$84 \times 2 \div (10+18) = 6(\text{m})$입니다.

그림에서 △이 $18 \times \dfrac{2}{3} \times \dfrac{1}{3} = 4(\text{m})$이므로

삼각형 ㄱㅁㅂ의 넓이는

$4 \times 6 \div 2 = 12(\text{m}^2)$입니다.

10

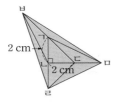

그림에서 삼각형 ㄱㄴㄷ의 넓이는
$2 \times 2 \div 2 = 2(\text{cm}^2)$입니다. 보조선 ㄱㅁ, ㄴㅂ, ㄷㄹ
을 그어 보면 삼각형 ㄱㄴㄷ의 넓이와 같아지는 삼각
형이 6개 만들어집니다. 따라서 삼각형 ㄹㅁㅂ의 넓이
는 $2 \times (1+6) = 14(\text{cm}^2)$입니다.

11 3점과 7점을 받은 학생은 모두 9명이고, 이 9명의 학
생이 받은 점수의 합은
$5.3 \times 40 - (2 \times 3 + 4 \times 5 + 5 \times 7 + 6 \times 10 + 8 \times 2 + 9 \times 2 + 10 \times 1) = 47$(점)입니다.

만약, 9명 모두 7점을 받았다고 가정하면,
점수의 합은 $9 \times 7 = 63$(점)이 되므로 실제 점수 47점
과 $63 - 47 = 16$(점) 차이가 생깁니다.

이것은 3점과 7점의 점수 차이에 의한 것이므로 3점
을 받은 학생 수는 $16 \div (7-3) = 4$(명)이 됩니다.

따라서 4점보다 낮은 점수를 받은 학생은 모두
$1 + 3 + 4 = 8$(명)으로 전체의 $\dfrac{1}{5}$입니다.

12 A와 B가 한 시간 동안 가는 빠르기의 합은
$18 \div 3 = 6(\text{km})$입니다. 그런데 A가 B보다 한 시간
에 0.5 km씩 빠르므로 A는 한 시간에
$(6+0.5) \div 2 = 3.25(\text{km})$의 빠르기로 갑니다.

13 $5\dfrac{32}{135} = 5.2370370\cdots$이므로 5.2 뒤로 3, 7, 0이 반
복됩니다. 3, 7, 0이 반복된 횟수를 x번이라 하면
$5 + 2 + (3+7+0) \times x \leq 131$에서

$10 \times x \leq 124$이므로 $x = 12$입니다.
따라서 $5 + 2 + (3+7+0) \times 12 = 127$이므로
$131 - 127 = 4$에서 3의 다음 자리 숫자인 7에서 반올
림한 것입니다. 그러므로 반올림한 자릿수는 소수점
아래 $1 + 3 \times 12 + 2 = 39$(번째)입니다.

14 귤 하나의 값을 1로 놓으면 갖고 있는 돈은 80입니다.
또 사과 하나의 값은 $80 \div 30 = 2\dfrac{2}{3}$가 됩니다. 귤만
50개 산다고 가정하면 필요한 돈은 $50 \times 1 = 50$이므
로 실제로 드는 돈과의 차는 $80 - 50 = 30$입니다. 이
것은 사과 1개 값과 귤 1개 값의 차이 때문에 생긴 것
입니다.

따라서 사과는 $30 \div \left(2\dfrac{2}{3} - 1\right) = 18$(개),

귤은 $50 - 18 = 32$(개) 사면 됩니다.

별해

가지고 있는 돈을 1로 보면 귤 1개의 값은 $\dfrac{1}{80}$, 사과

한 개의 값은 $\dfrac{1}{30}$입니다. 사려는 귤의 개수를 □개라

하면 사과의 개수는 $50 - □$개이므로,

$\dfrac{1}{80} \times □ + \dfrac{1}{30} \times (50 - □) = 1$, $□ = 32$입니다.

따라서 사과는 18개, 귤은 32개 사면 됩니다.

15 반올림하여 자연수까지 나타내면 3이 되는 수는 2.5
이상 3.5 미만의 수이므로 2.50, 2.51, 2.52, …,
3.49입니다.

$36 = 2 \times 2 \times 3 \times 3$이므로 조건에 맞는 수를 $2.㉠㉡$ 또
는 $3.㉢㉣$이라 하면
$(㉠, ㉡) \Rightarrow (6, 3), (9, 2),$
$(㉢, ㉣) \Rightarrow (2, 6), (3, 4), (4, 3)$

따라서 조건에 맞는 소수는 2.63, 2.92, 3.26, 3.34,
3.43이고 이 중 가장 큰 수와 가장 작은 수의 곱은
$3.43 \times 2.63 = 9.0209$이므로 반올림하여 소수 둘째
자리까지 나타내면 9.02입니다.

16 어떤 카드가 앞면이 되려면 그 카드를 뒤집은 학생 수
는 홀수가 되어야 합니다. 가령 ④번 카드는 첫 번째,
두 번째, 네 번째 학생이 뒤집게 되므로 앞면인 상태가
됩니다. ⑨번 카드는 첫 번째, 세 번째, 아홉 번째 학
생이 뒤집게 되므로 역시 앞면인 상태가 됩니다. 이와
같이 뒤집는 학생 수를 홀수로 만드는 카드의 수는 같

은 자연수를 두 번 곱한 수로
1×1, 2×2, $\cdots$, 13×13, 14×14까지 모두 14장입니다.

17 9개의 점 ㄱ, ㄴ, ㄷ, ㄹ, ㅁ, ㅂ, ㅅ, ㅇ, ㅈ 중 세 점을 차례로 뽑는 방법은 $9 \times 8 \times 7$(가지)입니다.
그런데 ㄱㄴㄷ, ㄱㄷㄴ, ㄴㄱㄷ, ㄴㄷㄱ, ㄷㄱㄴ, ㄷㄴㄱ은 같은 것이므로 6으로 나누어야 합니다.
따라서 만들 수 있는 삼각형의 총 개수는
$(9 \times 8 \times 7) \div 6 = 84$(개)입니다.

18
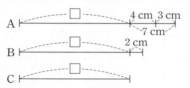

위의 그림에서와 같이 ㄱ에서 ㄴ까지 가는 방법은 모두 4가지, ㄴ에서 ㄷ까지 가는 방법은 모두 6가지, ㄷ에서 ㄹ까지 가는 방법은 모두 10가지이므로 ㄱ에서 ㄴ, ㄷ을 거쳐 ㄹ까지 가는 방법은
$4 \times 6 \times 10 = 240$(가지)입니다.

19 예상이 맞으면 ○, 틀리면 ×를 표에 표시합니다.

1등한 나라 / 학생	A	B	C	D
한솔	×	○	×	×
동민	×	×	○	○
석기	×	○	○	×
효근	×	×	○	×

위의 표에서 두 사람의 예상이 맞을 때는 B 나라가 1등을 할 때입니다.

20 효근이와 석기가 함께 일하여 1시간 동안 하는 일은 전체 일의 $\frac{1}{15}$입니다. 두 사람이 함께 일한 양은
$\frac{1}{15} \times 6 = \frac{2}{5}$이므로 앞으로 해야 할 일은 $1 - \frac{2}{5} = \frac{3}{5}$입니다. 나머지 일을 석기 혼자서 24시간 동안 모두 하였으므로 석기가 1시간 동안하는 일의 양은
$\frac{3}{5} \div 24 = \frac{1}{40}$이고, 효근이가 1시간 동안 하는 일의 양은 $\frac{1}{15} - \frac{1}{40} = \frac{1}{24}$입니다.
따라서 혼자 이 일을 모두 한다면 석기는 40시간, 효근이는 24시간 걸립니다.

21 정류장에서 내리지 않은 사람 수는 $25 - 8 = 17$(명)이므로 정류장에서 내린 사람 수는 $30 - 17 = 13$(명)이고, 이 중에서 9명이 여자이므로 $13 - 9 = 4$(명)은 남자입니다.
4명이 남자의 $\frac{1}{3}$이므로 남자는 $4 \div \frac{1}{3} = 12$(명), 여자는 $30 - 12 = 18$(명) 있었습니다.

22 선분도를 그려서 생각해 봅니다. 가장 긴 끈을 A, 중간 끈을 B, 가장 짧은 끈을 C라 합니다.

A와 C의 차는 7 cm인데, A와 C의 합이 B의 2배보다 3 cm 길다고 하였으므로 A와 C의 차가
$7 - 3 = 4$(cm)일 때, A와 C의 합은 B의 2배가 됩니다.
따라서 B는 C보다 2 cm 더 깁니다. 그러므로 C의 길이는 $\{60 - (7 + 2)\} \div 3 = 17$(cm)이고, A의 길이는 $17 + 7 = 24$(cm)가 됩니다.

23 $\frac{1}{20} = 1 - \frac{1}{A} - \frac{1}{B} - \frac{1}{C} - \frac{1}{D}$에서
$\frac{1}{A} + \frac{1}{B} + \frac{1}{C} + \frac{1}{D} = \frac{19}{20}$입니다.
$$\frac{19}{20} = \frac{10}{20} + \frac{5}{20} + \frac{4}{20}$$
$$= \frac{1}{2} + \frac{1}{4} + \frac{1}{5}$$이고,
$\frac{1}{2} = \frac{1}{3} + \frac{1}{6}$이므로 $\frac{19}{20} = \frac{1}{3} + \frac{1}{4} + \frac{1}{5} + \frac{1}{6}$입니다.
따라서 A+B+C+D의 최솟값은
$3 + 4 + 5 + 6 = 18$입니다.

24 규칙을 찾아보면 □가 홀수 번호일 때, 선분의 길이는
$(□ + 1) \div 2 + 1$(cm)이므로 15 cm인 번호는
$(15 - 1) \times 2 - 1 = 27$(번)입니다.
또한, △가 짝수 번호일 때, 선분의 길이는
$△ \div 2$(cm)이므로 15 cm인 번호는 $15 \times 2 = 30$(번)입니다.
따라서 길이가 15 cm인 선분에 붙은 번호는 ㉗, ㉚입니다.

별해

선분을 4개씩 묶어 보면 길이는 다음과 같은 규칙을 가지게 됩니다.

(2, 1, 3, 2), (4, 3, 5, 4),
(6, 5, 7, 6), (8, 7, 9, 8),
(10, 9, 11, 10), (12, 11, 13, 12),
(14, 13, 15̲, 14), (16, 15̲, 17, 16), …

따라서 길이가 15 cm인 선분에 붙는 번호는 ㉗, ㉚입니다.

25 가운데를 4개로 만들 경우 : 6가지

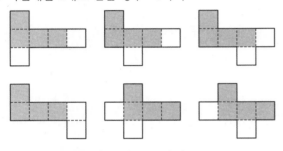

가운데를 3개로 만들 경우 : 4가지

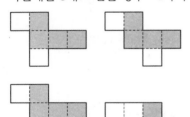

따라서 모두 6+4=10(가지)

1 $\dfrac{83}{1512}$		**2** 6	

3 24, 26, 28, 30, 32   **4** 198

5 550   **6** 144 cm²

7 9개   **8** 4 cm²

9 8배   **10** 100 cm²

11 오각형, 31.5 cm²   **12** 12개

13 석기 : 95점, 효근 : 99점

14 83군데   **15** 144가지

16 거미 : 8마리, 잠자리 : 10마리, 파리 : 7마리

17 1   **18** 72

19 의자 수 : 109개, 학생 수 : 438명

20 현악부 : 30명, 관악부 : 48명

21 1296 cm²   **22** B, $\dfrac{4}{105}$

23 4일   **24** 26개

25 한솔 : 3등, 동민 : 2등, 효근 : 5등,
　　예슬 : 1등, 가영 : 4등

1
$$\frac{1}{1\times2\times3\times4}=\frac{1}{3}\times\left(\frac{1}{1\times2\times3}-\frac{1}{2\times3\times4}\right)$$
$$\frac{1}{2\times3\times4\times5}=\frac{1}{3}\times\left(\frac{1}{2\times3\times4}-\frac{1}{3\times4\times5}\right)$$
$$\vdots\qquad\qquad\qquad\vdots$$
$$\frac{1}{6\times7\times8\times9}=\frac{1}{3}\times\left(\frac{1}{6\times7\times8}-\frac{1}{7\times8\times9}\right)$$

따라서 주어진 식의 결과는

$$\frac{1}{3}\times\left(\frac{1}{1\times2\times3}-\frac{1}{7\times8\times9}\right)$$
$$=\frac{1}{3}\times\left(\frac{84}{504}-\frac{1}{504}\right)=\frac{1}{3}\times\frac{83}{504}=\frac{83}{1512}$$입니다.

2 A를 9로 나누었을 때의 나머지는 5보다 큰 수 중 약수가 2개뿐인 수이므로 7이 됩니다.
따라서 A=9×10+7=97이므로 A를 7로 나눈 나머지는 97÷7=13…6에서 6입니다.

3 한가운데 수는 가장 작은 수와 가장 큰 수의 합의 $\dfrac{1}{2}$입니다. 또, 한가운데 수가 가장 작은 수와 가장 큰 수의

합의 $\frac{1}{8}$보다 21 더 크다고 하였으므로 수직선으로 그려 보면

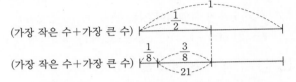

위 수직선에서 가장 작은 수와 가장 큰 수의 합은
$21 \div \frac{3}{8} = 56$입니다. 따라서 한가운데 수는
$56 \times \frac{1}{2} = 28$이므로 다섯 개의 짝수는 24, 26, 28, 30, 32입니다.

 별해

5개의 짝수를 □−4, □−2, □, □+2, □+4로 놓으면 □=(□−4+□+4)×$\frac{1}{8}$+21에서 □=28입니다.
따라서 5개의 짝수는 24, 26, 28, 30, 32입니다.

4 $\frac{55 \times 2475}{⑦ \times ⑦ \times ⑦} = \frac{1}{⑪}$에서
$55 \times 2475 = 5 \times 11 \times 3 \times 3 \times 5 \times 5 \times 11$이므로
⑦×⑦×⑦ = 3×3×5×5×5×11×11×⑪입니다.
(3×5×11)×(3×5×11)×(5×⑪)는 ⑦를 3번 곱한 수이므로 이를 만족하는 가장 작은 ⑪는
3×11=33입니다.
따라서 ⑦+⑪의 최솟값은 (3×5×11)+33=198입니다.

5 ▲−☆를 구하면
$500+(502-501)+(504-503)+\cdots+(600-599)$
50개
따라서 $500+1 \times 50 = 550$입니다.

6 우선 1층에서 면과 면이 맞닿는 부분의 넓이는 $24\ cm^2$이고, 이와 같은 것이 4층으로 이루어져 있으므로
$24 \times 4 = 96(cm^2)$입니다.
또, 1층과 2층 사이에는 맞닿는 면의 넓이가 $16\ cm^2$이므로 4층까지 모두 $16 \times 3 = 48(cm^2)$가 됩니다.
따라서 $96+48 = 144(cm^2)$입니다.

7 먼저 직선 가에 대하여 대칭이 되도록 색칠합니다.

그리고 직선 나에 대하여 대칭이 되도록 색칠합니다.

따라서 색이 칠해지지 않는 정사각형은 모두 9개입니다.

8 색칠된 두 사다리꼴은 각각 윗변과 아랫변의 길이가 서로 같은 도형입니다. 높이는 양쪽 합하여 2 cm이므로
$(1+3) \times 2 \times \frac{1}{2} = 4(cm^2)$입니다.

9

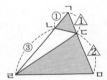

삼각형 ㄱㄹㅁ의 넓이를 1로 놓으면
삼각형 ㄱㄴㄷ의 넓이는 $\frac{1}{3} \times \frac{1}{4} = \frac{1}{12}$이 되며,
삼각형 ㄷㄹㅁ의 넓이는 $\frac{2}{3}$가 됩니다.
따라서 삼각형 ㄷㄹㅁ의 넓이는 삼각형 ㄱㄴㄷ의 넓이의 $\frac{2}{3} \div \frac{1}{12} = 8$(배)입니다.

10

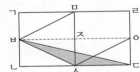

직사각형 ㄱㄴㄷㄹ의 넓이를 1로 놓으면, 삼각형 ㅂㅅㄷ의 넓이는 삼각형 ㅇㅅㄷ의 넓이와 같으므로 전체의 $\frac{1}{8}$입니다. 또, 삼각형 ㅂㅅㄷ의 넓이는 삼각형 ㅂㅅㅈ의 넓이와도 같으므로 삼각형 ㅁㅂㅅ의 넓이는 삼각형 ㅂㅅㄷ넓이의 2배가 됩니다. 따라서 삼각형 ㅁㅂㅅ의 넓이는 $50 \times 2 = 100(cm^2)$입니다.

11 19초 후 겹친 모양을 그려 살펴봅니다.

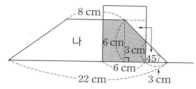

직사각형과 사다리꼴이 19초 후 겹친 부분은 오각형이 됩니다. 또, 그림에서와 같이 합동이고 직각인 이등변삼각형이 나타나므로 겹쳐진 부분의 넓이는

$6 \times 6 - 3 \times 3 \times \frac{1}{2} = 31.5 (\text{cm}^2)$가 됩니다.

12

   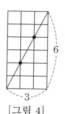

[그림 1]　　[그림 2]　　[그림 3]　　[그림 4]

위의 그림에서 [그림 1]과 [그림 2]에서는 지나는 점이 없습니다. 공통점은 가로와 세로의 공약수가 한 개뿐인 관계입니다. [그림 3]과 [그림 4]에서는 지나는 점이 존재하고, 가로와 세로의 공약수가 2개 이상이며 공통점은 지나는 점의 개수가 가로와 세로의 최대공약수보다 1 작은 수입니다. 즉, [그림 3]은 지나는 점의 개수가 (2와 4의 최대공약수)−1=1(개), [그림 4]의 지나는 점의 개수는 (3과 6의 최대공약수)−1=2(개)입니다.

이와 같은 방법으로 생각하면 문제에서 지나는 점의 개수는 (52와 91의 최대공약수)−1=12(개)입니다.

13 8명의 총 점수는 $72 \times 8 = 576$(점)이므로 석기와 효근이의 점수의 합은

$576 - (71 + 49 + 92 + 62 + 66 + 42) = 194$(점)

입니다. 효근이의 점수가 최고이므로 점수의 범위는 $194 \div 2 = 97$(점)과 같거나 높고 100점과 같거나 낮습니다.

예슬이와 영수의 점수를 볼 때, 예슬이의 2배보다 1점 많은 점수는 $49 \times 2 + 1 = 99$(점), 영수의 2배보다 1점 많은 점수는 $42 \times 2 + 1 = 85$(점)입니다.

따라서 효근이의 점수는 예슬이의 점수의 2배보다 1점 많은 99점이고, 석기의 점수는 $194 - 99 = 95$(점)입니다.

14 2, 3, 4, ⑥, 8, 9, 10, ⑫, 14, 15, 16, ⑱, 20, ⋯, 498, 500

위의 수의 나열을 보면 6의 배수의 개수는 연속된 3개의 자연수가 나열되어 있는 곳의 개수와 같습니다. 따라서 $500 \div 6 = 83 \cdots 2$이므로 83군데입니다.

15 그림으로 나타내어 보면,

A ⟨⟩ B ⟨⟩ C ⟨⟩ D

갈 때 방법은 $3 \times 2 \times 4 = 24$(가지)이고, 돌아올 때 방법은 $(4-1) \times (2-1) \times (3-1) = 6$(가지)이므로 왕복하는 방법은 $24 \times 6 = 144$(가지)입니다.

16 잠자리와 파리는 한 마리당 다리 수가 같으므로 곤충이 모두 거미라고 가정하면 잠자리 수와 파리 수의 합은 $(8 \times 25 - 166) \div (8 - 6) = 17$(마리)가 되므로 거미의 수는 $25 - 17 = 8$(마리)입니다.

한편, 17마리 모두 잠자리라고 가정하면 파리 수는 $(17 \times 2 - 27) \div (2 - 1) = 7$(마리)가 되므로 잠자리 수는 $17 - 7 = 10$(마리)입니다.

17 1, 8, 9, 16, 17, 24, 25, ⋯에서 8은 2번째 수로 2×4의 꼴, 16은 4번째 수로 4×4의 꼴, 24는 6번째 수로 6×4의 꼴이 됨을 알 수 있습니다. 또, 홀수의 수는 첫 번째 1을 제외하고는 짝수항의 수보다 항상 1 큰 수로 이어지고 있습니다.

따라서 253번째 수는 252번째 수에 1을 더한 수와 같게 되므로 $252 \times 4 + 1 = 1009$가 됩니다.

그러므로 $1009 \div 9 = 112 \cdots 1$에서 나머지는 1입니다.

별해

1 ⑧ 9 ⑯ 17 ㉔ 25 ⋯
　 +1　 +1　 +1

위와 같은 규칙이 있으므로 253번째 수는

$1 + (252 \div 2) \times 8 = 1009$입니다.

따라서 $1009 \div 9 = 112 \cdots 1$이므로 나머지는 1입니다.

18 A+B는 C의 5배이므로 A+B는 5의 배수입니다. A와 B의 최대공약수는 18이므로 A와 B는 18의 배수이고 A+B도 18의 배수입니다. 따라서 A+B는 5와 18의 공배수이므로 90의 배수이고 $200 \le A+B+C \le 300$이므로 A+B는 90, 180, 270 중 하나입니다.

　ⅰ) A+B=90이면 C=90÷5=18이고

A+B+C=90+18=108이 되어 조건에 맞지 않습니다.

ii) A+B=180이면 C=180÷5=36이고,
A+B+C=180+36=216입니다.

18) $\underset{a\;b}{)\underline{A\;B}}$ A=18×a, B=18×b이므로
A+B=180, 18×(a+b)=180
에서 a+b=10이고 a<b, a와 b의 최대공약수는 1입니다.
a=1, b=9일 때 A=18, B=162
a=3, b=7일 때 A=54, B=126
따라서 A가 될 수 있는 수는 18, 54입니다.

iii) A+B=270이면 C=270÷5=54이고
A+B+C=270+54=324이므로 조건에 맞지 않습니다.

그러므로 A가 될 수 있는 서로 다른 모든 수의 합은 18+54=72입니다.

19 전체 학생을 1개의 의자에 4명씩 앉게 하면 2명이 남게 되고, 5명씩 앉게 하면 21×5+(5−3)=107(명)이 부족하여 의자를 채울 수 없는 셈이 되므로
의자 수는 (107+2)÷(5−4)=109(개)가 됩니다.
또, 의자 수가 109개이므로 학생 수는
4×109+2=438(명)입니다.

별해
의자 수를 □개로 놓으면 학생 수는 4×□+2 또는 5×(□−21)−2이므로
4×□+2=5×(□−21)−2에서 □=109이고,
학생 수는 4×109+2=438(명)입니다.

20 현악부 인원의 $\frac{1}{2}$과 관악부 인원의 $\frac{3}{8}$의 합이 33명이므로 현악부 인원과 관악부 인원의 $\frac{6}{8}$의 합은 66명입니다. 따라서 관악부 인원의 $1-\frac{6}{8}=\frac{1}{4}$은
78−66=12(명)을 뜻하게 되므로
관악부 인원은 $12\div\frac{1}{4}=48$(명)이고,
현악부 인원은 78−48=30(명)입니다.

21 직사각형 모양 조각의 짧은 쪽의 길이를 x cm라 하면 긴쪽의 길이는 6×x(cm)입니다.
(x+6×x)×2=42에서 x=3(cm)이므로 가장

큰 정사각형의 한 변의 길이는 3×12=36(cm)입니다. 따라서 가장 큰 정사각형의 넓이는
36×36=1296(cm²)입니다.

22 A는 하루에 전체 일의 $\frac{1}{21}$만큼, B는 전체 일의 $\frac{1}{15}$만큼 일을 하므로 두 사람이 교대로 2일간 한 일의 양은 $\frac{1}{21}+\frac{1}{15}=\frac{4}{35}$입니다.
따라서 16일간 한 일의 양은 $\frac{4}{35}\times8=\frac{32}{35}$이므로
남은 일 $\frac{3}{35}$ 중에서 17일째는 A가 $\frac{1}{21}$만큼 일하고,
18일 째는 B가 $\frac{3}{35}-\frac{1}{21}=\frac{4}{105}$만큼의 일을 하여 끝마치게 됩니다.

23 전체 일의 양을 1로 놓으면, A트럭 1대가 1시간에 하는 일의 양은 전체의 $\frac{1}{480}$, B트럭 1대가 1시간에 하는 일의 양은 전체의 $\frac{1}{600}$, C트럭 1대가 1시간에 하는 일의 양은 전체의 $\frac{1}{120}$입니다.
따라서 $\left(\frac{1}{480}\times4+\frac{1}{600}\times5+\frac{1}{120}\times3\right)\times6=\frac{1}{4}$
이므로 $1\div\frac{1}{4}=4$(일) 걸립니다.

24 맨 마지막 ㉰의 구슬의 개수는
$49\div\left(1+\frac{4}{5}+1\frac{7}{15}\right)=15$(개)
㉮의 구슬의 개수는 $15\times\frac{4}{5}=12$(개),
㉯의 구슬의 개수는 49−(15+12)=22(개)입니다.
거꾸로 생각하여 풀면

㉮ 12 — 6 — 3 — 26
㉯ 22 — 11 — 30 — 15
㉰ 15 — 32 — 16 — 8

마지막   ㉰가   ㉯가   ㉮가
          주기 전 주기 전 주기 전

따라서 ㉮는 26개의 구슬을 가지고 있었습니다.

25 동민이를 3등으로 가정하면 예슬이는 2등이 됩니다. 예슬이가 2등이면 가영이는 4등이 아니므로 한솔이는 1등입니다. 한솔이가 1등이면 효근이는 1등이 아니므로 동민이는 2등이 되어 모순이 생깁니다.

그러므로 효근이는 5등이어야 하며, 이어서 동민이는 2등이 되며 예슬이는 2등이 아니므로 가영이는 4등이고 한솔이는 3등이 됩니다. 나머지 1등은 자연히 예슬이가 됩니다. 따라서 한솔이는 3등, 동민이는 2등, 효근이는 5등, 예슬이는 1등, 가영이는 4등입니다.

제13회 **예 상 문 제**	103~110

1 729   **2** $45\frac{2}{5}$

3 52번째   **4** 58

5 9   **6** 39명

7 175 cm²

8 정삼각형 : 8개, 정사각형 : 6개,
    꼭짓점의 수 : 12개, 모서리의 수 : 24개

9 42   **10** 4

11 꼭짓점의 수 : 60개, 모서리의 수 : 90개

12 1200개   **13** 12 cm

14 25 cm²   **15** 20 cm²

16 $\frac{10}{11}$배

17 큰 물탱크 : 4시간 30분
    작은 물탱크 : 1시간 20분

18 352   **19** 6점

20 120 t   **21** 20개

22 104개

23 부모님의 연세의 합 : 76살
    큰 아이의 나이 : 10살

24 16000개   **25** 6개

1 360의 약수의 개수는 24개이고, 20의 약수의 개수는 6개입니다.
따라서 $n(360) \div n(20) \times n(X) = 28$에서
$24 \div 6 \times n(X) = 28$, $n(X) = 7$이 됩니다.
약수의 개수가 7개인 자연수 중에서 1000에 가장 가까운 수를 구하면 됩니다. 약수의 개수가 7개인 자연수는 약수의 개수가 2개인 수를 6번 곱한 수입니다.

예를 들어 $2 \times 2 \times 2 \times 2 \times 2 \times 2 = 64$이며 64의 약수의 개수는 1, 2, 4, 8, 16, 32, 64로 7개입니다.
따라서 $3 \times 3 \times 3 \times 3 \times 3 \times 3 = 729$,
$5 \times 5 \times 5 \times 5 \times 5 \times 5 = 15625$이므로
구하는 답은 729입니다.

2 $1 + 2\frac{1}{6} + 3\frac{1}{12} + 4\frac{1}{20} + 5\frac{1}{30} + 6\frac{1}{42} + 7\frac{1}{56}$
$\qquad + 8\frac{1}{72} + 9\frac{1}{90}$
$= (1+2+3+4+5+6+7+8+9)$
$\quad + \left(\frac{1}{6} + \frac{1}{12} + \frac{1}{20} + \frac{1}{30} + \frac{1}{42} + \frac{1}{56} + \frac{1}{72}\right.$
$\qquad \left. + \frac{1}{90}\right)$
$= 45 + \left(\frac{1}{2} - \frac{1}{3} + \frac{1}{3} - \frac{1}{4} + \frac{1}{4} - \frac{1}{5} + \frac{1}{5} - \frac{1}{6}\right.$
$\qquad \left. + \frac{1}{6} - \frac{1}{7} + \frac{1}{7} - \frac{1}{8} + \frac{1}{8} - \frac{1}{9} + \frac{1}{9} - \frac{1}{10}\right)$
$= 45 + \left(\frac{1}{2} - \frac{1}{10}\right)$
$= 45\frac{2}{5}$

3 1, 3, 3, 3, 5, 5, 5, 5, 5, …
    1   3×3   5×5   …
$1 + 3 \times 3 + 5 \times 5 + 7 \times 7 + 9 \times 9 + 11 \times 11 + 13 \times 13$
$= 455$이므로 500보다 45만큼 작습니다.
$45 = 15 + 15 + 15$이므로 500은
$1 + 3 + 5 + 7 + 9 + 11 + 13 + 3 = 52$(번째) 수까지의 합입니다.

4 $43680 = 2 \times 2 \times 2 \times 2 \times 2 \times 3 \times 5 \times 7 \times 13$
$\qquad\qquad = 13 \times 14 \times 15 \times 16$이므로
네 수의 합은 $13 + 14 + 15 + 16 = 58$입니다.

5 $\qquad\qquad 7$
$\qquad\qquad 7 \times 7 = 49$
$\qquad\quad 7 \times 7 \times 7 = 343$
$\qquad 7 \times 7 \times 7 \times 7 = 2401$
$\quad 7 \times 7 \times 7 \times 7 \times 7 = 16807$
$\qquad\qquad\qquad \vdots$
7을 거듭하여 곱해 나갈 때, 7, 9, 3, 1로 일의 자리의 숫자가 반복됩니다.
따라서 $98 \div 4 = 24 \cdots 2$이므로 $[7^{98}] = 9$가 됩니다.

6 $777 \div 4 = 194 \cdots 1$이므로 끝에 선 학생은 1을 불렀고, $777 \div 5 = 155 \cdots 2$이므로 처음 학생은 2를 불렀습니다. 뒤에서부터 세 번째 학생이 두 번 부른 번호는 3이고 그 후에는 4와 5의 최소공배수인 20번째 학생이 두 번 모두 3을 부릅니다.

따라서 $777 - 3 = 774$(명)을 매 20명이 한 조가 되게 하면 $774 \div 20 = 38 \cdots 14$이므로 3을 두 번 부른 학생은 $38 + 1 = 39$(명)입니다.

7 직사각형 나의 가로와 세로의 길이의 합을 ⑫로 하면 직사각형 가의 가로의 길이는 ④, 세로의 길이는 ⑧로 놓을 수 있습니다. 직사각형 가의 넓이가 160 cm^2이므로 ④×⑧=160에서 ①이 5 cm^2를 나타냅니다.

따라서 직사각형 나의 넓이는 ⑤×⑦=㉟이므로 ㉟×5=175(cm²)가 됩니다.

8

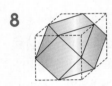

정사각형이 6개, 정삼각형이 8개가 만들어지며 꼭짓점의 수는 12개, 모서리의 수는 24개입니다.

9

모서리의 수는 30개, 면의 수는 12개이므로 ㉠+㉡=42입니다.

10 맨 앞쪽 정육면체의 3부터 시작하여 3과 마주 보는 면의 수는 4이고, 4와 맞붙여진 면의 수는 4, 두 번째 정육면체의 4와 마주 보는 면의 수는 3, 3과 맞붙여진 면의 수는 5이고, 5와 마주 보는 면의 수는 2입니다. 또한, 가운데 정육면체의 바닥에 닿는 면의 수는 4이므로 이 정육면체의 왼쪽과 오른쪽 면의 수는 1, 6이거나 6, 1입니다. 오른쪽 수가 1이면 1에 맞붙는 면의 수가 7이므로 잘못된 것입니다. 따라서 오른쪽 면의 숫자는 6이고 6에 맞붙여진 면의 수는 2이며, 2와 마주 보는 면의 수는 5, 5와 맞붙여진 면의 수는 3이므로 가는 4가 됩니다.

11 정이십면체의 꼭짓점의 수는 12개인데 각 꼭짓점을 오각형이 되게 자르므로 꼭짓점의 수는 $12 \times 5 = 60$(개)가 됩니다.

정이십면체의 모서리의 수는 각 꼭짓점마다 5개씩 모이나 이웃하는 꼭짓점끼리 하나의 모서리를 공유하므로 모서리의 수는 $60 \div 2 = 30$(개)입니다. 새로 만들어진 입체도형의 모서리의 수는 $30 + 12 \times 5 = 90$(개)가 됩니다.

12

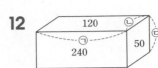

㉠×㉡=120
㉡×㉢=50
㉢×㉠=240

위 식에서 ㉠×㉡×㉢=1200이므로 사용된 쌓기나무의 개수는 1200개입니다.

13

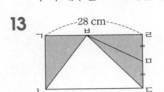

삼각형 ㄷㅁㅂ의 넓이는 삼각형 ㅁㄹㅂ의 넓이와 같으므로 삼각형 ㄱㄴㅂ의 넓이를 ③이라 하면 삼각형 ㄹㄷㅂ의 넓이는 ④가 됩니다. 따라서 선분 ㄱㅂ의 길이는 선분 ㄱㄹ의 길이의 $\frac{3}{7}$이므로 선분 ㄱㅂ의 길이는 $28 \times \frac{3}{7} = 12$(cm)입니다.

14 오른쪽과 같이 점선으로 보조선을 그어 평행사변형을 만든 후 색칠한 부분을 등적이동시켜 구하면 $5 \times 10 \div 2 = 25$(cm²)입니다.

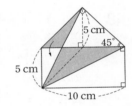

15 색칠한 부분은 사다리꼴 전체의 $\frac{1}{4}$에 해당합니다.

따라서 $(6 + 14) \times 8 \times \frac{1}{2} \times \frac{1}{4} = 20$(cm²)입니다.

16

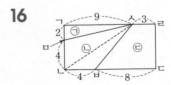

선분 ㄱㄴ의 길이를 6 cm라 하면 선분 ㄱㄹ의 길이는 12 cm입니다.

(선분 ㄱㅁ)$= 6 \times \frac{1}{3} = 2$(cm)

(선분 ㅁㄴ)$= 6 - 2 = 4$(cm)

(선분 ㅅㄹ)$= 12 \times \frac{1}{4} = 3$(cm)

(선분 ㄱㅅ)$= 12 - 3 = 9$(cm)

(선분 ㄴㅂ)$= 12 \times \frac{1}{3} = 4$(cm)

(선분 ㅂㄷ)$= 12 - 4 = 8$(cm)

예상문제

따라서 ㉡의 넓이는

$4 \times 9 \times \frac{1}{2} + 4 \times 6 \times \frac{1}{2} = 30(\text{cm}^2)$,

㉢의 넓이는 $(3+8) \times 6 \times \frac{1}{2} = 33(\text{cm}^2)$이므로

㉡의 넓이는 ㉢의 넓이의 $30 \div 33 = \frac{10}{11}$(배)입니다.

17 큰 물탱크의 들이를 3, 작은 물탱크의 들이를 2로 하면 A관은 1시간에 $\frac{3}{2}$씩, B관은 1시간에 $\frac{2}{3}$씩 넣는 셈입니다. B관을 사용해 큰 물탱크를 채우는 데 걸리는 시간은 $3 \div \frac{2}{3} = 4.5$(시간), A관을 사용해 작은 물탱크를 채우는 데 걸리는 시간은 $2 \div \frac{3}{2} = 1\frac{1}{3}$(시간)입니다.
따라서 큰 물탱크는 4시간 30분, 작은 물탱크는 1시간 20분 만에 가득 찹니다.

18 약수의 개수가 홀수인 수는 $4 = 2 \times 2$, $9 = 3 \times 3$과 같이 반드시 같은 수끼리의 곱으로 이루어진 수입니다.
따라서 $17 \times 17 = 289$, $18 \times 18 = 324$이므로 가장 작은 수는 324이고, $26 \times 26 = 676$, $27 \times 27 = 729$이므로 가장 큰 수는 676입니다.
그러므로 ㄱ$-$ㄴ$= 676 - 324 = 352$입니다.

19 가능한 한 한솔이에게 많은 타순이 돌아가도록 해야 하며 홈 베이스를 밟은 선수는 한솔이뿐이므로 한솔이가 홈런을 칠 때 한솔이 앞에 주자가 있어서는 안됩니다.
1회 : ①, ②번 타자 아웃, 한솔이 홈런(1점), ④, ⑤, ⑥ 출루, ⑦ 아웃
2회 : ⑧ 출루, ⑨, ①, ② 아웃
3회 : 한솔이 홈런(1점), ④, ⑤, ⑥ 출루, ⑦, ⑧, ⑨ 아웃
4회 : 1회 때와 같습니다. (1점)
5회 : 2회 때와 같습니다.
6회 : 3회 때와 같습니다. (1점)
7회 : 1회 때와 같습니다. (1점)
8회 : 2회 때와 같습니다.
9회 : 3회 때와 같습니다. (1점)
따라서 한솔이가 홈런을 친 것은 1회, 3회, 4회, 6회, 7회, 9회가 되어 최대 6점을 얻게 됩니다.

20 빼낸 철과 니켈의 양이 같으므로
$0.1 \times A + 0.07 \times B = 0.04 \times A + 0.12 \times B$
가 성립합니다. 양변에 100을 곱하여 정리하면
$10 \times A + 7 \times B = 4 \times A + 12 \times B$, $6 \times A = 5 \times B$
이므로 $A = B \times \frac{5}{6}$가 됩니다.
따라서 $A = 264 \times \frac{5}{11} = 120(\text{t})$ 있었습니다.

21 • 분모를 3으로 할 때의 분자 : 4(1개)
• 분모를 4로 할 때의 분자 : 3, 5, 6(3개)
• 분모를 5로 할 때의 분자 : 4, 6, 7(3개)
• 분모를 6으로 할 때의 분자 : 5, 7, 8, 9(4개)
• 분모를 7로 할 때의 분자 : 5, 6, 8, 9(4개)
• 분모를 8로 할 때의 분자 : 6, 7, 9(3개)
• 분모를 9로 할 때의 분자 : 7, 8(2개)
따라서 $1 + 3 + 3 + 4 + 4 + 3 + 2 = 20$(개)입니다.

22 물건 1개의 원가는 $600 \div (1 + 0.25) = 480$(원)이고, 구입한 물건의 개수는 $96000 \div 480 = 200$(개)입니다. 구입한 물건을 모두 500원씩에 판매하였다고 하면 이익금은 $(500 \times 200) - 96000 = 4000$(원)으로 실제 이익금 $96000 \times 0.15 = 14400$(원)과 10400원의 차이가 생깁니다. 이것은 500원씩 판매한 것과 600원씩 판매한 것의 차이에서 온 것이므로 600원씩 판매한 것의 개수는 $10400 \div (600 - 500) = 104$(개)입니다.

23 올해 부모님의 연세의 합을 ⑲, 아이들의 나이의 합을 ④로 하여 2년 뒤의 상황을 선분으로 나타내면,

부모님의 연세의 합 ⑲ 4살
아이들의 나이의 합 ④ 4살 ③ △

위 그림에서 ▲은 ⑮와 같아지므로 △은 ⑤와 같아집니다. 그런데 △$=$④$+$4살이므로 4살은 ①을 의미합니다. 따라서 올해 부모님의 연세의 합은 $19 \times 4 = 76$(살), 아이들의 나이의 합은 $4 \times 4 = 16$(살)입니다.
두 아이의 나이의 차는 4살이라고 하였으므로 큰 아이의 올해 나이는 $(16 + 4) \div 2 = 10$(살)입니다.

24 지난 달 B 제품의 생산 개수를 □개라고 하면 지난 달 A 제품의 생산 개수는 $80000 - $□개입니다.

정답과 풀이 48

$(80000-\square) \times (1+0.2) + \square \times (1-0.2)$
$=80000 \times (1+0.1)$
$96000-1.2 \times \square + 0.8 \times \square = 88000$
$0.4 \times \square = 8000, \square = 20000$(개)
따라서 이번달 B 제품의 생산 개수는
$20000 \times 0.8 = 16000$(개)입니다.

25

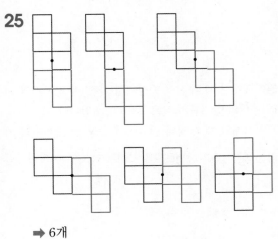

➡ 6개

1 3		**2** 5	
3 131		**4** =	
5 6개		**6** 15군데	
7 33개 이상 65개 이하		**8** 34.5 cm^2	
9 192 cm^2		**10** 2 cm	
11 240 cm^2		**12** 풀이 참조	
13 10 cm^2		**14** 66	
15 567		**16** 42명	
17 75°		**18** 2 m^2	
19 5		**20** 640 cm^2	
21 7번		**22** 147 cm^2	
23 225 cm^2		**24** 50가지	
25 20 km			

1 구거법을 이용하여 문제를 풀어 봅니다.
1654379 ➡ $1+6+5+4+3+7+9=35$
$35 \div 9 = 3 \cdots 8 \to$ ①
93215 ➡ $9+3+2+1+5=20$
$20 \div 9 = 2 \cdots 2 \to$ ②
$1542129\square8485$
➡ $1+5+4+2+1+2+9+\square+8+4+8+5$
　$=49+\square \to$ ③
①, ②에서 나머지의 곱은 $8 \times 2 = 16$, $16 \div 9 = 1 \cdots 7$
이므로 ③에서 $(49+\square) \div 9$의 나머지 역시 7이어야
합니다.
따라서 $49+3=52$, $52 \div 9 = 5 \cdots 7$이므로 $\square$ 안에 알
맞은 수는 3입니다.

참고

9를 이용하여 검산하는 방법을 구거법이라 합니다.
예를 들어 $165 \times 84 = 13860$에서
165 ➡ $1+6+5=12$, $12 \div 9 = 1 \cdots 3 \to$ ①
84 ➡ $8+4=12$, $12 \div 9 = 1 \cdots 3 \to$ ②
13860 ➡ $1+3+8+6+0=18$, $18 \div 9 = 2 \to$ ③
①과 ②에서 나온 나머지 3과 3의 곱은 9이고,
$9 \div 9 = 1$에서 나머지가 0으로 ③의 나머지 0과 같으므
로 계산이 바르게 된 것입니다.

2 세 수 84, 105, 140을 나누어 나머지가 모두 같으므로 자연수 가는 105−84=21, 140−84=56, 140−105=35의 공약수입니다. 21, 56, 35의 공약수 1, 7 중에서 자연수 가는 1이 아니므로 7이 됩니다. 따라서 75를 7로 나눈 나머지는 5가 됩니다.

3 $\dfrac{14}{15}<\dfrac{\square}{140}<\dfrac{15}{16}$이므로

분모를 15, 140, 16의 최소공배수로 통분하면

$\dfrac{1568}{1680}<\dfrac{\square\times12}{140\times12}<\dfrac{1575}{1680}$

따라서 분자는 1568보다 크고 1575보다 작은 수 중 12의 배수입니다.

1575÷12=131…3이므로 12의 배수는

1575−3=1572이며 12로 약분하면 $\dfrac{131}{140}$입니다.

따라서 □는 131입니다.

4 두 수의 크기를 비교할 때 두 수의 차를 이용합니다.

두 수를 ㄱ, ㄴ이라 할 때, ㄱ−ㄴ>0이면 ㄱ>ㄴ이고, ㄱ−ㄴ=0이면 ㄱ=ㄴ입니다.

$$\left(2001\dfrac{1999}{2000}+2000\dfrac{1998}{2001}\right)$$
$$-\left(2002\dfrac{1999}{2000}+1999\dfrac{1998}{2001}\right)$$
$$=\left(2001+\dfrac{1999}{2000}+2000+\dfrac{1998}{2001}\right)$$
$$-\left(2002+\dfrac{1999}{2000}+1999+\dfrac{1998}{2001}\right)$$
$$=(2001+2000)-(2002+1999)=0$$

5

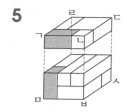

전체 사용된 개수가 11개임과 ①번 나무 도막이 2개, ②번 나무 도막이 1개 사용됨을 생각하여 1층, 2층, 3층으로 구분해 보면 다음과 같습니다.

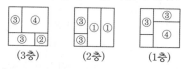

따라서 ③번 나무 도막은 6개 사용되었습니다.

6 서로 맞닿는 부분을 화살표로 나타내면 다음과 같이 15군데입니다.

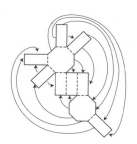

7 ・원이 1개일 때 대칭의 중심에서 가장 먼 곳까지의 거리는 원의 반지름과 같으므로 6 cm입니다.

・원이 2개일 때 대칭의 중심에서 가장 먼 곳까지의 거리는 원의 반지름의 $\dfrac{3}{2}$배이므로 $6\times\dfrac{3}{2}=9(\text{cm})$입니다.

・원이 3개일 때는 반지름의 $\dfrac{4}{2}$배이므로 $6\times\dfrac{4}{2}=12(\text{cm})$입니다.

・원이 4개일 때는 반지름의 $\dfrac{5}{2}$배이므로 $6\times\dfrac{5}{2}=15(\text{cm})$입니다.

・원이 x개일 때는 반지름의 $\dfrac{x+1}{2}$배이므로 $\left(6\times\dfrac{x+1}{2}\right)$ cm입니다.

따라서 만든 도형의 대칭의 중심에서 가장 먼 곳까지의 거리가 1 m=100 cm일 때 $6\times\dfrac{x+1}{2}=100$에서 $x=32\dfrac{1}{3}$이므로 원을 33개 이상 이어 붙인 것이고

2 m=200 cm일 때 $6\times\dfrac{x+1}{2}=200$에서

$x=65\dfrac{2}{3}$이므로 원을 65개 이하로 이어 붙인 것입니다.

따라서 33개 이상 65개 이하입니다.

8 선분 ㄹㅁ의 길이를 3 cm, 선분 ㅁㄷ의 길이를 5 cm라고 하면 선분 ㄱㄹ의 길이는 12 cm, 선분 ㅂㄷ의 길이는 3 cm이므로 선분 ㄴㅂ의 길이는 12−3=9(cm)입니다. 따라서 삼각형 ㄱㄴㅂ의 넓이는 36 cm²이므로 삼각형 ㄱㅁㅂ의 넓이는

$(12\times8)-(18+7.5+36)=34.5(\text{cm}^2)$입니다.

9

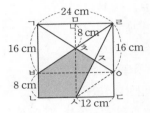

선분 ㅅㄷ의 길이는 선분 ㄴㄷ의 길이의 $\frac{1}{2}$이므로 선분 ㄱㄴ과 평행하게 선분 ㅁㅅ을 그으면 점 ㅊ은 선분 ㄱㅇ의 한가운데 점이 됩니다.

삼각형 ㄱㅊㄹ과 삼각형 ㅇㅊㅂ이 합동이므로 선분 ㅁㅊ의 길이는 선분 ㄱㅂ의 길이의 $\frac{1}{2}$이 됩니다.

➡ (선분 ㅁㅊ)＝8 cm

(선분 ㅊㅅ)＝24－8＝16(cm)이므로

사각형 ㅊㅅㅇㄹ은 평행사변형이 됩니다.

삼각형 ㅊㅅㅈ과 삼각형 ㅇㄹㅈ은 합동이므로

삼각형 ㅊㅅㅈ의 밑변이 16 cm일 때 높이는

12÷2＝6(cm)가 됩니다.

따라서 색칠한 부분의 넓이는

$(8+16) \times 12 \times \frac{1}{2} + 16 \times 6 \times \frac{1}{2} = 192(\text{cm}^2)$입니다.

10

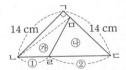

선분 ㄴㄹ의 길이가 ①이면 선분 ㄹㄷ의 길이는 ②이므로 삼각형 ㅁㄹㄷ의 넓이를 ▲로 놓으면 삼각형 ㅁㄴㄹ의 넓이는 ▲가 되므로 삼각형 ㄱㄴㅁ의 넓이는 ▲이 됩니다. 따라서 선분 ㄱㅁ의 길이는

$14 \times \frac{1}{7} = 2(\text{cm})$입니다.

11 삼각형 ㄱㄴㅁ과 삼각형 ㄷㅂㄴ에서

(변 ㄱㄴ)＝(변 ㄷㄴ), (변 ㄴㅁ)＝(변 ㄴㅂ)이고

(각 ㄱㄴㅁ)＝60°－(각 ㅁㄴㄷ)＝(각 ㄷㄴㅂ)이므로

삼각형 ㄱㄴㅁ과 삼각형 ㄷㄴㅂ은 서로 합동입니다.

삼각형 ㄴㄷㅁ과 삼각형 ㄱㄷㅁ에서

(변 ㄴㄷ)＝(변 ㄱㄷ), 변 ㄷㅁ은 공통인 변이고

(각 ㄴㄷㅁ)＝(각 ㄱㄷㅁ)＝30°이므로

삼각형 ㄴㄷㅁ과 삼각형 ㄱㄷㅁ은 서로 합동입니다.

또, 삼각형 ㄴㄷㄹ과 삼각형 ㄱㄷㄹ도 서로 합동입니다.

(삼각형 ㄴㄷㅁ의 넓이)×3

＝(삼각형 ㄴㄷㄹ의 넓이)

(삼각형 ㄴㄷㄹ의 넓이)×2

＝(삼각형 ㄱㄴㄷ의 넓이)이므로

(삼각형 ㄴㄷㅁ의 넓이)×6

＝(삼각형 ㄱㄴㄷ의 넓이)입니다.

(삼각형 ㄴㄷㅁ의 넓이)＝288÷6＝48(cm²)이고

(삼각형 ㄴㅂㄷ의 넓이)＝(삼각형 ㄱㄴㅁ의 넓이)

＝48×4＝192(cm²)

이므로 색칠한 부분의 넓이는 48＋192＝240(cm²)입니다.

12 사각형 ㄱㄴㄷㄹ의 넓이는 25 cm²이므로

25－13＝12(cm²)만큼의 넓이를 빼고 그리면 됩니다. 꼭짓점 ㄱ, ㄴ, ㄷ, ㄹ에서 각각 넓이가 3 cm²인 합동인 삼각형을 빼면 됩니다.

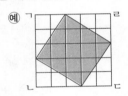

13 색칠한 내부의 작은 삼각형의 세 꼭짓점과 원래의 삼각형 ㄱㄴㄷ의 세 꼭짓점에서 내부의 작은 삼각형의 세 변과 평행한 직선을 그어 그림과 같은 육각형을 만듭니다.

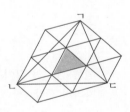

그러면 이 육각형 속에 색칠한 삼각형과 똑같은 삼각형이 13개 만들어집니다.

또한, 삼각형 ㄱㄴㄷ은 색칠한 작은 삼각형 7개로 이루어짐을 알 수 있으므로 작은 삼각형의 넓이는 삼각형 ㄱㄴㄷ의 넓이의 $\frac{1}{7}$이 됩니다. 따라서 색칠된 삼각형의 넓이는 $70 \times \frac{1}{7} = 10(\text{cm}^2)$입니다.

14 짝수의 일의 자리의 숫자는 0, 2, 4, 6, 8입니다. 연속하는 세 짝수의 곱의 일의 자리가 2이기 위해서는 일의 자리가 차례로 4, 6, 8이어야 합니다.

60×60×60＝216000, 70×70×70＝343000이므로 216000＜2□□□□2＜343000입니다.

따라서 연속되는 세 짝수는 64, 66, 68이므로 이 세 수의 평균은 한 가운데 수인 66입니다.

15 나열되는 있는 수의 규칙을 찾으면 2와 3의 공배수 6과 관련이 있습니다.

2, 3, 4, ⑥, 8, 9, 10, ⑫, 14, 15, 16, ⑱, …

6의 32번째 배수는 $32 \times 6 = 192$이므로 192 앞에 있는 수는 188, 189, 190입니다. 따라서 세 수의 합은 $188 + 189 + 190 = 567$입니다.

16

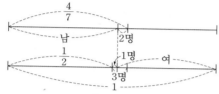

전체 학생 수의 $\frac{4}{7} - \frac{1}{2} = \frac{1}{14}$은 $1 + 2 = 3$(명)입니다.

따라서 상연이네 학교 5학년 전체 학생 수는

$3 \div \frac{1}{14} = 42$(명)입니다.

17 각 ㄱㄷㄴ은 각 ㄱㄴㄷ의 $\frac{1}{2}$이므로

각 ㄱㄴㄷ은 $90° \div \left(1 + \frac{1}{2}\right) = 60°$,

각 ㄱㄷㄴ은 $90° - 60° = 30°$입니다. 삼각형 ㄱㄴㄷ과 합동인 삼각형 ㄱㄴㅅ을 만들면 삼각형 ㅅㄴㄷ은 정삼각형이 되므로 그림에서와 같이 선분 ㄱㄴ의 길이는 선분 ㄴㅁ의 길이와 같아집니다. 따라서 삼각형 ㄱㄴㅁ은 이등변삼각형이 되므로 각 ㄴㄱㅂ은 $(180° - 150°) \div 2 = 15°$가 되고 (각 ㄱㅂㄷ) = (각 ㄱㄴㄷ) + (각 ㄴㄱㅂ)이므로 $60° + 15° = 75°$입니다.

18 정사각형의 한 변의 길이를 구해야 합니다. 오른쪽과 같이 직사각형을 붙여 보면 큰 정사각형의 넓이가

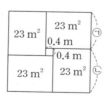

$23 \times 4 + 0.4 \times 0.4 = 92.16$($m^2$)

이므로 한 변의 길이는 9.6 m가 됩니다. ㉠과 ㉡의 합이 9.6 m이고 차가 0.4 m이므로 ㉡은 $(9.6 + 0.4) \div 2 = 5$(m)입니다. 따라서 잘라낸 합판의 넓이는 $5 \times 0.4 = 2$(m^2)입니다.

19 각각의 정육면체를 보고 오른쪽 그림에 문자를 정리하면 맨 위의 정육면체는 ①의 위치에서 본 모양이고, 가운데 층의 오른쪽 정육면체는 ②의 위치에서 본 모양입니다. 가운데 층의 왼쪽 정육면체는 ③의 위치에서, 맨 아래층 정육면체는 ④의 위치에서 본 모양입니다.

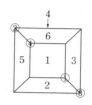

따라서 3의 맞은 편에 있는 숫자는 5입니다.

20

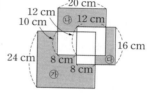

$24 \times 24 + 20 \times 20 + 16 \times 16$
$- (10 \times 8 \times 2 + 12 \times 12 \times 2 + 4 \times 8 \times 2 + 8 \times 10)$
$= 1232 - 592 = 640$(cm^2)

21 두 번씩 자를 때 1개, 세 번씩 자를 때 8개, 네 번씩 자를 때 27개가 되므로 규칙을 찾아보면

(자른 횟수 − 1) × (자른 횟수 − 1) × (자른 횟수 − 1)

입니다.

즉, $(2-1) \times (2-1) \times (2-1) = 1$(개),
$(3-1) \times (3-1) \times (3-1) = 8$(개),
$(4-1) \times (4-1) \times (4-1) = 27$(개)입니다.
따라서 $4 \times 4 \times 4 = 64$(개), $5 \times 5 \times 5 = 125$(개),
$6 \times 6 \times 6 = 216$(개)이므로 최소한 7번씩 잘라야 합니다.

22 5장의 직사각형 모양의 종이의 긴 변의 길이의 합은 직사각형 모양의 종이의 짧은 변 3개와 긴 변 3개의 길이의 합과 같습니다.

따라서 직사각형 모양의 종이의 긴 변 2개의 길이의 합은 직사각형 모양의 종이의 짧은 변 3개의 길이의 합과 같습니다.

직사각형 모양의 종이의 짧은 변의 길이가 14 cm이므로 직사각형 모양의 종이의 긴 변의 길이는

$14 \times 3 \div 2 = 21$(cm)입니다.

색칠한 부분의 3개의 정사각형의 한 변의 길이는

$21 - 14 = 7$(cm)이므로 색칠한 부분의 넓이의 합은

$7 \times 7 \times 3 = 147$($cm^2$)입니다.

23

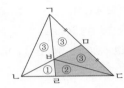

삼각형 ㄱㄴㄷ에서 선분 ㅂㄷ을 그으면 삼각형 ㅂㄴㄹ의 넓이가 ①일 때, 삼각형 ㅂㄹㄷ의 넓이는 ②, 삼각형 ㄱㄴㅂ과 삼각형 ㅂㄴㄷ의 넓이가 같으므로 삼각형 ㄱㄴㅂ의 넓이는 ③입니다.

삼각형 ㄱㄴㄹ의 넓이는 ④이므로 삼각형 ㄱㄹㄷ의 넓이는 ⑧입니다.

따라서 삼각형 ㅁㅂㄷ은 (⑧－②)÷2＝③이 됩니다.

삼각형 ㅂㄴㄹ의 넓이가 ①일 때, 사각형 ㅁㅂㄹㄷ의 넓이는 ⑤가 되므로 45×5＝225(cm²)입니다.

24 3가지 색을 칠할 경우는 5×4×3÷2＝30(가지),
2가지 색을 칠할 경우는 5×4＝20(가지)입니다.
따라서 모두 30＋20＝50(가지)를 만들 수 있습니다.

25 갈 때의 속력이 올 때의 속력의 $1\frac{1}{3}$배이므로 올 때 걸린 시간은 갈 때 걸린 시간의 $1\frac{1}{3}$배입니다. A지점에서 C지점까지 갈 때까지 걸린 시간은 36분이므로 C지점에서 A지점까지 올 때 걸린 시간은

$36\times\frac{4}{3}=48$(분)이 되어 도착 시각은

12시 2분＋48분＝12시 50분이 됩니다.

12시 32분에 통과한 지점이 A지점으로부터 4.5 km 떨어진 지점이므로 18분 동안 4.5 km를 간 셈이 되어 올 때는 한 시간에 $4.5\div\frac{18}{60}=15$(km)로 가고,

갈 때는 한 시간에 $15\times\frac{4}{3}=20$(km)로 갔습니다.

제15회 예 상 문 제	119~126

1 4115226329218107	**2** 37
3 16, 28	**4** 123
5 48	**6** 150
7 150개	**8** 2135 cm²
9 9 cm²	**10** 15 cm
11 806개	**12** 12배
13 $\frac{3}{13}$	**14** 750 cm²
15 5일	**16** ㉠ : 32, ㉡ : 32
17 175 cm²	**18** 328 cm²
19 9 cm²	**20** 55개
21 16분 40초	**22** 324명
23 6시간 20분	**24** 43분
25 4개	

1 12345678987654321은 홀수이기 때문에 2는 약수가 아니고

1＋2＋3＋4＋5＋6＋7＋8＋9＋8＋…＋1＝81로 3의 배수입니다.

따라서 12345678987654321을 제외한 큰 약수는 12345678987654321÷3＝4115226329218107 입니다.

2 (43＋79＋119)－19＝222는 어떤 자연수로 나누어 떨어집니다.

222＝2×3×37이므로 어떤 자연수는 1, 2, 3, 6, 37, 74, 111, 222 중에 있습니다.

세 나머지의 합이 19이므로 어떤 자연수는 6보다는 큰 수가 되며 43보다는 작은 수이므로 37입니다.

3 어떤 두 수의 합은 132÷3＝44이고, 어떤 두 수의 차는 132÷11＝12가 됩니다.

따라서 어떤 두 수 중 큰 수는 (44＋12)÷2＝28, 작은 수는 44－28＝16이 됩니다.

4 분자는 2부터 4씩 커지는 규칙이 있고, 분모는 850부터 1, 2, 3, 4, …씩 줄어드는 규칙이 있습니다.

20번째 분수의 분자는 4×20－2＝78이고 분모는

예상문제

$850-(1+2+3+\cdots+19)$
$=850-(1+19)\times19\div2$
$=660$이므로

20번째 분수는 $\dfrac{78}{660}=\dfrac{13}{110}$입니다.

따라서 기약분수의 분모와 분자의 합은
$110+13=123$입니다.

5 ㉠에서 4개의 자연수의 합은 $44.5\times4=178$입니다.
㉡에서 가장 작은 자연수는 $178-(48\times3)=34$입니다.
㉢에서 가장 큰 자연수는 $178-(42\times3)=52$입니다.
㉣에서 나머지 두 수의 합은 $178-34-52=92$이므로 나머지 두 수 중 큰 수는 $(92+4)\div2=48$입니다.
따라서 48은 52 다음의 수가 되어 4개의 자연수 중 2번째로 큰 수입니다.

6 나$=$가$\times\dfrac{3}{5}$, 다$=$나$\times\dfrac{2}{3}=\left($가$\times\dfrac{3}{5}\right)\times\dfrac{2}{3}=$가$\times\dfrac{2}{5}$

가$+$나$+$다$=$가$+\left($가$\times\dfrac{3}{5}\right)+\left($가$\times\dfrac{2}{5}\right)$
$\qquad\qquad\qquad=$가$\times2=300$
따라서 가는 150입니다.

7 첫째 날 남은 사과는 전체의 $1-\dfrac{1}{10}=\dfrac{9}{10}$

둘째 날 남은 사과는 전체의 $\dfrac{9}{10}\times\dfrac{8}{9}=\dfrac{8}{10}$

셋째 날 남은 사과는 전체의 $\dfrac{8}{10}\times\dfrac{7}{8}=\dfrac{7}{10}$

$\qquad\vdots\qquad\qquad\vdots$

아홉째 날 남은 사과는 전체의 $\dfrac{2}{10}\times\dfrac{1}{2}=\dfrac{1}{10}$이 됩니다.

따라서 전체 사과의 $\dfrac{1}{10}$이 15개이므로 전체 사과는

$15\div\dfrac{1}{10}=150$(개)입니다.

8 선분 ㅊㄷ의 길이를 □cm 라 하면 선분 ㅊㄹ의 길이는 □$+5$(cm)이므로 선분 ㄴㅈ의 길이는 $(□+□+5)-5$ $=□\times2$(cm)입니다.
따라서 $□\times2+□+5=65$에서 $□=20$(cm)입니다.
선분 ㄱㅇ의 길이는 $65-(29+18)=18$(cm),
선분 ㄴㅂ의 길이는 $20\times2+5=45$(cm)

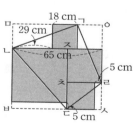

선분 ㄷㅅ의 길이는 $20+5=25$(cm),
선분 ㄹㅇ의 길이는 $20+5+18=43$(cm)
이므로 선분 ㅇㅅ의 길이는 $43+20=63$(cm)입니다.
(사각형 ㄱㄴㄷㄹ의 넓이)
$=$(사각형 ㅁㅂㅅㅇ의 넓이)$-$(삼각형 ㅁㄴㄱ의 넓이)
$\quad-$(삼각형 ㄴㅂㄷ의 넓이)$-$(삼각형 ㄷㅅㄹ의 넓이)
$\quad-$(삼각형 ㄱㄹㅇ의 넓이)에서
(사각형 ㄱㄴㄷㄹ의 넓이)
$=(65\times63)-\left(47\times18\times\dfrac{1}{2}\right)-\left(45\times40\times\dfrac{1}{2}\right)$
$\quad-\left(25\times20\times\dfrac{1}{2}\right)-\left(18\times43\times\dfrac{1}{2}\right)$
$=4095-423-900-250-387$
$=2135$(cm^2)

9

보조선 ㄱㄷ을 그어 생각해 봅니다. 평행사변형 ㄱㄴㄷ ㄹ의 넓이를 ①로 하면 삼각형 ㄱㄴㄷ의 넓이는 평행사변형 넓이의 절반이므로 $\left(\dfrac{1}{2}\right)$, 삼각형 ㄱㄴㅂ의 넓이는

삼각형 ㄱㄴㄷ의 넓이의 $\dfrac{2}{3}$이므로 $\left(\dfrac{1}{2}\right)\times\dfrac{2}{3}=\left(\dfrac{1}{3}\right)$,

삼각형 ㄱㅁㅂ의 넓이는 삼각형 ㄱㄴㅂ의 $\dfrac{1}{2}$이므로

$\left(\dfrac{1}{3}\right)\times\dfrac{1}{2}=\left(\dfrac{1}{6}\right)$입니다.

따라서 삼각형 ㄱㅁㅂ의 넓이는 $54\times\dfrac{1}{6}=9$(cm^2)입니다.

10 점 ㄷ과 점 ㄹ을 연결하는 보조선을 그어 생각해 봅니다.
삼각형 ㄱㄴㄷ의 넓이는 $12\times16\div2=96$(cm^2)이므로 삼각형 ㄱㄹㅁ과 사각형 ㄹㄴㄷㅁ의 넓이는 각각 48cm^{2}입니다. 삼각형 ㄹㄴㄷ의 넓이는 $16\times4\div2=32$(cm^2)이므로 삼각형 ㄹㄷㅁ의 넓이는 $48-32=16$(cm^2)가 됩니다. 삼각형 ㄱㄹㅁ의 넓이는 삼각형 ㄹㄷㅁ의 넓이의 3배이므로 선분 ㄱㅁ의 길이는 $20\times\dfrac{3}{4}=15$(cm)입니다.

11 다음 그림을 보고 규칙을 찾아봅니다.

정답과 풀이　54

  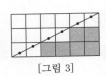

[그림 1]　　　[그림 2]　　　　[그림 3]

[그림 1]에서 가로 2칸, 세로 2칸일 때 대각선에 의해
잘린 정사각형은 2개, [그림 2]에서 가로 4칸, 세로 2
칸일 때 대각선에 의해 잘린 정사각형은 4개, [그림 3]
에서는 대각선에 의해 잘린 정사각형이 6개입니다.
규칙을 찾아보면 가로의 개수와 세로의 개수의 합에서
가로와 세로의 최대공약수만큼 빼낸 결과가 대각선에
의해 잘리는 정사각형의 개수가 됩니다.
예를 들면, [그림 1]은 $(2+2)-2=2$(개),
[그림 2]는 $(4+2)-2=4$(개),
[그림 3]은 $(6+3)-3=6$(개)인 것입니다.
따라서 직각삼각형에서 잘리지 않은 정사각형의 개수
는 [그림 1]에서 $(4-2)\div2=1$(개),
[그림 2]에서 $(8-4)\div2=2$(개),
[그림 3]에서 $(18-6)\div2=6$(개)입니다.
이것을 공식화하여 나타내면
(잘리지 않는 정사각형의 개수)＝{(정사각형의 총 개
수)－(잘리는 정사각형의 수)}÷2가 됩니다.
따라서 잘리지 않은 타일의 수는
$\{26\times65-(26+65-13)\}\div2=806$(개)입니다.

12

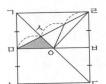

정사각형 ㄱㄴㄷㄹ의 넓이를 1이라 하면,
직사각형 ㄱㅁㅂㄹ의 넓이는 $\frac{1}{2}$이 됩니다.
또, 보조선을 그어 보면 삼각형 ㄹㅁㅇ은 직사각형
ㄱㅁㅂㄹ의 $\frac{1}{4}$이 되므로 전체의 $\frac{1}{2}\times\frac{1}{4}=\frac{1}{8}$입니다.
색칠한 부분의 넓이는 삼각형 ㄹㅁㅇ의 $\frac{1}{3}$이므로 전체
의 $\frac{1}{8}\times\frac{1}{3}=\frac{1}{24}$입니다.
따라서 삼각형 ㄱㄴㄷ의 넓이가 전체의 $\frac{1}{2}$이고,
삼각형 ㅁㅇㅅ의 넓이가 전체의 $\frac{1}{24}$이므로
$\frac{1}{2}\div\frac{1}{24}=12$(배)입니다.

13

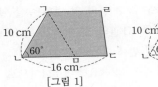 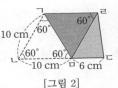

[그림 1]　　　　　　[그림 2]

삼각형 ㄱㄴㅁ과 삼각형 ㄱㄹㅁ은 서로 합동이므로
각 ㄱㄹㅁ은 60°입니다.
또, 선분 ㄱㄴ과 선분 ㄱㄹ, 선분 ㄴㅁ과 선분 ㄹㅁ은
각각 길이가 같으며 선분 ㄱㄹ과 선분 ㄴㅁ은 평행하
므로 사각형 ㄱㄴㅁㄹ은 마름모가 됩니다.
따라서 삼각형 ㄱㄴㅁ은 정삼각형이 되어 선분 ㄴㅁ은
10 cm, 선분 ㅁㄷ은 6 cm입니다. 높이를 2라 가정
하면 사다리꼴 ㄱㄴㄷㄹ의 넓이는 26, 삼각형 ㄹㅁ
ㄷ의 넓이는 6이므로 삼각형 ㄹㅁㄷ의 넓이는 사다리
꼴 ㄱㄴㄷㄹ의 $\frac{3}{13}$이 됩니다.

14 ①을 한 변의 길이가 10 cm인 정사각형으로 가정하
여 각각의 직사각형의 넓이를 구하면
① $10\times10=100(cm^2)$
② $20\times10=200(cm^2)$
③ $10\times30=300(cm^2)$
④ $20\times20=400(cm^2)$
⑤ $25\times20=500(cm^2)$
따라서 ⑥의 넓이는 $25\times30=750(cm^2)$입니다.

15 전체의 양을 1로 놓으면 가 트럭은 하루에 $\frac{1}{12}$, 나 트
럭은 하루에 $\frac{1}{18}$, 다 트럭은 하루에 $\frac{1}{24}$을 운반합니다.
나와 다 트럭이 하루 동안 운반하는 양은
$\frac{1}{18}+\frac{1}{24}=\frac{7}{72}$이므로 6일 동안 $\frac{7}{72}\times6=\frac{7}{12}$을
운반하였습니다.
가 트럭이 운반한 양은 $\frac{5}{12}$이므로 가 트럭은
$\frac{5}{12}\div\frac{1}{12}=5$(일) 동안 운반하였습니다.

16 문제의 표에서 볼 때, 홀수 열의 첫 번째 수들은
(홀수 열)×(홀수 열)꼴입니다.
즉, 3열의 첫 번째 수는 $3\times3=9$, 5열의 첫 번째 수
는 $5\times5=25$입니다.
또, 짝수 행의 첫 번째 수들은 (짝수 행)×(짝수 행)꼴
임을 알 수 있습니다.

먼저, 1000에 가까운 홀수 열의 첫 번째 수를 알아보면 $31 \times 31 = 961$, 즉 31열의 첫 번째 수는 961입니다. 따라서 32열의 첫 번째 수는 962입니다.

또, 32행의 첫 번째 수는 $32 \times 32 = 1024$이므로 1000까지 쓰려면 32열 32행까지 있어야 합니다.

17 그림과 같이 보조선을 그어 직사각형 ㄹㅁㄷㅂ을 만들면

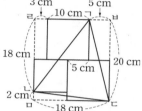

(삼각형 ㄱㄴㄷ의 넓이)
= (직사각형 ㄹㅁㄷㅂ의 넓이)
　－(삼각형 ㄹㄴㄱ의 넓이)
　－(삼각형 ㄴㅁㄷ의 넓이)
　－(삼각형 ㄱㄷㅂ의 넓이)입니다.

(삼각형 ㄱㄴㄷ의 넓이)
$= (20 \times 18) - (18 \times 13 \div 2) - (2 \times 18 \div 2)$
$\quad - (5 \times 20 \div 2)$
$= 360 - 117 - 18 - 50$
$= 175 (cm^2)$

18
 가
 나

그림 가에서 선분 ㄹㄷ을 그으면 삼각형 ㄱㄹㅂ, 삼각형 ㄹㄷㅂ, 삼각형 ㄹㄴㅁ, 삼각형 ㄹㅁㄷ은 모두 한 각이 직각이고 양 끝각이 45°이므로 합동인 이등변삼각형이 됩니다.

따라서 삼각형 ㄱㄴㄷ의 넓이는
$369 \times 2 = 738 (cm^2)$입니다.

그림 나에서 정사각형 ㅊㅋㅌㅍ의 넓이는 그림과 같이 선분을 그으면 합동인 9개의 이등변삼각형 중 4개의 넓이와 같으므로 $738 \times \dfrac{4}{9} = 328 (cm^2)$입니다.

19 ㉮와 ㉯의 한 변의 길이의 합은 11 cm이고, ㉮, ㉯, ㉰의 한 변의 길이의 합은 15 cm이므로 ㉰의 한 변의 길이는 $15 - 11 = 4 (cm)$입니다.

따라서 ㉱의 한 변의 길이는 $11 - 4 \times 2 = 3 (cm)$이므로 ㉱의 넓이는 $3 \times 3 = 9 (cm^2)$입니다.

20 그림을 그려 보면

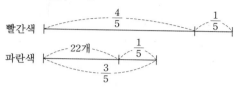

빨간색 주머니의 구슬 $\dfrac{1}{5}$을 파란색 주머니로 옮겨 넣으면 파란색 주머니 속의 구슬 수는 빨간색 주머니 속의 구슬 수의 $\dfrac{4}{5} \times \dfrac{3}{4} = \dfrac{3}{5}$이 됩니다.

따라서 $\dfrac{3}{5} - \dfrac{1}{5} = \dfrac{2}{5}$는 22개를 뜻하게 되어 빨간색 주머니 속의 구슬 수는 $22 \div \dfrac{2}{5} = 55(개)$입니다.

별해

빨간색 주머니 속의 구슬 수를 □개로 놓으면,

$\left(\dfrac{4}{5} \times □ \right) \times \dfrac{3}{4} = 22 + \dfrac{1}{5} \times □$에서 □=55입니다.

21 양초 A는 1분 동안 $18 \div 30 = 0.6 (cm)$ 타고, 양초 B는 1분 동안 $12 \div 25 = 0.48 (cm)$ 탑니다.

두 양초의 처음 길이의 차는 $18 - 12 = 6 (cm)$이므로 두 양초의 길이의 차가 4 cm가 되려면 양초 A가 양초 B보다 2 cm 더 타야 합니다.

양초 A는 1분당 양초 B 보다 $0.6 - 0.48 = 0.12 (cm)$씩 더 타므로 두 양초의 길이의 차가 4 cm가 될 때까지 걸린 시간은 $2 \div 0.12 = 16\dfrac{2}{3}(분)$, 즉 16분 40초입니다.

22 큰 케이크의 개수를 □개라 하면 사람 수의 절반은 각각 $9 \times □ (명)$과 $□ \times 6 + 6 \times 9(명)$이 됩니다.

위 그림에 의해 큰 케이크의 수는 $6 \times 9 \div 3 = 18(개)$이므로 케이크를 먹은 사람 수는 $9 \times 18 \times 2 = 324(명)$입니다.

23 고장이 나지 않았을 때 걸리는 시간은 $60 \div (16 - 4) = 5(시간)$입니다.

도중에 고장이 나서 1시간 지체하였고, 지체하는 동안 배는 강물의 속력인 4 km만큼 뒤로 밀려 났습니다. 뒤로 밀려난 거리를 다시 올라가는 데 걸리는 시간은

$4 \div (16-4) = \dfrac{1}{3}$(시간)입니다.

따라서 이 배가 출발하여 목적지까지 가는 데 걸린 시

간은 $5+1+\dfrac{1}{3} = 6\dfrac{1}{3}$(시간),

즉 6시간 20분입니다.

24 A 수도관과 B 수도관에서 1분 동안 나온 물의 양의

합은 전체의 $\left(\dfrac{5}{6}-\dfrac{5}{8}\right) \div 5 = \dfrac{1}{24}$입니다.

A 수도관만으로 15분 동안 받은 물의 양은 전체의

$\dfrac{5}{8}-\dfrac{1}{24} \times 3 = \dfrac{1}{2}$이므로 A 수도관으로 1분 동안 받은

물의 양은 전체의 $\dfrac{1}{2} \div 15 = \dfrac{1}{30}$입니다.

또, B 수도관으로 1분간 받은 물의 양은 전체의

$\dfrac{1}{24}-\dfrac{1}{30} = \dfrac{1}{120}$이므로 마지막에 B 수도관만으로

물을 받는 데 걸리는 시간은

$\left(1-\dfrac{5}{6}\right) \div \dfrac{1}{120} = 20$(분)입니다.

따라서 이 수조에 물을 가득 채우는 데 걸린 시간은

$15+3+5+20 = 43$(분)입니다.

25 넓이가 250 cm²인 정사각형은 다음 그림과 같습니다.

따라서 주어진 점판에서 넓이가 250 cm²인 정사각형

은 모두 4개를 겹쳐지지 않게 그릴 수 있습니다.

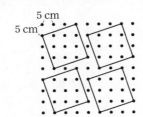

정답과 풀이

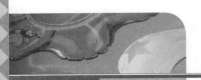

올림피아드 기출문제

제1회 기 출 문 제	129~136

1 45	**2** 79명
3 40마리	**4** 576 cm^2
5 40분	**6** 12개
7 17	**8** 70
9 51 cm^2	**10** 264 cm
11 6번	**12** 16짝
13 15가지	**14** 39개
15 81분	**16** 37세
17 87	**18** 25 cm^2
19 4개	**20** 448 cm^2
21 8개	**22** 785
23 24 L	
24 (1) 4.8초 (2) 4 cm^{2}씩 줄어듭니다. (3) 8.5초	
25 (1) 9가지 (2) 14가지 (3) 170가지	

1 $\frac{3}{8} < \frac{\square}{11}$ 에서 $\frac{3 \times 11}{8} < \square$, $4\frac{1}{8} < \square$ 이고,

$\frac{\square}{11} < \frac{13}{14}$ 에서 $\square < \frac{13 \times 11}{8}$, $\square < 10\frac{3}{14}$

따라서 두 조건을 만족하는 자연수들의 합은
$5+6+7+8+9+10=45$입니다.

2 5명씩 짝을 지어 4명이 남으려면 학생 수는 54, 59, 64, 69, 74, 79, 84, 89, 94, 99명입니다. 이 중 7명씩 짝을 지어 2명이 남는 것은 79명입니다.

3 140마리 모두를 닭이라고 가정하면 다리 수는
$140 \times 2 = 280$(개)입니다. 실제로는 410개이므로
소와 돼지의 마릿수의 합은
$(410-280) \div (4-2) = 65$(마리)입니다.
따라서 닭은 $140-65=75$(마리)이므로
소는 $75 \div 3 = 25$(마리), 돼지는 $65-25=40$(마리)입니다.

4 한 번 접으면 2개, 두 번 접으면 4개, 세 번 접으면 8개의 똑같은 직사각형이 만들어집니다.
(정사각형의 한 변의 길이)$=54 \div 18 \times 8 = 24$(cm)
(정사각형의 넓이)$=24 \times 24 = 576$(cm^2)

5 물통의 들이를 1이라 하면 1분당 채우는 양은 ㉮ 수도관은 $\frac{1}{24}$, ㉯ 수도관은 $\frac{1}{30}$, ㉮, ㉯, ㉰ 세 수도관의 합은 $\frac{1}{10}$입니다. 따라서 ㉰ 수도관으로 1분당 채우는 양은 $\frac{1}{10} - \left(\frac{1}{24} + \frac{1}{30}\right) = \frac{1}{40}$
따라서 ㉰ 수도관만으로는 40분 걸립니다.

6 2, 4, 6, 8의 최소공배수는 24이므로 2, 4, 6, 8의 어느 수로 나누어도 나누어떨어지는 수는 24의 배수입니다.
따라서 100과 400 사이의 수 중 24의 배수는
$16-4=12$(개)입니다.

7 $2\frac{2}{5} = \frac{12}{5}$, $3\frac{3}{4} = \frac{15}{4}$

(가장 작은 분수)$= \frac{(5와 4의 최소공배수)}{(12와 15의 최대공약수)}$

$ = \frac{20}{3}$

따라서 두 번째로 작은 분수는 $\frac{20}{3} \times 2 = 13\frac{1}{3}$
따라서 ㄱ+ㄴ+ㄷ$=13+3+1=17$

8 수를 다시 나열하여 보면
$\left(1+\frac{1}{1}\right), \left(3+\frac{1}{2}\right), \left(5+\frac{2}{3}\right), \left(7+\frac{3}{5}\right), \left(9+\frac{5}{8}\right),$
$\left(11+\frac{8}{13}\right), \cdots$

따라서 자연수 부분과 분수 부분으로 나누어 살펴보면
자연수 부분 : 1, 3, 5, 7, 9, 11, $\cdots$
분자 부분 : $\frac{1}{1}$, $\frac{1}{2}$, $\frac{2}{3}$, $\frac{3}{5}$, $\frac{5}{8}$, $\frac{8}{13}$, $\cdots$
분모 부분 : 앞의 두 분수의 분모를 더한 값
7번째 분수 : $13\frac{13}{21}$, 8번째 분수 : $15\frac{21}{34}$
따라서 ㄱ+ㄴ+ㄷ$=15+34+21=70$

9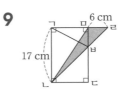

(삼각형 ㄱㅂㄹ의 넓이)
$=$(삼각형 ㅁㄴㄹ의 넓이)
$=6 \times 17 \div 2 = 51$(cm^2)

10

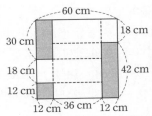

따라서 직육면체의 모든 모서리의 길이의 합은
$(36+18+12) \times 4 = 264(cm)$입니다.

11 두 번씩 자를 때 1개, 세 번씩 자를 때 8개, 네 번씩 자를 때 27개의 한 면도 검은색이 없는 정육면체를 얻을 수 있으므로 □번씩 자를 때
$(□-1) \times (□-1) \times (□-1)$개를 얻을 수 있습니다. 따라서 $4 \times 4 \times 4 = 64$, $5 \times 5 \times 5 = 125$이므로 각 면을 적어도 6번씩 잘라야 합니다.

12

A	B	C	D	E	F	G

$2 \times 5 + 6 = 16$(짝)

13

A	6	6	6	6	6	6	6	6	6	5	5	5	5	4
B	5	5	5	5	5	4	4	4	3	4	4	4	3	3
C	4	4	3	3	2	3	3	2	2	3	3	2	2	2
D	3	2	1	2	1	1	2	1	1	1	2	1	1	1

14 분모와 분자의 합이 20보다 작은 분수 중에서 $\frac{1}{2}$보다 작은 분수를 분자의 크기에 따라 찾아보면 다음과 같습니다.

$\frac{1}{3}, \frac{1}{4}, \cdots, \frac{1}{18}$ ➡ 16개, $\frac{2}{5}, \frac{2}{6}, \cdots, \frac{2}{17}$ ➡ 13개

$\frac{3}{7}, \frac{3}{8}, \cdots, \frac{3}{16}$ ➡ 10개, $\frac{4}{9}, \cdots, \frac{4}{15}$ ➡ 7개

$\frac{5}{11}, \cdots, \frac{5}{14}$ ➡ 4개, $\frac{6}{13}$ ➡ 1개

그러므로 $16+13+10+7+4+1=51$(개)의 분수가 있는데 이 중에서 크기가 같은 분수는

$\frac{1}{3}=\frac{2}{6}=\frac{3}{9}=\frac{4}{12}$, $\frac{1}{4}=\frac{2}{8}=\frac{3}{12}$, $\frac{1}{5}=\frac{2}{10}=\frac{3}{15}$,

$\frac{1}{6}=\frac{2}{12}$, $\frac{1}{7}=\frac{2}{14}$, $\frac{1}{8}=\frac{2}{16}$, $\frac{2}{5}=\frac{4}{10}$, $\frac{2}{7}=\frac{4}{14}$

이므로 모두 $51-12=39$(개)입니다.

15 전체 청소할 양을 1로 놓으면 A, B조가 1분 동안 함께 청소하는 양은 전체의 $\frac{1}{45}$입니다.

30분 동안 청소를 한 양은 $\frac{2}{3}$이므로 남은 청소의 양은 $\frac{1}{3}$입니다.

$\frac{1}{3}$을 남은 B조 학생의 $\frac{3}{4}$이 45분 동안 하였으므로 남은 B조 학생의 $\frac{3}{4}$이 1분 동안 하는 청소의 양은

$\frac{1}{3} \div 45 = \frac{1}{135}$

B조 전체가 1분 동안 하는 청소의 양은

$\frac{1}{135} \times \frac{4}{3} = \frac{4}{405}$

A조 전체가 1분 동안 하는 청소의 양은

$\frac{1}{45} - \frac{4}{405} = \frac{1}{81}$

따라서 A조 학생들만 청소를 하면 81분이 걸립니다.

16

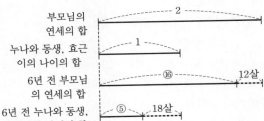

6년 전이면 올해 부모님의 연세의 합에서 12살을 뺀 값이고, 올해 누나와 동생, 효근이의 나이의 합에서 18살을 뺀 값입니다.

⑯$+12=2 \times ($⑤$+18)$, ⑥$=24$, ①$=4$이므로 올해 부모님의 연세의 합은 $4 \times 16 + 12 = 76$(살)입니다. 따라서 어머니의 연세는 $(76-2) \div 2 = 37$(세)입니다.

17

$\frac{1}{4}, \frac{1}{2}, \frac{7}{12}, \frac{5}{8}, \frac{13}{20}, \frac{2}{3}, \cdots$

↓ ↓ ↓ ↓ ↓ ↓

$\frac{1}{4}, \frac{4}{8}, \frac{7}{12}, \frac{10}{16}, \frac{13}{20}, \frac{16}{24}, \cdots$

분모는 4씩 늘어나고 분자는 3씩 늘어납니다.

따라서 50번째 분수는 $\frac{1+3 \times 49}{4 \times 50} = \frac{148}{200} = \frac{37}{50}$

따라서 ㉠$+$㉡$=50+37=87$입니다.

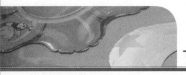

18 삼각형 ㄹㅁㅂ의 넓이는 삼각형 ㄹㅁㄷ의 넓이의 $\frac{1}{4}$이

므로 삼각형 ㄹㅁㅂ의 넓이는

$10 \times 10 \times \frac{1}{2} \times \frac{1}{4} = \frac{25}{2}(\text{cm}^2)$입니다.

따라서 삼각형 ㄹㅁㅂ의 넓이는 삼각형 ㅂㄴㄷ의 넓이

와 같으므로 색칠한 부분의 넓이는

$\frac{25}{2} \times 2 = 25(\text{cm}^2)$입니다.

19

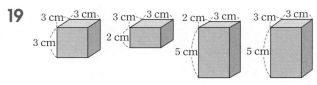

20 삼각형 ㄱㄴㄷ에서 밑변 1 cm에 대한 넓이를

□ cm², 삼각형 ㄹㅁㅂ에서 밑변 1 cm에 대한

넓이를 △ cm²라 하면

$16 \times □ + 24 \times △ = 256 \cdots$ ①

$48 \times □ + 33 \times △ = 534 \cdots$ ②

①×3을 하면

$48 \times □ + 72 \times △ = 768 \cdots$ ③

③－②를 하면

$72 \times △ - 33 \times △ = 768 - 534 = 234$이므로 △=6

$16 \times □ = 256 - 24 \times 6 = 112$이므로 □=7

따라서 삼각형 ㄱㄴㄷ의 넓이는

$(16+33+15) \times 7 = 448(\text{cm}^2)$입니다.

21 오른쪽 그림에서 검게 색칠한
모양의 사각형이 몇 개인지 찾
으면 됩니다.
따라서 8개입니다.

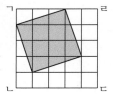

22 꺾이는 점에 쓰여 있는 수를 차례로 나열하면

2, 3, 5, 7, 10, 13, 17, 21, 26, …

이 중 홀수번째로 꺾이는 점의 수는 다음과 같습니다.

2	5	10	17	26	…
1번째	3번째	5번째	7번째	9번째	

$+3 \quad +5 \quad +7 \quad +9$

따라서 55번째로 꺾이는 점의 수는

$2+(3+5+7+\cdots+53+55)=785$입니다.

23 물통 ㉮에서 나오는 물의 양은 1분당

$72 \div (32-8) = 3(\text{L})$이므로 물통 ㉯로 들어가는 물
의 양도 1분당 3 L입니다. 물의 양이 같아졌을 때 물
통 ㉮의 물의 양은 $72-3 \times 8 = 48(\text{L})$이므로 물통
㉯의 처음 물의 양은 $48-3 \times 8 = 24(\text{L})$입니다.

24 (1) 선분 ㄴㅁ의 길이를 □ cm라 하면

$□ \times 24 \times \frac{1}{2} = (12-□) \times 16 \times \frac{1}{2}$에서 □=4.8

따라서 4.8초 후에 넓이가 같게 됩니다.

(2) 삼각형 ㄱㄴㅁ의 넓이는 1초에

$24 \times 1 \times \frac{1}{2} = 12(\text{cm}^2)$씩 늘어나고

삼각형 ㅁㄷㄹ의 넓이는 1초에

$16 \times 1 \times \frac{1}{2} = 8(\text{cm}^2)$씩 줄어듭니다.

따라서 삼각형 ㄱㅁㄹ의 넓이는 4 cm²씩 줄어듭니다.

(3) 점 ㅁ이 점 ㄴ에 있을 때 삼각형 ㄱㅁㄹ의

넓이는 $24 \times 12 \div 2 = 144(\text{cm}^2)$이므로

$(144-110) \div 4 = 34 \div 4 = 8.5(초)$ 후입니다.

25 (1) ㉮에는 반드시 ①이 들
어가며 ㉯에는 ③이 들
어가서는 안 됩니다. 따
라서 ㉯와 ㉰의 조합은
$(2, 4) (2, 5) (2, 6) (3, 4) (3, 5) (3, 6),$
$(4, 5) (4, 6), (5, 6)$으로
$3+3+2+1=9$(가지)입니다.

(2) 마찬가지 방법으로 생각하면

$4+4+3+2+1=14$(가지)입니다.

(3) 마찬가지 방법으로 생각하면

$17+17+16+15+\cdots+1=170$(가지)입니다.

◆◆◆ 정답과 풀이

1	13	**2**	11가지
3	345	**4**	135개
5	132개	**6**	593
7	500	**8**	120개
9	13	**10**	11개
11	6 km	**12**	249
13	90분	**14**	10개
15	84 cm²	**16**	208 cm²
17	400 cm²	**18**	8 cm
19	14	**20**	108 cm²
21	84 cm²	**22**	725
23	63 cm²	**24**	16가지, 풀이 참조
25	풀이 참조		

1 어떤 자연수를 □로 놓으면 이 자연수를 11배 한 수는 $11 \times □$이고, 이 수의 약수는 $1, 11, □, 11 \times □$입니다.
$1 + 11 + □ + 11 \times □ = 168$
$12 \times □ = 156$
□ $= 13$

2 0이 포함된 세 수의 곱은 모두 0으로 1가지입니다.
여기에 ①, ③, ④, ⑦, ⑧ 다섯 장의 숫자 카드 중 세 장을 고르는 경우는 10가지이므로 모두 $1 + 10 = 11$(가지)가 나올 수 있습니다.

3 □의 값이 가장 작으려면 가, 나, 다, 라 중에서 나와 다에 작은 수를 넣어야 되고 가와 라에 큰 수를 넣어야 합니다.
□ $= (580 + 450 + 370 \times 2 + 150 \times 2) \div 2 \div 3 = 345$

4
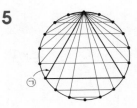

$(△ + 6 + △) \times 2 - 4 = 44$, $△ = 9$
따라서 15개씩 9줄이므로 바둑돌은 모두 $15 \times 9 = 135$(개)입니다.

5 왼쪽 그림과 같이 각 점에서 8개의 이등변삼각형을 만들 수 있습니다. 이 중 ⊙과 같은 정삼각형이 중복되어 나타나므로 전체 개수는
$18 \times 8 - 6 \times 2 = 132$(개)입니다.

6 ( ) 안의 왼쪽에 있는 수를 나열하면
$1, 3, 5, 1, 3, 5, \cdots$입니다. $39 \div 3 = 13$이므로
39번째 묶음의 왼쪽에 있는 수는 5입니다.
( ) 안의 오른쪽에 있는 수를 나열하면 4의 배수만큼씩 커집니다. 즉, $1, 5, 13, 25, 41, 61, \cdots$이므로
39번째 묶음의 오른쪽에 있는 수는
$1 + 4 + 8 + 12 + 16 + \cdots + 4 \times 38$
$= 1 + (4 + 152) \times 38 \div 2 = 2965$입니다.
따라서 큰 수를 작은 수로 나누면 몫은
$2965 \div 5 = 593$입니다.

7 0과 1 사이의 분수 중 분모가 55인 분수는
$\frac{1}{55}, \frac{2}{55}, \frac{3}{55}, \frac{4}{55}, \frac{5}{55}, \cdots, \frac{54}{55}$이고,
이 중 기약분수는 40개입니다.
이 기약분수 40개의 합은
$\frac{1 + 2 + \cdots + 54}{55} - \frac{5 + 10 + \cdots + 50}{55}$
$- \frac{11 + 22 + 33 + 44}{55}$
$= \frac{(1 + 54) \times 54 \div 2 - (5 + 50) \times 10 \div 2 - 110}{55}$
$= \frac{1485 - 275 - 110}{55} = \frac{1100}{55} = 20$입니다.
따라서 0과 5 사이의 기약분수의 합은
$(1 + 2 + 3 + 4) \times 40 + 20 \times 5 = 500$입니다.

8 A : 전체의 $\frac{1}{4}$ + 2개
B : 전체의 $\frac{1}{4}$ + 10개 (전체) − 5개
C : 전체의 $\frac{2}{5}$ − 5개

$2 + 10 = 12$(개)가 전체의 $1 - \frac{1}{4} - \frac{1}{4} - \frac{2}{5} = \frac{1}{10}$에 해당하므로 처음에 있던 구슬은 $12 \times 10 = 120$(개)입니다.

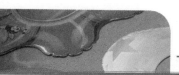

9 $25025 = 5 \times 5 \times 7 \times 11 \times 13$

$$\frac{1 \times 2 \times 3 \times 4 \times 5 \times 6 \times 7 \times 8 \times 9 \times 10 \times 11 \times 12 \times 13}{12 \times 12 \times 12 \times 12 \times 12}$$

$= 5 \times 7 \times 5 \times 11 \times 13$

따라서 1부터 13까지의 수의 곱을 12로 5번 나누면 몫이 25025가 됩니다.

10 ☆＋△＝84이므로 ☆, △는 84보다 작고,
△는 ☆과 84의 공약수가 됩니다.
$84 = 2 \times 2 \times 3 \times 7$이므로 △는 1, 2, 3, 4, 6, 7, 12, 14, 21, 28, 42 중 하나입니다.
☆＋△＝84가 되는 경우를 보면
(☆, △)＝(83, 1), (82, 2), (81, 3), (80, 4),
(78, 6), (77, 7), (72, 12), (70, 14), (63, 21),
(56, 28), (42, 42)로 모두 조건에 맞습니다.
따라서 ☆이 될 수 있는 수는 83, 82, 81, 80,
78, 77, 72, 70, 63, 56, 42로 모두 11개입니다.

11 $27 \times \frac{1}{3} = 9$(km)이므로 18 km를 처음 빠르기의 $\frac{2}{3}$로 간 것입니다. 18 km를 처음 빠르기와 처음 빠르기의 $\frac{2}{3}$로 걸었을 때 간 거리의 차는 $18 \times \frac{1}{3} = 6$(km)이므로 6 km를 처음 빠르기의 $\frac{2}{3}$로 가는데 1시간 30분이 걸립니다.

처음 빠르기의 $\frac{2}{3}$로는 한 시간에 4 km를 가므로 처음 빠르기로는 한 시간에 $4 \div 2 \times 3 = 6$(km)를 갑니다.

12 왼쪽과 오른쪽의 쪽수의 차는 1입니다.
$$\frac{(왼쪽의\ 쪽수)}{(오른쪽의\ 쪽수)} = 0.992 = \frac{992}{1000} = \frac{124}{125}$$
따라서 왼쪽은 124쪽, 오른쪽은 125쪽이므로
합은 $124 + 125 = 249$입니다.

13 전체 청소할 양을 1로 놓으면 A, B 두 조가 1분 동안 함께 청소하는 양은 전체의 $\frac{1}{40}$입니다.

30분 동안 청소를 한 양은 전체의 $\frac{3}{4}$이므로 남은 청소

의 양은 전체의 $\frac{1}{4}$입니다.

전체의 $\frac{1}{4}$을 남은 B조 학생의 $\frac{3}{5}$이 30분 동안 하였으므로 남은 B조 학생의 $\frac{3}{5}$이 1분 동안 하는 청소의 양은 전체의 $\frac{1}{4} \div 30 = \frac{1}{120}$

B조 전체가 1분 동안 하는 청소의 양은 전체의
$$\frac{1}{120} \times \frac{5}{3} = \frac{1}{72}$$
A조 전체가 1분 동안 하는 청소의 양은 전체의
$$\frac{1}{40} - \frac{1}{72} = \frac{4}{360} = \frac{1}{90}$$
따라서 A조 학생들만 청소를 하면 90분이 걸립니다.

14 약수의 개수가 짝수 개인 수는 ㉮ 상자에서 ㉯ 상자로 옮겨졌다가 결국 ㉮ 상자로 돌아옵니다.
약수의 개수가 홀수 개인 수는 ㉮ 상자에서 ㉯ 상자로 옮겨졌다가 결국 ㉯ 상자에 남게 됩니다.
따라서 약수의 개수가 홀수 개인 수는 같은 수를 2번 곱한 수이므로 $1 \times 1 = 1$, $2 \times 2 = 4$, $3 \times 3 = 9$, $\cdots$, $10 \times 10 = 100$으로 10개입니다.

15  왼쪽 그림과 같이 그림을 정삼각형으로 나누어 보면 정육각형은 정삼각형 24개로 나누어집니다. 따라서 정삼각형 1개의 넓이는
$144 \div 24 = 6$(cm²)이므로 구하는 넓이는
$(24 - 10) \times 6 = 84$(cm²)입니다.

16 선분 ㄱㄹ의 길이를 ②라 하면 선분 ㄴㄷ의 길이는 ③입니다. 삼각형 ㄱㅁㄹ과 삼각형 ㅁㄴㄷ의 넓이가 같으므로 선분 ㄱㅁ의 길이는 $20 \times \frac{3}{5} = 12$(cm)이고, 선분 ㅁㄴ의 길이는 $20 - 12 = 8$(cm)입니다.
따라서 삼각형 ㄱㅁㄹ과 삼각형 ㅁㄴㄷ의 넓이의 합은
$12 \times 16 \div 2 \times 2 = 192$(cm²)이며
사다리꼴 ㄱㄴㄷㄹ 전체의 넓이는
$(16 + 24) \times 20 \div 2 = 400$(cm²)이므로 삼각형 ㄹㅁㄷ의 넓이는 $400 - 192 = 208$(cm²)입니다.

◆◆◆ **정답과 풀이**

17
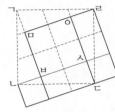
그림을 왼쪽과 같이 바꾸어 보면 사각형 ㅁㅂㅅㅇ은 전체의 $\frac{4}{10}$이고, 삼각형 ㅇㄷㄹ은 전체의 $\frac{3}{10} \times \frac{1}{2} = \frac{3}{20}$이므로 차는 전체의

$\frac{4}{10} - \frac{3}{20} = \frac{5}{20} = \frac{1}{4}$입니다.

전체의 $\frac{1}{4}$이 100 cm²이므로 정사각형 ㄱㄴㄷㄹ의 넓이는 400 cm²입니다.

18
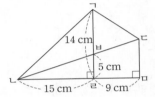
삼각형 ㄱㅂㄷ은 공통 넓이이므로 삼각형 ㄱㄴㅂ과 사다리꼴 ㅂㄹㅁㄷ의 넓이의 차는 9 cm²입니다. 삼각형 ㄱㄴㄹ과 삼각형 ㄷㄴㅁ을 비교하면 삼각형 ㄱㄴㄹ의 넓이는 $15 \times 14 \div 2 = 105$(cm²)이므로 삼각형 ㄷㄴㅁ의 넓이는 $105 - 9 = 96$(cm²)입니다.

따라서 (선분 ㄷㅁ)$= 96 \times 2 \div 24 = 8$(cm)입니다.

19
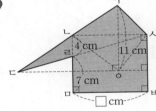
삼각형 ㄱㄷㅅ과 사다리꼴 ㄹㅁㅂㅅ으로 나누어 생각하면 삼각형 ㄴㄷㅅ의 넓이와 삼각형 ㄴㅇㅅ의 넓이가 같으므로 삼각형 ㄱㄷㅅ의 넓이는 사각형 ㄱㄷㅇㅅ의 넓이와 같습니다.

즉, 전체 도형의 넓이는 삼각형 ㄱㄷㅅ, 삼각형 ㄹㅁㅂ, 삼각형 ㅅㄹㅂ의 넓이의 합과 같습니다.

$\square \times 11 \div 2 + 7 \times \square \div 2 + 11 \times \square \div 2 = 203$

$\square \times 11 + 7 \times \square + 11 \times \square = 406$, $29 \times \square = 406$, $\square = 14$입니다.

20
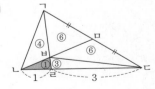
삼각형 ㄴㄹㅂ의 넓이를 ①이라 하면 삼각형 ㅂㄹㄷ의 넓이는 ③이 되고, 삼각형 ㄱㄴㅂ의 넓이는 ① + ③ = ④가 됩니다.

삼각형 ㄱㄹㄷ의 넓이가 (① + ④) × 3 = ⑮이므로 삼각형 ㅁㅂㄷ의 넓이는 (⑮ - ③) ÷ 2 = ⑥입니다.

따라서 사각형 ㅁㅂㄹㄷ의 넓이는 ③ + ⑥ = ⑨이므로 $12 \times 9 = 108$(cm²)입니다.

21
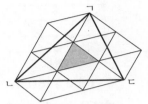
색칠한 삼각형의 세 꼭짓점과 삼각형 ㄱㄴㄷ의 세 꼭짓점에서 색칠한 삼각형의 세 변과 평행한 직선을 그어 오른쪽 그림과 같은 육각형을 만듭니다. 그러면 이 육각형 속에 색칠한 삼각형과 똑같은 삼각형이 13개 만들어집니다. 또한, 삼각형 ㄱㄴㄷ은 색칠한 삼각형 7개로 이루어짐을 알 수 있습니다.

따라서 삼각형 ㄱㄴㄷ의 넓이는 $12 \times 7 = 84$(cm²)입니다.

22 천의 자리에 ㉠이 2개 있으므로 ㉠=9입니다.

㉡은 천의 자리, 일의 자리에 있고, ㉢은 천의 자리, 백의 자리, 십의 자리에 있으므로 ㉢=8, ㉡=7입니다.

백의 자리의 ㉤과 ㉦ 중 ㉤은 백의 자리, 일의 자리에 있고, ㉦은 백의 자리에만 있으므로 ㉤=6, ㉦=5입니다.

십의 자리에 ㉣이 2개 있으므로 ㉣=4이고, ㉥은 십의 자리에만 있고, ㉧은 십의 자리, 일의 자리에 있으므로 ㉥=2, ㉧=3입니다.

따라서 세 자리 수 ㉡㉥㉦은 725입니다.

23

1번째
$6 \times 6 = 36$(cm²)

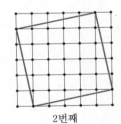
2번째
$36 - 5 \times 1 \times 2 = 26$(cm²)

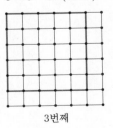
3번째
$5 \times 5 = 25$(cm²)

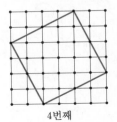
4번째
$36 - 4 \times 2 \times 2 = 20$(cm²)

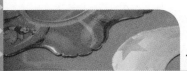

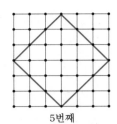

5번째

$6 \times 6 \div 2 = 18(\text{cm}^2)$

따라서 3번째, 4번째, 5번째 정사각형의 넓이의 합은
$25 + 20 + 18 = 63(\text{cm}^2)$입니다.

24

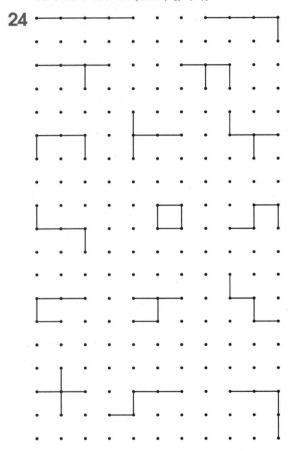

25 [풀이 1]

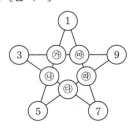

$㉮ + ㉯ = 38 - 6 = 32 \cdots ①$

$㉯ + ㉰ = 38 - 10 = 28$

$㉰ + ㉱ = 38 - 14 = 24 \cdots ②$

$㉱ + ㉲ = 38 - 8 = 30$

$㉲ + ㉮ = 38 - 12 = 26$

위의 5개 식을 더하면

$2 \times (㉮ + ㉯ + ㉰ + ㉱ + ㉲) = 140$이므로

$㉮ + ㉯ + ㉰ + ㉱ + ㉲ = 70$

①+②에서 $㉮ + ㉯ + ㉰ + ㉱ = 56$이므로

$㉲ = 70 - 56 = 14$

따라서 $㉮ = 12$, $㉯ = 20$, $㉰ = 8$, $㉱ = 16$입니다.

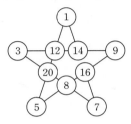

[풀이 2]

㉮에 10을 넣고 각 변의 네 수의 합이 38이 되도록 하면

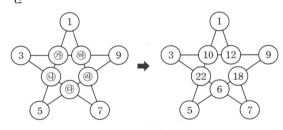

㉮, ㉲가 있는 변의 네 수의 합은

$3 + 10 + 12 + 9 = 34$가 되어 38이 되려면 4가 커져야 합니다.

㉮가 1 커지면 ㉯가 1 작아지고, ㉯가 1 작아지면 ㉰가 1 커집니다. 또 ㉰가 1 커지면 ㉱가 1 작아지고, ㉱가 1 작아지면 ㉲가 1 커집니다.

즉, ㉮, ㉲가 있는 변의 합은 2가 커지게 됩니다.

따라서 합이 4가 커져야 하므로 ㉮는 2 커지면 되므로 12가 됩니다.

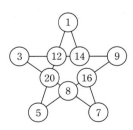

제3회 기 출 문 제	145~152

1 20		**2** 9일	
3 72		**4** 69	
5 968		**6** 168번째	
7 572		**8** 92	
9 128장		**10** 77개	
11 20자루		**12** 208개	
13 9 m		**14** 21번째	
15 149		**16** 954 m	
17 24 cm²		**18** 136 cm²	
19 93가지		**20** 32개	
21 15 cm		**22** 250문제	
23 9가지			
24 (1) 325개	(2) 2500개	(3) 285개	
25 (1) 14 cm	(2) 16 cm	(3) 20 cm	

1 6561은 3을 연속하여 8번 곱한 값이고 3×3은 9이므로 9를 연속하여 4번 곱한 값입니다. 1331은 11을 연속하여 3번 곱한 값입니다. 따라서 ㉮는 9, ㉯는 11이므로 ㉮+㉯=20입니다.

2 일 전체의 양을 1로 놓으면 어른 한 명이 하룻동안 하는 일의 양은 $\frac{1}{80}$, 어린이 한 명이 하룻동안 하는 일의 양은 $\frac{1}{180}$입니다. 따라서 어른 5명과 어린이 9명이 하룻동안 하는 일의 양은 $\frac{1}{80}×5+\frac{1}{180}×9=\frac{9}{80}$이므로 $1÷\frac{9}{80}=1×\frac{80}{9}=8\frac{8}{9}$(일)에서 9일 걸립니다.

3 $㉮×\frac{7}{9}=㉯×4$이고, ㉮−㉯=58입니다.
$㉮×\frac{7}{9}×\frac{1}{4}=㉯$
$㉮−㉮×\frac{7}{36}=58$
$㉮×\frac{29}{36}=58$
$㉮=72$

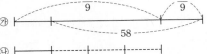

$㉮=58÷\left(1-\frac{7}{9}×\frac{1}{4}\right)=72$

4 ㉠+㉡+㉢=25×3=75
㉣+㉤=130÷2=65
㉠+㉢+㉣=50+21=71
㉡+㉤=(㉠+㉡+㉢)+(㉣+㉤)−(㉠+㉢+㉣)
 =75+65−71
 =69

5 5, 8, 12의 공배수보다 8 큰 수는 5로 나누면 나머지가 3, 8로 나누면 나머지가 없고, 12로 나누면 나머지가 8이 됩니다. 5, 8, 12의 최소공배수는 120이므로 조건에 알맞은 수는
120×8+8=968, 120×9+8=1088
이 중에서 1000에 가장 가까운 수는 968입니다.

6 1보다 큰 분수는 분자가 분모보다 큰 분수입니다.
첫 번째 분수의 분모와 분자의 차는 999, 두 번째 분수의 분모와 분자의 차는 993이므로 각 분수의 분모와 분자의 차가 6씩 작아집니다.
999÷6=166…3에서 167번째 수까지는 진분수이고, 168번째 수부터는 1보다 큰 분수가 됩니다.

7 $1×2=\frac{1}{3}×(1×2×3)$,
$2×3=\frac{1}{3}×(2×3×4-1×2×3)$,
$3×4=\frac{1}{3}×(3×4×5-2×3×4)$,
$11×12=\frac{1}{3}×(11×12×13-10×11×12)$에서
$1×2+2×3+3×4+\cdots+11×12$
$=\frac{1}{3}×11×12×13=572$

8 마주 보는 수의 규칙을 찾으면,

1 2	1 2 3	1 2 3 4
↓ ↓+2	↓ ↓ ↓+3	↓ ↓ ↓ ↓+4
3 ④	4 5 ⑥	5 6 7 ⑧

2×2=4 3×2=6 4×2=8

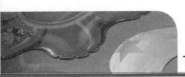

마주 보는 두 수의 차의 두 배가 가장 큰 수가 되므로
$89-43=46$, $46\times2=92$입니다.

9

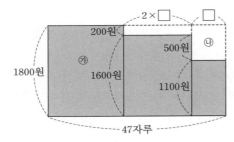

그림과 같이 (가로)×(세로)가 각각 2×3, 4×6, 6×9일 경우 대각선이 지나간 색종이 수는 4장, 8장, 12장입니다.

(대각선이 지나간 색종이 수)
＝(가로로 놓인 색종이 수)＋(세로로 놓인 색종이 수)
　－(가로와 세로로 놓인 색종이 수의 최대공약수)
＝$64+96-32=128$(장)

10 처음에 두 사람의 과자의 수의 차가 21개였는데
$4-1=3$(개)가 된 것은 효근이가 한 번에
$5-3=2$(개)씩 더 먹었기 때문입니다.
따라서 먹은 횟수는 $(21-3)\div(5-3)=9$(번)이므로 처음 두 사람의 과자의 수는
$(5\times9+4)+(3\times9+1)=77$(개)입니다.

11 넓이로 나타내어 구하면 다음과 같습니다.

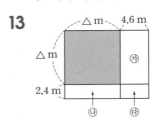

$㉮+㉯=1800\times47=84600$
㉮가 74700이므로
$㉯=84600-74700=9900$입니다.
1100원짜리 볼펜의 수를 □라 하면
$□\times(200+200+700)=9900$, $□=9$(자루)
따라서 1800원짜리 볼펜은
$47-2\times9-9=20$(자루)입니다.

12 처음에 전체의 $\frac{5}{8}$보다 39개 많이 꺼냈으므로

나머지는 전체의 $\frac{3}{8}$보다 39개 적게 남았습니다.

또한, 나머지의 $\frac{1}{3}$이 전체의 $\frac{1}{16}$과 같으므로

처음에 꺼낸 후 남은 나머지는 전체의 $\frac{3}{16}$입니다.

$\left(전체의\ \frac{3}{8}\right)-39=\left(전체의\ \frac{3}{16}\right)$

$\left(전체의\ \frac{3}{8}\right)-\left(전체의\ \frac{3}{16}\right)=39$

$\left(전체의\ \frac{3}{16}\right)=39$

(전체의 개수)＝$39\div3\times16=208$(개)

13

㉮＋㉯＋㉰＝74.04,
㉰＝$4.6\times2.4=11.04$
㉮＋㉯＝$74.04-11.04=63$
$(4.6+2.4)\times△=63$, $△=9$

14 □번째 분수를 $\dfrac{2\times□-1}{2\times□+3}$이라 하면

$(□-1)$번째 분수는 $\dfrac{2\times□-3}{2\times□+1}$이므로

$\dfrac{1}{5}\times\dfrac{3}{7}\times\dfrac{5}{9}\times\dfrac{7}{11}\times\dfrac{9}{13}\times\cdots$

$\times\dfrac{2\times□-3}{2\times□+1}\times\dfrac{2\times□-1}{2\times□+3}$

$=\dfrac{3}{(2\times□+1)(2\times□+3)}<\dfrac{3}{1800}$

$(2\times□+1)(2\times□+3)>1800$이어야 하므로
□의 최솟값은 21입니다.

15 주어진 식을 정리하면

$\left(1+\dfrac{1}{2}\right)\times\left(1+\dfrac{1}{3}\right)\times\left(1+\dfrac{1}{4}\right)\times\cdots\times\left(1+\dfrac{1}{99}\right)$

$\times\left(1-\dfrac{1}{2}\right)\left(1-\dfrac{1}{3}\right)\left(1-\dfrac{1}{4}\right)\times\cdots\times\left(1-\dfrac{1}{99}\right)$

$=\left(\dfrac{3}{2}\times\dfrac{4}{3}\times\dfrac{5}{4}\times\cdots\times\dfrac{100}{99}\right)$

$\times\left(\dfrac{1}{2}\times\dfrac{2}{3}\times\dfrac{3}{4}\times\cdots\times\dfrac{98}{99}\right)$

$=50\times\dfrac{1}{99}=\dfrac{50}{99}$

따라서 ㉠＋㉡＝$99+50=149$입니다.

16 털실의 가격이 $\frac{1}{10}$만큼 내리지 않았다면 3일 동안 사용

한 털실의 가격은 $18720 \div 9 \times 10 = 20800$(원)입니다. 3일 동안 사용하고 남은 털실은 전체의 $\dfrac{28800-20800}{28800} = \dfrac{5}{18}$이고, 셋째 날 사용한 털실은 전체의 $\dfrac{3}{18}$입니다.

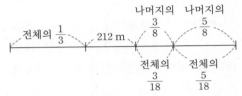

따라서 둘째 날 사용한 털실은 전체의 $1 - \left(\dfrac{1}{3} + \dfrac{3}{18} + \dfrac{5}{18}\right) = \dfrac{2}{9}$이므로 처음 산 털실의 길이는 $212 \div 2 \times 9 = 954$(m)입니다.

17 그림에서 삼각형 ㉮의 높이를 ■ cm, 삼각형 ㉯의 높이를 ▲ cm라 하면

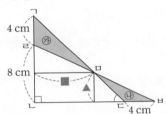

$㉮ + ㉯ = 4 \times ■ \times \dfrac{1}{2} + 4 \times ▲ \times \dfrac{1}{2}$
$= 2 \times ■ + 2 \times ▲ = 2 \times (■ + ▲)$

■ + ▲는 선분 ㄴㄷ의 길이와 같고 삼각형 ㄱㄴㄷ은 이등변삼각형이므로 선분 ㄴㄷ의 길이는 12 cm가 됩니다.
따라서 넓이는 $2 \times 12 = 24$(cm^2)입니다.

18 선분 ㉯ㄴ과 ㉯ㄷ의 길이를 □ cm라 하면
선분 ㄱ㉮의 길이는 $(2 \times □)$ cm이므로
선분 ㉮ㄹ의 길이는 $(20 - 2 \times □)$ cm입니다.
$(20 - 2 \times □ + □) \times 20 \div 2 = 120$에서 $□ = 8$
따라서 삼각형 ㉮㉯㉰의 넓이는
$20 \times 20 - \left(120 + 16 \times 12 \times \dfrac{1}{2} + 12 \times 8 \times \dfrac{1}{2}\right)$
$= 136$(cm^2)입니다.

19 ㉮에서 ㉰까지 가는 전체 방법의 수에서 ㉯를 거쳐 가는 방법의 수를 뺍니다.

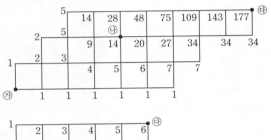

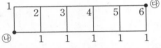

㉮에서 ㉰까지 가는 전체 방법의 수는 177가지이며, ㉮에서 ㉯를 거쳐 ㉰까지 가는 방법의 수는 $14 \times 6 = 84$(가지)이므로 $177 - 84 = 93$(가지)입니다.

20

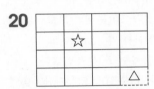

△를 포함한 큰 직사각형에서 찾을 수 있는 ☆이 포함된 사각형의 개수는 $6 \times 6 = 36$(개)입니다.

☆과 △를 동시에 포함하는 사각형의 개수는 $2 \times 2 = 4$(개)이므로 $36 - 4 = 32$(개)입니다.

21 삼각형 ㄱㄴㄷ과 삼각형 ㄷㄹㅁ이 합동이므로 두 삼각형을 옮겨서 다음과 같이 하나의 정사각형을 만들 수 있습니다.

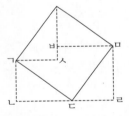

문제에서 주어진 도형의 넓이와 위의 정사각형의 넓이는 같으므로
(변 ㄷㅁ의 길이) × (변 ㄷㅁ의 길이)
$= 9 \times 9 + 12 \times 12$
(변 ㄷㅁ의 길이) × (변 ㄷㅁ의 길이) $= 225$
$15 \times 15 = 225$이므로 변 ㄷㅁ의 길이는 15 cm입니다.

22 넓이로 나타내어 구하면 다음과 같습니다.

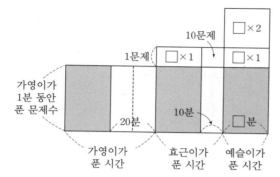

색칠한 부분의 넓이는 각각 같습니다. 가영이와 효근이를 비교했을 때 가영이가 10분 동안 푼 문제 수는 $(\square+10)+10=\square+20$(문제)이고, 가영이와 예슬이를 비교했을 때 가영이가 20분 동안 푼 문제 수는 $(\square\times2+\square)+10=\square\times3+10$(문제)이므로 $\square+20+\square+20=\square\times3+10$, $\square=30$이고 가영이가 10분 동안 푼 문제 수는 50문제입니다.
따라서 가영이가 1분 동안 $50\div10=5$(문제)를 풀었으므로 50분 동안 푼 문제 수는 $5\times50=250$(문제)입니다.

23 빠짐없이 만들기 위하여 우선 2개로 만들 수 있는 모든 모양을 만들면 다음과 같이 2가지입니다.

위의 2가지 모양에 차례대로 1개를 더 붙여서 빠짐없이 만들면서 뒤집거나 돌려서 겹쳐지는 것을 제외시키면 다음과 같이 9가지입니다.

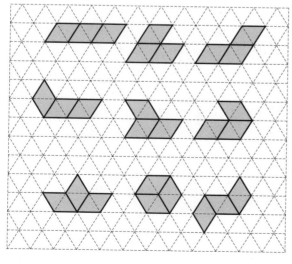

24 (1) 짝수 번째마다 만들어지는 정사각형의 개수를 찾아보면
두 번째 : 1개
네 번째 : $1+2=3$(개)
여섯 번째 : $1+2+3=6$(개)
⋮
따라서 50번째에서 찾을 수 있는 정사각형의 개수는 $1+2+3+\cdots+25=325$(개)입니다.

(2) 홀수 번째마다 만들어지는 정삼각형의 개수를 찾아보면
첫 번째 : 1개
세 번째 : $1+3=4$(개)
다섯 번째 : $1+3+5=9$(개)
⋮
따라서 100번째에서 찾을 수 있는 정삼각형의 개수는 $1+3+5+\cdots+99=(1+99)\times50\div2$
$=2500$(개)입니다.

(3) 🏠 모양이 2번째에서는 1층, 4번째에서는 2층이므로 20번째에서는 10층입니다. 🏠 모양 1개에는 6개의 성냥개비가 사용되고 각 층에서 🏠 모양이 1개씩 늘어날수록 중복되는 성냥개비가 1개씩 늘어납니다.
$6\times(1+2+3+\cdots+10)-(1+2+\cdots+9)$
$=285$(개)

25 둘레의 길이가 가장 짧은 도형을 만드는 방법은 면과 면을 최대한 많이 닿게 이어 붙이면 됩니다. 즉, 2가지를 사용할 때를 제외하고 모두 정사각형 또는 정사각형에 가까운 직사각형 모양을 만들면 둘레의 길이가 가장 짧습니다.

(1) 예

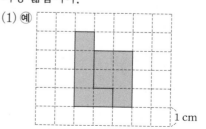

(둘레의 길이)$=(3+4)\times2=14$(cm)

(2) 예

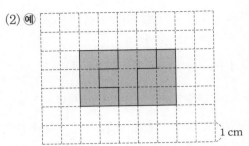

1 cm

(둘레의 길이)＝(5＋3)×2＝16(cm)

(3) 예

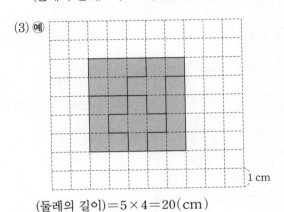

1 cm

(둘레의 길이)＝5×4＝20(cm)

제4회 기 출 문 제 　　153~160

1 10배		**2** 10번째	
3 5년 후		**4** 56 cm^2	
5 10 cm^2		**6** 360	
7 96		**8** 330권	
9 4명		**10** 300 cm	
11 16 cm		**12** 460 cm^2	
13 90개		**14** 42	
15 219개		**16** 711	
17 7 cm		**18** 151개	
19 63개		**20** 144 cm^2	
21 26 cm^2		**22** 108 cm^2	

23 500 cm^2

24 (1) 56 m　(2) ⑪번　(3) 193 m

25 풀이 참조

1

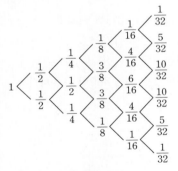

2 나열된 분수의 분모와 분자의 합이 56으로 항상 일정합니다.

$\dfrac{2}{5}=\dfrac{2\times\square}{5\times\square}$ 에서 $5\times\square+2\times\square=56$, $7\times\square=56$이

므로 $\square=8$

따라서 구하는 분수는 $\dfrac{16}{40}$으로 10번째 수입니다.

3 아버지와 한초의 나이의 차는 $43-11=32$(살)이고 이 차이는 시간이 지나도 변함이 없습니다.

따라서 몇 년 후의 나이를 그림으로 나타내면 다음과 같습니다.

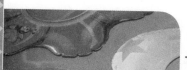

위의 그림에서 몇 년 후의 한초의 나이는
$32 \div (3-1) = 16$(살)이 됩니다.
따라서 3배가 되는 것은 $16-11=5$(년) 후입니다.

4 (삼각형 ㄱㄴㄹ의 넓이)$=42 \times 2 = 84(cm^2)$
삼각형 ㄱㅁㄹ의 넓이는 삼각형 ㅁㄴㄹ의 넓이의 2배이므로
(삼각형 ㄱㅁㄹ의 넓이)$=84 \div 24 \times 16 = 56(cm^2)$

5 ㉮와 ㉯의 세로의 길이는 같으므로 ㉯의 가로의 길이를 ③이라 하면 ㉮의 가로의 길이는 ⑤입니다. ㉯의 넓이가 $12\ cm^2$이므로 색칠한 부분을 포함한 직사각형의 넓이는
$12 \div 3 \times 5 = 20(cm^2)$입니다.
따라서 색칠한 부분의 넓이는 $20 \div 2 = 10(cm^2)$입니다.

6 ①에서 오른쪽으로 갈 때는 2배씩 커지고
①에서 뒤로 갈 때는 5배씩 커지고
①에서 위로 갈 때는 3배씩 커집니다.
따라서 오른쪽 끝에 있는 수는 360이 나옵니다.

7
5개 수의 평균이 60이므로 합은 300이고,
B와 C의 평균이 48이므로 합은 96입니다.
⑤+⑳=300, ②+△=96이므로
①=36, △=6입니다.
따라서 자연수 E는 $36+6 \times 10 = 96$입니다.

8 학생 수를 □명이라 하면
$9 \times □ + 6 = 12 \times 5 + 10 \times (□-5) - 40$
$9 \times □ + 6 = 10 \times □ - 30$, □$=36$
따라서 상자에 들어 있는 공책은
$10 \times 36 - 30 = 330$(권)입니다.

9 한 사람이 한 시간당 일하는 양을 ①이라 하면

12명이 하루에 8시간씩 15일 동안 일하는 양은
$12 \times 8 \times 15 = 1440$이므로
전체 일의 양은 $1440 \div \frac{3}{5} = 2400$이고
남은 일의 양은 $2400 \times \frac{2}{5} = 960$입니다.
남은 일의 양을 $21-15=6$(일) 동안 하루에 10시간씩 일해서 끝내려면 $960 \div 6 \div 10 = 16$(명)이 필요합니다.
따라서 $16-12=4$(명)이 더 필요합니다.

10 연못의 깊이를 ①이라 하면 긴 막대의 길이는 $\frac{4}{3}$, 짧은 막대의 길이는 $\frac{6}{5}$입니다.
$\frac{4}{3} - \frac{6}{5} = \frac{2}{15}$가 40 cm에 해당되므로 연못의 깊이는
$40 \div 2 \times 15 = 300(cm)$입니다.

11 두 도형의 높이가 같으므로 높이를 1로 놓으면
(삼각형 ㄱㄴㅁ의 넓이)$=$(변 ㄴㅁ)$\div 2$
(사각형 ㄱㅁㄷㄹ의 넓이)
$=$(삼각형 ㄱㅁㄹ의 넓이)$+$(삼각형 ㄹㅁㄷ의 넓이)
$=$(변 ㄱㄹ)$\div 2 +$(변 ㅁㄷ)$\div 2$
$=\{$(변 ㄱㄹ)$+$(변 ㅁㄷ)$\} \div 2$
(변 ㄱㄹ)$+$(변 ㅁㄷ)$=2.5 \times$(변 ㄴㅁ)이므로
(변 ㄴㅁ)$=(24+32) \div 3.5 = 16(cm)$

12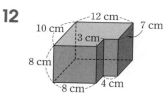
밑면의 넓이 : $12 \times 10 - 4 \times 3 = 108(cm^2)$
옆면의 넓이 : $(10+12) \times 2 \times 8 = 352(cm^2)$
따라서 상자를 만드는 데 들어간 종이는
$108 + 352 = 460(cm^2)$입니다.

13 모서리마다 검은색 쌓기나무가 3개씩 놓이고 각 면의 네 모서리를 뺀 부분에 9개씩 놓입니다.
따라서 검은색 쌓기나무는 최소한
$3 \times 12 + 9 \times 6 = 90$(개)가 사용됩니다.

14 $\frac{가}{5} + \frac{나}{7} + \frac{다}{15} = \frac{136}{105}$
$\frac{21 \times 가 + 15 \times 나 + 7 \times 다}{105} = \frac{136}{105}$

$21 \times$ 가$+15 \times$ 나$+7 \times$ 다$=136$이 되는

가, 나, 다를 찾으면

(가, 나, 다)는 $(1, 3, 10)$, $(2, 3, 7)$, $(3, 3, 4)$,

$(4, 3, 1)$일 때입니다.

이 중 세 수의 곱이 40보다 큰 경우는

가$=2$, 나$=3$, 다$=7$일 때이므로

가$\times$나$\times$다$=2 \times 3 \times 7 = 42$입니다.

15 ① 분자가 1인 분수는 $\dfrac{1}{\square} > \dfrac{1}{110}$에서 분모는 110보

다 작아야 합니다.

따라서 $\dfrac{1}{2}$, $\dfrac{1}{10}$, $\dfrac{1}{18}$, $\cdots$, $\dfrac{1}{106}$로 14개입니다.

② 분자가 3인 분수는 $\dfrac{3}{\square} > \dfrac{1}{110} = \dfrac{3}{330}$에서 330보

다 작아야 합니다.

따라서 $\dfrac{3}{4}$, $\dfrac{3}{12}$, $\dfrac{3}{20}$, $\cdots$, $\dfrac{3}{324}$으로 41개입니다.

③ 분자가 5인 분수는 $\dfrac{5}{\square} > \dfrac{1}{110} = \dfrac{5}{550}$에서 분모는

550보다 작아야 합니다.

따라서 $\dfrac{5}{6}$, $\dfrac{5}{14}$, $\cdots$, $\dfrac{5}{542}$로 68개입니다.

④ 분자가 7인 분수는 $\dfrac{7}{\square} > \dfrac{1}{110} = \dfrac{7}{770}$에서 분모는

770보다 작아야 합니다.

따라서 $\dfrac{7}{8}$, $\dfrac{7}{16}$, $\cdots$, $\dfrac{7}{768}$이므로 96개입니다.

따라서 ①, ②, ③, ④에 의해서 $\dfrac{1}{110}$보다 큰 분수는

$14 + 41 + 68 + 96 = 219$(개)입니다.

별해

① 분자가 1이고, 분모가 $2+8(k-1)$(단, $k=1$, 2,

3, $\cdots$)인 분수 중 $\dfrac{1}{110}$보다 큰 분수의 개수는

$8k-6 < 110$을 만족하는 자연수 k의 값의 개수와

같다. 즉, $8k < 116$, $k < 14.5$

따라서 14개입니다.

② $\dfrac{3}{4+8(k-1)} > \dfrac{3}{330}$에서 $8k-4 < 330$을 만족시

키는 k의 값의 개수는 41개입니다.

③ $\dfrac{5}{6+8(k-1)} > \dfrac{5}{550}$에서 $8k-2 < 550$을 만족시

키는 k의 값의 개수는 68개입니다.

④ $\dfrac{7}{8k} > \dfrac{7}{770}$에서 $8k < 770$을 만족시키는 k의 값의

개수는 96개입니다.

따라서 구하려는 분수는 $14 + 41 + 68 + 96 = 219$(개)

입니다.

16 $\dfrac{1}{8} \times 8 \times \left(\dfrac{1}{4} \times \dfrac{1}{6} \times \dfrac{1}{8} + \dfrac{1}{6} \times \dfrac{1}{8} \times \dfrac{1}{10} + \right.$

$\left. \cdots + \dfrac{1}{20} \times \dfrac{1}{22} \times \dfrac{1}{24} \right)$

$= \dfrac{1}{8} \times \left(\dfrac{1}{4} \times \dfrac{1}{6} \times \dfrac{1}{8} \times 8 + \dfrac{1}{6} \times \dfrac{1}{8} \times \dfrac{1}{10} \times 8 + \right.$

$\left. \cdots + \dfrac{1}{20} \times \dfrac{1}{22} \times \dfrac{1}{24} \times 8 \right)$

$= \dfrac{1}{8} \times \left(\dfrac{1}{2} \times \dfrac{1}{3} \times \dfrac{1}{4} + \dfrac{1}{3} \times \dfrac{1}{4} \times \dfrac{1}{5} + \cdots \right.$

$\left. + \dfrac{1}{10} \times \dfrac{1}{11} \times \dfrac{1}{12} \right)$

$= \dfrac{1}{8} \times \left\{ \dfrac{1}{2} \times \left(\dfrac{1}{2 \times 3} - \dfrac{1}{3 \times 4} \right) + \dfrac{1}{2} \times \left(\dfrac{1}{3 \times 4} - \dfrac{1}{4 \times 5} \right) \right.$

$\left. + \cdots + \dfrac{1}{2} \times \left(\dfrac{1}{10 \times 11} - \dfrac{1}{11 \times 12} \right) \right\}$

$= \dfrac{1}{8} \times \dfrac{1}{2} \times \left(\dfrac{1}{2 \times 3} - \dfrac{1}{11 \times 12} \right) = \dfrac{1}{8} \times \dfrac{1}{2} \times \dfrac{7}{44}$

$= \dfrac{1}{8} \times \dfrac{7}{88} = \dfrac{7}{704}$입니다.

따라서 $704 + 7 = 711$입니다.

17 6개의 각이 모두 같으므로 한 각의 크기는 $120°$이고,

보조선을 그어 보면 정삼각형과 평행사변형이 만들어

집니다.

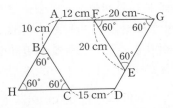

선분 CH의 길이는 $12 + 20 - 15 = 17$(cm)이므로

선분 DE의 길이는 $10 + 17 - 20 = 7$(cm)입니다.

18

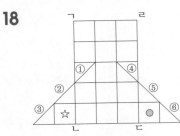

i) 사각형 ㄱㄴㄷㄹ의

가로줄에서 찾을 수

있는 사각형 6개와 세

로줄에서 찾을 수 있

는 사각형 15개의 곱

으로 $6 \times 15 = 90$(개)

ii) ☆ 또는 ●를 포함하는 사각형의 개수 : 9개

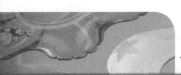

iii) ① 또는 ④를 한 변으로 하는 사각형의 개수 :
$6 \times 2 + 1 = 13$(개)

iv) ② 또는 ⑤를 한 변으로 하는 사각형의 개수 :
$4 \times 2 + 1 = 9$(개)

v) ③ 또는 ⑥을 한 변으로 하는 사각형의 개수 :
$5 \times 2 + 1 = 11$(개)

vi) ①과 ② 또는 ④와 ⑤를 한 변으로 하는 사각형의
개수 : $3 \times 2 + 1 = 7$(개)

vii) ②와 ③ 또는 ⑤와 ⑥을 한 변으로 하는 사각형의
개수 : $3 \times 2 + 1 = 7$(개)

viii) ①과 ②와 ③, 또는 ④와 ⑤와 ⑥을 한 변으로 하
는 사각형의 개수 : $2 \times 2 + 1 = 5$(개)

따라서 모두
$90 + 9 + 13 + 9 + 11 + 7 + 7 + 5 = 151$(개)입니다.

19 오른쪽 그림과 같이 똑같은 모양의 가, 나, 다의 사다리꼴을 그려 보면 가, 나, 다에 나열된 흰 바둑돌 수는 모두 162개이므로 사다리꼴 하나에 $162 \div 3 = 54$(개)씩 나열된 것입니다.

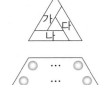

사다리꼴 안의 맨 윗줄에 놓이는 흰 바둑돌 수는 다음 줄에 놓이는 흰 바둑돌 수보다 1개 더 적고, 마찬가지로 가운데 줄의 흰 바둑돌 수는 셋째 줄의 흰 바둑돌 수보다 1개 더 적으므로 가운데 줄의 흰 바둑돌 수는 세 줄에 놓인 흰 바둑돌 수의 평균 수가 됩니다.
따라서 셋째 줄의 흰 바둑돌 수는 $54 \div 3 + 1 = 19$(개)이고 삼각형 가장 바깥쪽에 나열되어 있는 바둑돌의 수는 $\{(19 + 3) - 1\} \times 3 = 63$(개)입니다.

20 ①+③+②의 길이는 60 cm이고 ①+②의 길이는 44 cm이므로 ③$= 16$(cm)입니다.
색칠한 정사각형의 한 변의 길이는
$44 - 16 \times 2 = 12$(cm)
따라서 색칠한 정사각형의 넓이는
$12 \times 12 = 144$(cm^2)입니다.

21 선분 ㅁㅅ과 선분 ㅂㄷ은 평행하므로 사각형 ㅁㅂㄷㅅ은 사다리꼴입니다.
삼각형 ㅁㅂㅅ의 넓이와 삼각형 ㅁㄷㅅ의 넓이는 같습니다.

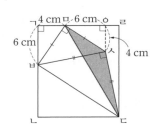

점 ㅅ에서 변 ㄱㄹ에 수직으로 그은 선분과 만나는 점 ㅇ이라 하면 삼각형 ㄱㅂㅁ과 삼각형 ㅇㅁㅅ은 합동입니다.
(삼각형 ㅁㄷㅅ의 넓이)$=$(삼각형 ㅁㅂㅅ의 넓이)
$= (6 + 4) \times 10 \div 2 - (4 \times 6) \div 2 \times 2 = 26$(cm^2)

22 삼각형 ㄱㅁㄷ의 넓이는 $240 \div 2 - 40 = 80$(cm^2)이므로 선분 ㅁㄷ의 길이는 선분 ㄴㅁ의 길이의 2배입니다.

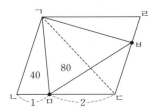

삼각형 ㄴㅁㅂ의 넓이는 $56 \div 2 = 28$(cm^2)이므로 삼각형 ㄴㅂㄹ의 넓이는
$120 - (28 + 56) = 36$(cm^2)입니다.
삼각형 ㄴㅂㄹ과 삼각형 ㄱㅂㄹ의 넓이는 같으므로 삼각형 ㄱㅁㅂ의 넓이는
$240 - (40 + 56 + 36) = 108$(cm^2)입니다.

23
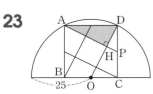

왼쪽 그림과 같이 평행한 보조선을 그어 생각합니다.
이때 정사각형 ABCD의 넓이는 삼각형 AHD의 넓이의 5배가 됩니다.
선분 AP의 길이와 선분 OD의 길이는 25 cm이고,
선분 AH의 길이는 $25 \times \dfrac{4}{5} = 20$(cm),
선분 DH의 길이는 $25 \times \dfrac{2}{5} = 10$(cm)이므로
삼각형 AHD의 넓이는
$20 \times 10 \times \dfrac{1}{2} = 100$(cm^2),
사각형 ABCD의 넓이는
$100 \times 5 = 500$(cm^2)입니다.

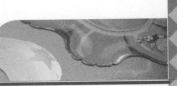

24 (1) ① → ② → ① : 2 m

① → ② → ③ → ② → ① : 4 m

① → ② → ③ → ④ → ③ → ② → ① : 6 m

⋮

①에서 1 m씩 멀리 있는 막대까지 갔다가 ①번으로 돌아오는 데 움직인 거리는 2 m씩 늘어나므로 ⑧번 막대까지 갔다가 ①번 막대로 돌아오는 때 움직인 거리는

2＋4＋6＋8＋10＋12＋14＝56(m)입니다.

(2) ⑩번 막대까지 갔다가 ①번 막대로 돌아왔을 때 움직인 거리가

2＋4＋6＋8＋10＋12＋14＋16＋18

＝90(m)이므로 10 m를 더 가야 합니다.

①번 막대에서 ⑪번 막대까지의 거리는 10 m이므로 출발하여 100 m 걸었을 때에는 ⑪번 막대의 위치에 있게 됩니다.

(3) ① → ⑫ → ① 1번

① → ⋯ → ⑫ → ⑬ → ⑫ → ⋯ → ① ➡ 2번

① → ⋯ → ⑫ → ⑬ → ⑭ → ⑬ → ⑫ ⋯ → ①

➡ 2번이므로

6번째로 ⑫번 막대에 도착하려면

①번 막대에서 ⑭번 막대까지 갔다가 ①번 막대로 돌아온 후 다시 ⑫번 막대까지 걸어야 합니다.

따라서 2＋4＋6＋⋯＋26＋11

＝(2＋26)×13÷2＋11＝193(m)

걸어야 합니다.

25 i) a 4개가 연속해서 나오는 경우 : 1가지

ii) a 3개가 연속해서 나오는 경우 : 3가지

iii) a 2개가 연속해서 나오는 경우 : 7가지

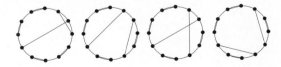

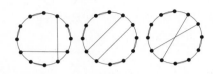

iv) a가 연속해서 나오지 않는 경우 : 2가지

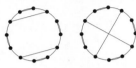

따라서 모두 1＋3＋7＋2＝13(가지)입니다.

제5회 **기 출 문 제**　161~168

1 12	**2** 64개
3 22	**4** 5 mm
5 819 cm²	**6** 480 cm²
7 15분	**8** 110
9 3	**10** 500원
11 56	**12** 24개
13 480 cm²	**14** 125문제
15 31개	**16** 676
17 64	**18** 22명
19 92쪽	**20** 600개
21 126 km	**22** 812 cm²

23 24개

24 (1) 170개　(2) 336개

25 (1) 10 km　(2) $2\dfrac{47}{660}$시간

1 12 ⎿A B
　　　a b

12×a×b＝672에서 a×b＝56이므로 a×b는 1×56, 2×28, 4×14, 7×8이고 이 중 A와 B가 두 자리 수인 조건을 만족하는 것은 a×b＝7×8입니다.

따라서 두 수의 차는 12×8－12×7＝12입니다.

2 안쪽에 보이지 않는 쌓기나무를 생각해 봅니다.

따라서 4×4×4＝64(개)입니다.

3 $\dfrac{가}{나}=\dfrac{4}{9}$, $\dfrac{가}{다}=\dfrac{9}{4}$ 이므로

분자 가를 4와 9의 최소공배수 36으로 하면

$\dfrac{가}{나}=\dfrac{36}{81}$, $\dfrac{가}{다}=\dfrac{36}{16}$ 입니다.

따라서 $\dfrac{나}{다}=\dfrac{81}{16}=5\dfrac{1}{16}$ 에서 $5+1+16=22$ 입니다.

4 $\dfrac{7}{20}\times20\div(15-1)=\dfrac{1}{2}$ (cm)이므로 5 mm입니다.

5 $(15\times13-6\times8)+(15+13)\times2\times12$
$=819(\text{cm}^2)$

6 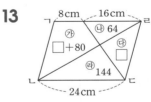 ㉠부분의 넓이는
$60\times2=120(\text{cm}^2)$,
㉡과 ㉢부분은 각각
$60+120=180(\text{cm}^2)$ 이므로
$120+180\times2=480(\text{cm}^2)$ 입니다.

7 자전거로 1분 동안 가는 거리는 전체 거리의 $\dfrac{1}{30}$,

걸어서 1분 동안 가는 거리는 전체의 $\dfrac{1}{90}$ 입니다.

40분 내내 자전거로 간 것으로 가정하면 간 거리는

$\dfrac{1}{30}\times40=\dfrac{4}{3}$ 이나 실제 거리는 1이므로 할아버지 댁에서 역까지 걸린 시간은

$\left(\dfrac{4}{3}-1\right)\div\left(\dfrac{1}{30}-\dfrac{1}{90}\right)=15$ (분)입니다.

8 $(㉠+2)$가 4의 배수이면 $(㉠-2)$도 4의 배수가 되므로 $(㉠-2)$는 9와 4의 공배수이고, ㉠은 38, 74, 110, …입니다. 따라서 세 자리 자연수 ㉠ 중에서 가장 작은 수는 110입니다.

9 (주어진 식)
$=\dfrac{1}{2\times5}+\dfrac{1}{5\times8}+\dfrac{1}{8\times11}+\dfrac{1}{11\times14}$
$\quad+\dfrac{1}{14\times17}+\dfrac{1}{17\times20}$
$=\dfrac{1}{3}\times\left\{\left(\dfrac{1}{2}-\dfrac{1}{5}\right)+\left(\dfrac{1}{5}-\dfrac{1}{8}\right)+\left(\dfrac{1}{8}-\dfrac{1}{11}\right)\right.$
$\quad\left.+\left(\dfrac{1}{11}-\dfrac{1}{14}\right)+\left(\dfrac{1}{14}-\dfrac{1}{17}\right)+\left(\dfrac{1}{17}-\dfrac{1}{20}\right)\right\}$
$=\dfrac{1}{3}\times\left(\dfrac{1}{2}-\dfrac{1}{20}\right)=\dfrac{3}{20}$ 입니다.

따라서 $\dfrac{3}{20}\times20=3$ 입니다.

10 (썩지 않은 사과의 개수)
$=60\times(1-0.2)=48$(개)

$\left(\dfrac{1}{5}\text{만큼 이익을 얻은 금액}\right)$
$=20000\times1.2=24000$(원)
따라서 사과 한 개의 판매액은
$24000\div48=500$(원)입니다.

11 $\dfrac{7}{12}=\dfrac{1}{2}+\dfrac{1}{12}$
$\quad=\dfrac{1}{3}+\dfrac{1}{6}+\dfrac{1}{12}$
$\quad=\dfrac{1}{3}+\dfrac{1}{7}+\dfrac{1}{42}+\dfrac{1}{12}$
$\quad=\dfrac{1}{3}+\dfrac{1}{8}+\dfrac{1}{56}+\dfrac{1}{42}+\dfrac{1}{12}$

따라서 □ 안에 들어갈 수 있는 60보다 작은 수 중 가장 큰 수는 56입니다.

12 계단이 2개일 때 → 1쌍
계단이 3개일 때 → $(1+2)$쌍
계단이 4개일 때 → $(1+2+3)$쌍
$\qquad\qquad\vdots$
따라서 $325=1+2+\cdots+25$ 이므로
계단이 26개일 때입니다.
따라서 $26-2=24$(개) 더 만들면 됩니다.

13

㉮와 ㉯의 합은 ㉰와 ㉱의 합과 같습니다.
㉱의 넓이를 □ cm^2라 하면 ㉮$=(\square+80)\,\text{cm}^2$이고
㉯의 넓이는 64 cm^2이므로
$\square+80+64=\square+㉰$, ㉰$=144(\text{cm}^2)$
㉰의 높이는 $144\times2\div24=12$ (cm)이고,
㉯의 높이는 $64\times2\div16=8$ (cm)입니다.
따라서 평행사변형 높이는 $12+8=20$ (cm)이므로
평행사변형의 넓이는 $24\times20=480(\text{cm}^2)$입니다.

14

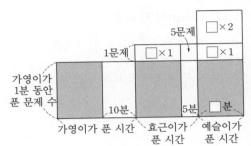

색칠한 세 부분의 넓이는 각각 같습니다. 가영이와 효근이를 비교했을 때 가영이가 5분 동안 푼 문제 수는 $(\Box+5)+5=(\Box+10)$문제이고, 가영이와 예슬이를 비교했을 때 가영이가 10분 동안 푼 문제 수는 $(\Box\times2+\Box)+5=(\Box\times3+5)$문제이므로 $\Box+10+\Box+10=\Box\times3+5$, $\Box=15$이고 가영이가 5분 동안 푼 문제 수는 25문제입니다.

따라서 가영이가 1분 동안 $25\div5=5$(문제)를 풀었으므로 25분 동안 푼 문제 수는 $5\times25=125$(문제)입니다.

15 6개의 복숭아 전체를 평균 무게 150 g이 되도록 하려면 $8+6+5+4+3-1=25$(g)이 부족한 셈이므로 남은 복숭아 25개에서 1 g씩 빼내어 옮겨 주는 것으로 생각합니다.

따라서 처음 복숭아 수는 $6+25=31$(개)입니다.

16 $(2, 2008, 2006), (2, 2004, 2002),$
$(2, 2000, 1998), \cdots$
$1001\div3=333\cdots2$에서 334묶음째의 2번째 수입니다.
따라서 $2008-4\times333=676$입니다.

17 첫 번째 시행 → 20(개)
두 번째 시행 → $20\times20=400$(개)
⋮
여섯 번째 시행 → $20\times20\times20\times20\times20\times20$
$=64000000$(개)
따라서 $64000000\div1000000=64$입니다.

18 1명이 1시간 동안 퍼내는 물의 양을 ①로 하면,
12명이 4시간 퍼내는 물의 양은 $12\times4=$㊽,
6명이 10시간 퍼내는 물의 양은 $6\times10=$㉖
㉖$-$㊽$=$⑫는 $10-4=6$(시간) 동안 들어온 물의 양이므로 물은 한 시간에 $12\div6=$②씩 새어 들어오고,
이미 들어와 있던 물의 양은 $48-4\times2=$㊵입니다.
따라서 2시간 동안 모두 퍼내는 데 필요한 사람 수는

$(40+2\times2)\div2=22$(명)입니다.

19 $1+2+3+\cdots+9=45$
$10\sim19 \rightarrow 10+45$
$20\sim29 \rightarrow 20+45$
⋮   ⋮
$80\sim89 \rightarrow 80+45$
$\Big\} \ 360+45\times9=765$

따라서 $795-765=30$에서
$9+0+9+1+9+2=30$이므로 92쪽입니다.

20 거꾸로 생각하여 해결합니다.

	A	B	C	D
⑤	128	128	128	128
④	64	64	64	320
③	32	32	288	160
②	16	544	144	80
①	600	272	72	40

21 A도시를 출발한 자동차의 속력은 매시
$210\div2\frac{1}{3}=90$(km),
B도시를 출발한 자동차의 속력은 매시
$210\div\frac{7}{2}=60$(km)이므로
두 자동차가 만난 시간은
$210\div(90+60)=1\frac{2}{5}$(시간)입니다.
따라서 두 자동차가 만난 곳은 A도시로부터
$90\times1\frac{2}{5}=126$(km) 떨어진 지점입니다.

22

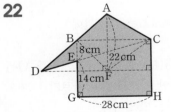

삼각형 BDC의 넓이는 삼각형 BFC의 넓이와 같으므로 삼각형 ADC의 넓이는 사각형 ABFC의 넓이와 같습니다.
사각형 ABFC의 넓이는 $22\times28\div2=308(\text{cm}^2)$이고, 사다리꼴 EGHC의 넓이는
$(14+22)\times28\div2=504(\text{cm}^2)$이므로
전체 넓이는 $308+504=812(\text{cm}^2)$입니다.

23 B 하나의 무게는 $20 \times \dfrac{3}{4} = 15(\mathrm{g})$,

C 하나의 무게는 $15 \times \dfrac{4}{5} = 12(\mathrm{g})$입니다.

74개 모두 A로 가정하면 $74 \times 20 = 1480(\mathrm{g})$,

실제는 1200 g이므로 B와 C의 개수의 합은

$(1480 - 1200) \div \left(20 - \dfrac{6 \times 15 + 5 \times 12}{11} \right) = 44(개)$

따라서 B의 개수는 $44 \times \dfrac{6}{11} = 24(개)$입니다.

24 (1) 하나의 대각선에 의하여 잘리는 정사각형의 개수
는 {(가로의 개수)+(세로의 개수)−(가로와 세로
의 최대공약수)}입니다.

그러므로 $51 + 136 - 17 = 170(개)$입니다.

(2) 오른쪽 그림과 같이 두 대각
선이 교차되는 지점의 주변
에 있는 정사각형들은 공통
으로 잘리게 되는데,
이 경우 □의 길이는

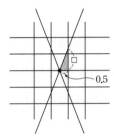

0.5

$\dfrac{136}{51} = \dfrac{\square}{0.5}$에서

$\square = 68 \div 51 = 1\dfrac{17}{51} = 1\dfrac{1}{3}$

따라서 두 대각선에 의하여 잘리는 정사각형의 개
수는 $170 \times 2 - 2 \times 2 = 336(개)$입니다.

25

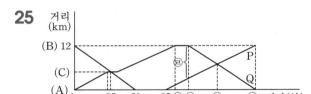

(1) P가 A로 갈 때의 빠르기는 한 시간에

$12 \div 1 = 12(\mathrm{km})$,

P가 $60 - 35 = 25(분)$ 동안 가는 거리를 Q는

$35 - 5 = 30(분)$ 동안 가므로 P의 빠르기를 30으
로 하면 Q의 빠르기는 25입니다.

따라서 Q가 B로 갈 때의 속력은 한 시간에

$12 \times \dfrac{25}{30} = 10(\mathrm{km})$입니다.

(2) $\dfrac{12}{10} + \dfrac{15}{60} = \dfrac{87}{60}(시간) \rightarrow 87분 \cdots \bigcirc$

ⓛ은 $87 + 10 = 97(분)$, ⓒ은 $97 + 60 = 157(분)$

따라서 ⓔ의 거리는 60분 동안 오르는 거리와 같

으므로 10 km이고, ⓜ은

$10 \div (10 + 12) + \dfrac{97}{60} = 2\dfrac{47}{660}(시간)$

따라서 $2\dfrac{47}{660}$시간 뒤입니다.

제6회 **기 출 문 제** 169~176

1 33	**2** 9600원
3 801	**4** 91번째
5 17	**6** 30 km
7 10	**8** 8 cm
9 45°	**10** 108 cm
11 90 cm²	**12** 46개
13 900개	**14** 20명
15 $4\dfrac{11}{20}$	**16** 119
17 181	**18** 216개
19 288	**20** 6번
21 41	**22** 73
23 11개	
24 (1) 96개 (2) 25번째 (3) 7번째	
25 (1) 2바퀴 (2) 14번	

1 약수가 4개만 있는 수를 가장 작은 수부터 차례로 나열
하면 6, 8, 10, 14, 15, 21, 22, 26, 27, 33, …이므
로 10번째에 놓이는 수는 33입니다.

2 처음에 가지고 있던 돈을 □원이라고 하면 남은 돈이
전체의 $\dfrac{1}{3}$이므로 사용한 돈은 전체의 $\dfrac{2}{3}$입니다.

$\dfrac{5}{12} \times \square + 1200 + \left(\dfrac{7}{12} \times \square - 1200 \right) \times \dfrac{3}{11}$

$= \dfrac{2}{3} \times \square$

$55 \times \square + 158400 + 21 \times \square - 43200 = 88 \times \square$

$12 \times \square = 115200$

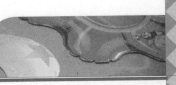

정답과 풀이

□=9600
따라서 처음에 가지고 있던 돈은 9600원입니다.

3 소수 첫째 자리에서 반올림하여 15가 되는 수의 범위는 14.5 이상 15.5 미만이므로 어떤 자연수의 범위는 130.5 이상 139.5 미만입니다.
➡ 131, 132, 133, …, 139
소수 첫째 자리에서 반올림하여 19가 되는 수의 범위는 18.5 이상 19.5 미만이므로 어떤 자연수의 범위는 129.5 이상 136.5 미만입니다.
➡ 130, 131, 132, …, 136
따라서 두 조건을 만족하는 자연수들의 합은
$131+132+133+134+135+136=801$입니다.

4 첫 번째 삼각형을 점 ㅇ을 중심으로 시계 반대 방향으로 28°씩 회전하고, 한 바퀴는 360°이므로 28°와 360°의 최소공배수만큼 회전시킨 후 다음 번에 회전시킬 때 첫 번째 삼각형과 완전히 포개어집니다.
28과 360의 최소공배수는 2520이므로 처음으로 첫 번째 삼각형과 완전히 포개어지는 것은
$2520÷28+1=91$(번째)입니다.

5 A523BC는 9의 배수이므로
A+5+2+3+B+C=(9의 배수)에서
A+B+C는 8, 17, 26 중 하나입니다.
A523BC는 5의 배수이므로 C=0 또는 C=5이고 A, B, C는 한 자리 수이므로 A+B+C는 26이 될 수 없습니다.
따라서 A+B+C의 값 중 가장 큰 것은 17입니다.

6 매시 10 km의 빠르기로 가면 30분 먼저 도착하고, 매시 6 km의 빠르기로 가면 1시간 30분 늦게 도착하므로 걸린 시간의 차는 2시간입니다.
A마을에서 B마을까지의 거리를 □ km라고 하면
$\frac{□}{6}-\frac{□}{10}=2$, □=30
따라서 A마을에서 B마을까지의 거리는 30 km입니다.

7 $\frac{1}{4}+\frac{1}{12}+\frac{1}{24}+\frac{1}{40}+\frac{1}{60}+\frac{1}{84}$
$=\frac{1}{2}×\left(\frac{1}{2}+\frac{1}{6}+\frac{1}{12}+\frac{1}{20}+\frac{1}{30}+\frac{1}{42}\right)$
$=\frac{1}{2}×\left(\frac{1}{1}-\frac{1}{2}+\frac{1}{2}-\frac{1}{3}+\cdots+\frac{1}{5}-\frac{1}{6}+\frac{1}{6}-\frac{1}{7}\right)$

$=\frac{1}{2}×\frac{6}{7}=\frac{3}{7}$
따라서 ㉠+㉡=7+3=10입니다.

8 처음 정사각형의 한 변의 길이를 □ cm라고 하면
$5.5×□+2.5×□+5.5×2.5=77.75$
$8×□=64$, □=8(cm)

9
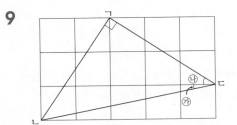
삼각형 ㄱㄴㄷ은 한 각이 직각인 이등변삼각형이므로
㉮+㉯=45°입니다.

10 겹쳐진 부분은 한 변의 길이가 5.4÷2=2.7(cm)인 마름모 모양이고 8개가 생깁니다.
따라서 생긴 도형의 둘레의 길이는
$(5.4×4×9)-(2.7×4×8)$
$=194.4-86.4=108$(cm)입니다.

11
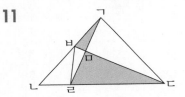
삼각형 ㄱㅂㅁ과 삼각형 ㅂㅁㄹ의 넓이는 같으므로 색칠한 부분의 넓이는 삼각형 ㅂㄹㄷ의 넓이와 같습니다.
삼각형 ㅂㄴㄹ의 넓이를 ①이라 하면 삼각형 ㅂㄹㄷ의 넓이는 ③, 삼각형 ㄱㅂㄷ의 넓이는 ③입니다.
따라서 삼각형 ㅂㄹㄷ의 넓이는
$210×\frac{3}{7}=90$(cm²)이므로 색칠한 부분의 넓이는 90 cm²입니다.

12
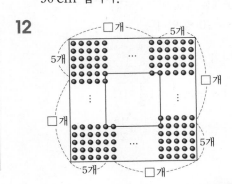

77 정답과 풀이

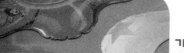

$5 \times \square \times 4 = 820$, $\square = 41$

따라서 가장 바깥쪽 정사각형의 한 변에는

$41 + 5 = 46$(개)의 바둑돌이 놓입니다.

13 가로에서 찾을 수 있는 크고 작은 직사각형의 개수 :

$5 + 4 + 3 + 2 + 1 = 15$(개)

세로에서 찾을 수 있는 크고 작은 직사각형의 개수 :

$4 + 3 + 2 + 1 = 10$(개)

높이에서 찾을 수 있는 크고 작은 직사각형의 개수 :

$3 + 2 + 1 = 6$(개)

따라서 직육면체에서 찾을 수 있는 크고 작은 직육면체의 개수는 모두 $15 \times 10 \times 6 = 900$(개)입니다.

14 40명이 받은 전체 점수는

$34.75 \times 40 = 1390$(점)입니다.

10점과 30점을 받은 학생 수의 합은 14명이고 점수의 합은

$1390 - (60 \times 3 + 50 \times 7 + 40 \times 10 + 20 \times 5)$

$= 360$(점)

이므로 10점을 받은 학생은 3명, 30점을 받은 학생은 11명입니다.

	1번	2번	3번		학생 수
0점	×	×	×	→	1명
10점	3명	×	×	→	3명
20점	×	5명	×	→	5명
30점	□명	□명	×	→	11명
	×	×	△명		
40점	10명	×	10명	→	10명
50점	×	7명	7명	→	7명
60점	3명	3명	3명	→	3명

1번 문제를 맞춘 학생이 21명이므로

$3 + \square + 10 + 3 = 21$, $\square = 5$입니다.

따라서 2번 문제를 맞춘 학생은 모두

$5 + 5 + 7 + 3 = 20$(명)입니다.

15 $2\frac{3}{4}$과 ㉠ 사이의 거리는

$\left(6\frac{7}{20} - 2\frac{3}{4}\right) \times \frac{2}{3} \times \frac{3}{4} = 1\frac{4}{5}$이므로

㉠에 알맞은 수는 $2\frac{3}{4} + 1\frac{4}{5} = 4\frac{11}{20}$입니다.

16 $\dfrac{가 - 15}{나 - 70}$의 크기가 $\dfrac{가}{나}$와 같으려면

$\dfrac{가}{나} = \dfrac{15}{70} = \dfrac{3}{14}$과 크기가 같은 수이어야 합니다.

이때 가와 나의 최소공배수가 294이므로

$\underline{\square\,)\,가\quad 나} \atop 3\quad 14$ 에서 $\square \times 3 \times 14 = 294$, $\square = 7$입니다.

따라서 가 $= 3 \times 7 = 21$, 나 $= 14 \times 7 = 98$입니다.

➡ 가 + 나 $= 21 + 98 = 119$

17 $\dfrac{13! - 12!}{11! - 10!} = \dfrac{(13-1) \times 12!}{(11-1) \times 10!}$

$= \dfrac{12 \times 12 \times 11 \times 10!}{10 \times 10!} = \dfrac{1584}{10}$

$\dfrac{10! + 9!}{9! + 8!} = \dfrac{(10+1) \times 9!}{(9+1) \times 8!}$

$= \dfrac{11 \times 9 \times 8!}{10 \times 8!} = \dfrac{99}{10}$

따라서 $\dfrac{㉠}{㉡}\,㉢ = 158\frac{4}{10} + 9\frac{9}{10} = 168\frac{3}{10}$이므로

㉠ + ㉡ + ㉢의 최솟값은 $168 + 10 + 3 = 181$입니다.

18 한 면도 색칠이 되지 않은 작은 정육면체가

$216(= 6 \times 6 \times 6)$개가 되도록 자르려면

각 면마다 8×8(도막)이 되도록 잘라야 합니다.

따라서 한 면만 색칠된 정육면체는

$6 \times 6 \times 6 = 216$(개)입니다.

19 7과 수직인 면이 9, 12, 19, 24이므로 7과 마주 보고 있는 수는 15입니다. 24와 수직인 면이 7, 9, 19이므로 마주 보고 있는 수는 12입니다.

12와 마주 보고 있는 수는 24이므로 $12 \times 24 = 288$입니다.

20 사탕이 모두 8 g일 때 꺼낸 사탕의 무게의 합은

$(1 + 2 + 3 + \cdots + 8 + 9 + 10) \times 8 = 440$(g)입니다.

따라서 무게가 12 g인 사탕이

$(464 - 440) \div (12 - 8) = 6$(개)이므로

12 g짜리 사탕이 들어 있는 상자는 6번입니다.

21 ㉯ 눈금 한 칸의 길이는 $\dfrac{15}{16}$ cm이므로 ㉯의

눈금 5로부터 16칸 이동한 거리는

$\dfrac{15}{16} \times 16 = 15$(cm)입니다.

따라서 ㉠의 값은 $5 + 15 = 20$,

ⓒ의 값은 5＋16＝21이므로
㉠＋ⓒ의 값은 20＋21＝41입니다.

22

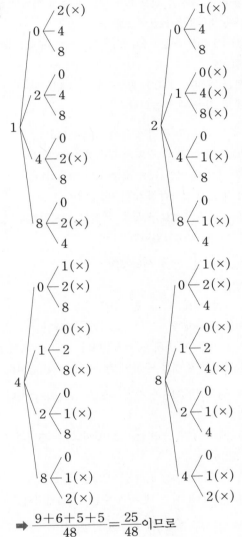

➡ $\dfrac{9+6+5+5}{48}=\dfrac{25}{48}$이므로

㉠＋ⓒ＝48＋25＝73입니다.

23

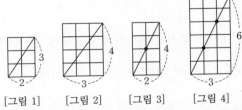

[그림 1]　　[그림 2]　　[그림 3]　　[그림 4]

위의 그림에서 [그림 1]과 [그림 2]에서는 지나는 꼭짓점이 없습니다. 공통점은 가로와 세로의 공약수가 한 개뿐인 관계입니다.

[그림 3]과 [그림 4]에서는 지나는 꼭짓점이 존재하고,

가로와 세로의 공약수가 2개 이상이며 공통점은 지나는 점의 개수가 가로와 세로의 최대공약수보다 1 작은 수입니다.

즉, [그림 3]은 지나는 점의 개수가
(2와 4의 최대공약수)－1＝1(개),
[그림 4]의 지나는 점의 개수는
(3과 6의 최대공약수)－1＝2(개)입니다.
이와 같은 방법으로 생각하면 문제에서 지나는 점의 개수는 (60과 96의 최대공약수)－1＝11(개)입니다.

24 〈흰색 바둑돌의 규칙〉
4개(1×4), 8개(2×4), 12개(3×4),
16개(4×4), …
〈검은색 바둑돌의 규칙〉
1개(1×1), 4개(2×2), 9개(3×3),
16개(4×4), …
(1) 8×4＋8×8＝96(개)
(2) 10번째 검은색 바둑돌의 개수는
10×10＝100(개)이므로
□×4＝100, □＝25
따라서 25번째입니다.
(3) 검은색 바둑돌과 흰색 바둑돌의 무게의 합이 같은 것을 □번째라 하면
□×□×4＝□×4×7, □＝7
따라서 7번째입니다.

25 (1) [그림 2]에서 선분 ㅇㄴ을 그으면
삼각형 ㄱㅇㄴ은 이등변삼각형이 됩니다.
(각 ㄱㅇㄴ)＝180°－66°×2＝48°
360°와 48°의 최소공배수는 720°이므로
720÷360＝2(바퀴)
(2) 720÷48＝15
원 주위에 점 ㄱ을 포함하여 15개의 점을 지났으므로 반사한 횟수는 15－1＝14(번)입니다.

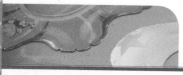

제7회 기 출 문 제 　　177~184

1 50	**2** 125개
3 21 km	**4** 45 kg
5 1037 cm^2	**6** 13
7 18그루	**8** 81 cm^2
9 42	**10** 4295
11 $\frac{3}{8}$	**12** $\frac{9}{16}$
13 15개	**14** 18명
15 14개	**16** 129
17 13	**18** 6가지
19 375 cm^2	**20** 90 cm^2
21 180개	**22** 812 cm^2
23 24 km	**24** 92 cm^2
25 14가지	

1 ㉮에 들어갈 자연수는 12.5 미만의 자연수이고

㉯에 들어갈 자연수는 $7\frac{13}{14}$ 초과의 자연수이므로

□ 안에 공통으로 들어갈 자연수의 합은

8＋9＋10＋11＋12＝50입니다.

2 첫 번째 모양에서 검은색 바둑돌이 1개, 세 번째 모양
에서 검은색 바둑돌이 3개, 5번째 모양에서 검은색 바
둑돌이 5개 더 많습니다.

따라서 125번째 모양에서는 검은색 바둑돌이 125개
더 많습니다.

3 $\left(3\frac{3}{5}＋3\frac{3}{5}×1\frac{1}{3}\right)×2\frac{1}{2}＝21(km)$

4 영수와 가영이의 몸무게의 합은 115 kg 이상 125 kg
미만입니다.

영수의 최대 몸무게는 70 kg이므로 가영이의 가장 가
벼울 때의 몸무게는 115－70＝45(kg)입니다.

5 $(18×15－5×5)＋(18＋15)×2×12$
$＝245＋792＝1037(cm^2)$

6 입체도형의 전개도가 될 수 있는 면을 모두 찾으면 ①,
③, ④, ⑤이므로 1＋3＋4＋5＝13입니다.

7 1750과 1400의 최대공약수는 350이므로 공약수는 1,
2, 5, 7, 10, 14, 25, 35, 50, 70, 175, 350입니다.
가급적 많은 나무를 심으려면 간격을 좁게 심어야 하지
만 나무는 80그루가 있으므로
$(1750＋1400)×2÷80＝78.75(cm)$보다 간격이
커야 합니다.
따라서 $(1750＋1400)×2÷175＝36(그루)$이므로
18그루씩 심을 수 있습니다.

8 ①과 ②의 한 변의 길이의 합은 33 cm이고,
①, ②, ③의 한 변의 길이의 합은 45 cm이므로
③의 한 변의 길이는 45－33＝12(cm)입니다.
따라서 색칠한 정사각형의 한 변의 길이는
33－12×2＝9(cm)이므로 색칠한 정사각형의 넓이
는 9×9＝81(cm^2)입니다.

9 가를 ㉠.㉡, 나를 ㉢.㉣이라 하면
㉠.㉡＋㉢.㉣＝13.1
㉠㉡－㉢.㉣＝69.4
이고 이를 만족하는 ㉠, ㉡, ㉢, ㉣을 구하면
㉠＝7, ㉡＝5, ㉢＝5, ㉣＝6입니다.
따라서 가와 나의 곱을 구하면 7.5×5.6＝42입니다.

10 8가＋23나는 316과 같거나 크고 324와 같거나 작
습니다.
$316≤7다×(20÷라)≤324$에서 라는 5이며,
다는 9입니다.
가>나이므로 가는 4, 나는 2입니다.
따라서 구하고자 하는 네 자리 수는 4295입니다.

11 만들 수 있는 두 자리 수 : 9×8＝72(개)
65보다 큰 수 : 8×3＋3＝27(개)
만든 수가 65보다 클 가능성 : $\frac{27}{72}＝\frac{3}{8}$

12 [그림 1]에서 겹쳐진 부분의 넓이는 ㉯의 $\frac{1}{4}$이므로

㉯×$\frac{1}{4}$＝㉮×$\frac{1}{9}$에서 ㉮＝㉯×$\frac{9}{4}$입니다.

[그림 2]에서 겹쳐진 부분의 넓이는 ㉮의 $\frac{1}{4}$이므로

㉮×$\frac{1}{4}$＝㉯×$\frac{9}{4}$×$\frac{1}{4}$＝㉯×$\frac{9}{16}$입니다.

13 2310＝2×3×5×7×11이므로

ⓒ$=2\times3\times5\times7\times11\times\dfrac{★}{ⓐ}$입니다.

ⓐ은 30보다 작은 자연수이고 ⓒ은 500보다 작은 자연수이려면 $4.62\leq ⓐ<30$, $77<ⓒ<500$이어야 합니다.

ⓐ=5일 때 ⓒ=462

ⓐ=6일 때 ⓒ=385

ⓐ=7일 때 ⓒ=330

ⓐ=10일 때 ⓒ=231, 462

ⓐ=11일 때 ⓒ=210, 420

ⓐ=14일 때 ⓒ=165, 330, 495

ⓐ=15일 때 ⓒ=154, 308, 462

ⓐ=21일 때 ⓒ=110, 220, 330, 440

ⓐ=22일 때 ⓒ=105, 210, 315, 420

따라서 ⓒ이 될 수 있는 수는 모두 15개입니다.

14 $77-5=72$, $122-14=108$, $256-4=252$

학생 수는 72, 108, 252의 공약수입니다.

72, 108, 252의 최대공약수는 36이므로 공약수는 1, 2, 3, 4, 6, 9, 12, 18, 36입니다.

그런데 학생 수는 14보다 크고 23보다 작아야 하므로 18명입니다.

15 $\dfrac{67}{23}$, $\dfrac{76}{23}$, $\dfrac{37}{26}$, $\dfrac{73}{26}$, $\dfrac{67}{32}$, $\dfrac{26}{37}$, $\dfrac{62}{37}$, $\dfrac{37}{62}$, $\dfrac{73}{62}$, $\dfrac{23}{67}$, $\dfrac{32}{67}$, $\dfrac{26}{73}$, $\dfrac{62}{73}$, $\dfrac{23}{76}$ ➡ 14개

16 ■$=344\times367\times498+344\times367\times498$

$\quad=8\times43\times367\times83\times6\times2$

따라서 ■를 나누어떨어지게 하는 세 자리 수 중 가장 작은 수는 $43\times3=129$입니다.

17 분자가 120인 분수로 모두 고쳐 생각해 봅니다.

$\dfrac{120}{192}$, $\dfrac{120}{㉮\times20}$, $\dfrac{120}{165}$, $\dfrac{120}{㉯\times40}$, $\dfrac{120}{150}$이므로

㉮=9, ㉯=4입니다.

따라서 ㉮+㉯=13입니다.

18 ㉠, ㉡에 자연수를 넣어 보면

ⓒ=1일 때, $\dfrac{ⓐ}{4}+\dfrac{5}{1}=6$ ➡ ⓐ=4

ⓒ=2일 때, $\dfrac{ⓐ}{4}+\dfrac{5}{2}=6$ ➡ ⓐ=14

ⓒ=4일 때, $\dfrac{ⓐ}{4}+\dfrac{5}{4}=6$ ➡ ⓐ=19

ⓒ=5일 때, $\dfrac{ⓐ}{4}+\dfrac{5}{5}=6$ ➡ ⓐ=20

ⓒ=10일 때, $\dfrac{ⓐ}{4}+\dfrac{5}{10}=6$ ➡ ⓐ=22

ⓒ=20일 때, $\dfrac{ⓐ}{4}+\dfrac{5}{20}=6$ ➡ ⓐ=23

따라서 (4, 1), (14, 2), (19, 4), (20, 5), (22, 10), (23, 20)으로 모두 6가지입니다.

19 삼각형 ㄱㅁㄹ과 삼각형 ㄱㄷㄹ은 합동이므로 넓이는 같습니다.

(선분 ㄱㄷ)=(선분 ㄱㅁ)=30 cm이므로

(선분 ㄴㅁ)=20 cm이고 삼각형 ㄴㄹㅁ의 넓이를 2라 하면 삼각형 ㄱㅁㄹ과 삼각형 ㄱㄷㄹ의 넓이는 각각 3이므로 삼각형 ㄱㄴㄹ의 넓이는 전체의 $\dfrac{5}{8}$입니다.

선분 ㅂㄹ이 밑변이고 높이는 선분 ㄹㄷ이므로 삼각형 ㄱㅂㄹ과 삼각형 ㅂㄹㄷ의 넓이가 같습니다.

따라서 삼각형 ㅂㄴㄷ의 넓이는 삼각형 ㄱㄴㄹ과 같으므로 $40\times30\div2\times\dfrac{5}{8}=375(\text{cm}^2)$입니다.

20

선분 ㄱㄴ을 한 변으로 하는 정사각형은 작은 정사각형 10개의 넓이와 같습니다. 따라서 주어진 도형의 넓이는 작은 정사각형 9개의 넓이이므로

$100\div10\times9=90(\text{cm}^2)$입니다.

21 백의 자리에서 반올림하여 5000이 되는 수의 개수는

45□□, 46□□, 51□□, 52□□, 53□□, 54□□에서 각각 36개씩이므로 $36\times6=216$(개)입니다.

십의 자리에서 반올림하여 3500이 되는 수의 개수는

345□, 346□, 351□, 352□, 353□, 354□에서 각각 6개씩이므로 $6\times6=36$(개)입니다.

따라서 백의 자리에서 반올림하여 5000이 되는 수는 십의 자리에서 반올림하여 3500이 되는 수보다

$216-36=180$(개) 더 많습니다.

22 삼각형 ㄱㄴㅁ과 삼각형 ㄹㄱㅅ은 합동이므로 선분 ㅂㅅ의 길이는 $49+9-21=37(\text{cm})$입니다.

(삼각형 ㅅㄴㄷ의 넓이)

$=$(삼각형 ㄱㄴㅅ의 넓이)$-$(삼각형 ㄱㅅㄹ의 넓이)

$=$(삼각형 ㄱㄴㅅ의 넓이)$-$(삼각형 ㄴㅁㄱ의 넓이)

◆◆◆◆◆◆◆◆◆

$=58 \times 49 \div 2 - 58 \times 21 \div 2$

$=812(\text{cm}^2)$

23 갈 때의 빠르기를 ⑥으로 하면 올 때의 빠르기는 ⑤이므로 25분 동안 가는 거리는 30분 동안 오는 거리와 같습니다.

따라서 돌아왔을 때의 시각은

11시 20분＋30분＝11시 50분입니다.

또한 $50-35=15$(분) 동안 온 거리가 5 km이므로

1시간 동안 오는 빠르기는 20 km이고 갈 때의 빠르기는 $20 \times \dfrac{6}{5} = 24(\text{km})$입니다.

24

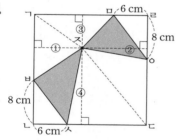

색칠한 부분의 넓이는 정사각형의 넓이에서

삼각형 ㅁㅇㄹ과 ㅂㄴㅅ의 넓이의 합,

삼각형 ㄱㅂㅈ과 ㅇㅈㄷ의 넓이의 합,

삼각형 ㄱㅈㅁ과 ㅈㅅㄷ의 넓이의 합을 빼어 구할 수 있습니다.

(삼각형 ㅁㅇㄹ과 ㅂㄴㅅ의 넓이의 합)

$=6 \times 8 \div 2 \times 2 = 48(\text{cm}^2)$

(삼각형 ㄱㅂㅈ과 ㅇㅈㄷ의 넓이의 합)

$=12 \times ① \div 2 + 12 \times ② \div 2$

$=6 \times (①+②) = 6 \times 20 = 120(\text{cm}^2)$

(삼각형 ㄱㅈㅁ과 ㅈㅅㄷ의 넓이의 합)

$=14 \times ③ \div 2 + 14 \times ④ \div 2$

$=7 \times (③+④) = 7 \times 20 = 140(\text{cm}^2)$

따라서 색칠한 부분의 넓이는

$20 \times 20 - (48+120+140)$

$=400-308=92(\text{cm}^2)$

입니다.

25

①	②	③	④

①, ②, ③, ④에 놓이는 수를 세어 봅니다.

```
1 2 3 4 ⎫
1 2 3 5 ⎪
1 2 3 6 ⎬ 4가지
1 2 3 7 ⎭
─────
1 2 4 5 ⎫
1 2 4 6 ⎬ 3가지
1 2 4 7 ⎭
─────
1 2 5 6 ⎫
1 2 5 7 ⎬ 2가지
─────
1 2 6 7 (×)
```

```
1 3 4 5 ⎫
1 3 4 6 ⎬ 3가지
1 3 4 7 ⎭
─────
1 3 5 6 ⎫
1 3 5 7 ⎬ 2가지
─────
1 3 6 7 (×)
```

따라서 모든 경우는 14가지입니다.

Memo

Memo

올림피아드 **왕수학**

정답과 풀이

5학년